Benoît Clément

Mécanique quantique relativiste

Diffusion et diagrammes de Feynman

DUNOD

11, rue Paul Bert, 92240 Malakoff
www.dunod.com
ISBN 978-2-10-084649-8

Table des matières

Avant-propos VII

Dimensions et unités IX

Chapitre 1 Relativité restreinte et cinématique 1

1. Transformation de Lorentz et principe de relativité 1
2. Composition des vitesses 4
3. Quadrivecteurs 5
4. Cinématique 9

L'essentiel 13

Chapitre 2 Équations relativistes 15

1. Mécanique quantique non relativiste 15
2. Champ scalaire 17
3. Champ spinoriel 20
4. Champ vectoriel 30
5. Couplage aux champs fermioniques 35

L'essentiel 37

Chapitre 3 Diffusion et propagateurs 39

1. Processus de diffusion 39
2. Propagateur non relativiste 40
3. Propagateurs relativistes 50
4. Matrice de diffusion 57
5. Règles et diagrammes de Feynman 67

L'essentiel 72

Chapitre 4 Calcul de sections efficaces 73

1. Observables 73
2. Espace de phase 78
3. Calcul de $|\mathcal{M}_{fi}|^2$ 85

L'essentiel 88

Chapitre 5 Théories de jauge et modèle standard 89

1. Physique des particules et interactions fondamentales 89
2. Théorie de Yang-Mills 91
3. Interaction forte 94

4. Interaction faible 96
L'essentiel 105

Chapitre 6 Exercices : calculs de processus 107
1. Effet Compton 108
2. Effet Compton en QCD 115
3. Création de paires de muons 118
4. Création de paires de muons massifs 121
5. Production du boson de Higgs dans un collisionneur leptonique 123
6. Désintégration du boson de Higgs en deux fermions 127
7. Désintégration du boson de Higgs en deux bosons W 129
8. Largeur de désintégration du quark top 131
9. Désintégration du muon 134
10. Largeur de désintégration des bosons électrofaibles 139
11. Production associée d'un boson de Higgs chargé et d'un quark top 141

Annexes 145

Annexe A Groupes de Lie 147
1. Groupes et représentations 147
2. Groupes unitaires 149

Annexe B Formulaire pour le calcul de section efficace 151
1. Méthode générale du calcul d'observable 151
2. Relations de fermetures 152
3. Calcul du carré de l'amplitude de Feynman 152
4. Largeur et section efficace 152

Annexe C Règles de Feynman du modèle standard 154
1. Règles pour les lignes externes 154
2. Règles pour les propagateurs 155
3. Règles pour les vertex 155

Annexe D Matrices de Dirac 159
1. Propriétés de base 159
2. Matrice γ^5 160

3. Contractions de matrices 160
4. Traces de matrices 161
Bibliographie sélective 163
Index 165

Avant-propos

Le point de départ de cet ouvrage est un résultat expérimental qui peut être observé en salle de travaux pratique de physique nucléaire. Les photons gamma issus d'une source mono-énergétique d'énergie ω (de l'ordre de quelques centaines de keV) sont détectés via leur interaction par diffusion élastique ou effet Compton dans un détecteur. Plus exactement on mesure l'énergie déposée par le photon dans le détecteur. On observe un continuum de valeurs allant de zéro à une valeur seuil inférieure à l'énergie des photons incidents. Cela indique d'une part que tous les photons ne déposent pas la même quantité d'énergie, et d'autre part, que le photon n'est pas absorbé lors du processus mais repart avec une énergie moindre. La conservation de l'énergie et de l'impulsion totale impose que cette diffusion est caractérisée par un unique paramètre, l'angle de diffusion θ tel que défini sur la figure A.

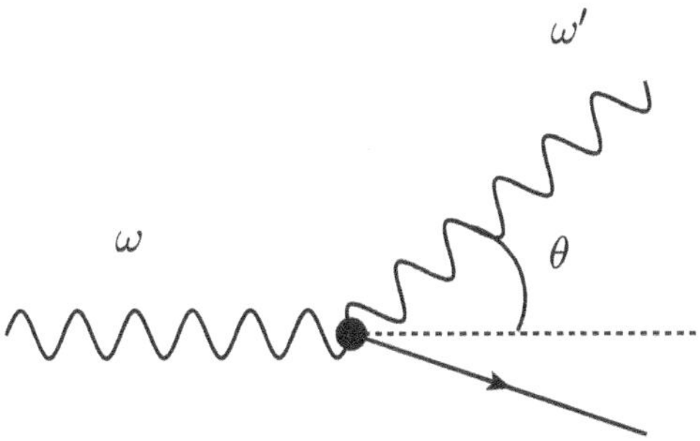

Figure A – Diffusion Compton dans le référentiel du laboratoire : un photon d'énergie ω cède une partie de son énergie à un électron initialement au repos et repart avec une énergie ω' dans une nouvelle direction faisant une angle θ avec la direction d'incidence.

Tous les angles de diffusion sont possibles et sont effectivement observés. On constate cependant que ni toutes les directions ni toutes les énergies sont équiprobables, pas plus que n'importe quelle quantité simple. De fait le nombre de photons diffusé dans une certaine direction $\cos\theta = c$ est donné par la loi de probabilité suivante :

$$f(c) \propto \xi(c)^2 \left(\xi(c) + \frac{1}{\xi(c)} - 1 + c^2 \right), \xi = \frac{1}{1 + \frac{\omega}{m}(1 - c)}, \quad (1)$$

qui est proportionnelle à la section efficace de diffusion. Comment peut-on dériver cette formule à partir des principes de bases de la physique ?

Le phénomène est quantique : chaque photon est diffusé dans une direction différente avec une certaine probabilité. Le phénomène est relativiste car il implique des photons (particules de masse nulle) d'énergie comparable à l'énergie de masse des électrons ($m_e \approx 511$ keV). Pour répondre à cette question, il faut construire un cadre théorique qui contient à la fois la mécanique quantique et la relativité restreinte, soit une mécanique quantique relativiste. Dans ce cadre, il faudra décrire l'interaction entre une particule chargée (l'électron) et le champ électromagnétique pour obtenir ainsi une théorie de l'électrodynamique quantique (QED). Enfin il faudra construire plus spécifiquement dans ce formalisme un modèle de la diffusion entre deux particules, ce qui nous conduira au calcul de sections efficaces dans le formalisme des diagrammes de Feynman.

En partant de principes de bases de la relativité et de la mécanique quantique, nous allons monter étapes par étapes cette structure. Une fois ce formalisme construit, nous l'appliquerons au calcul de la diffusion Compton pour démontrer la formule 1. Mais nous verrons également que ces méthodes s'appliquent à de nombreux autres processus tant électromagnétiques qu'impliquant les interactions nucléaires faible et forte.

Avertissement au lecteur : construite naïvement, la mécanique quantique relativiste est fondamentalement une théorie défectueuse. Les outils développés dans les années 1940 et 1950 permettent de contourner certaines de ces limitations pour aboutir à un ensemble des résultats corrects sous certaines hypothèses. Ces mêmes résultats se dérivent de manière plus rigoureuse dans le contexte de la théorie quantique des champs qui est la vraie mécanique quantique relativiste moderne. La théorie présentée dans cet ouvrage n'en est pas moins d'un grand intérêt. D'une part, cette théorie contient également beaucoup d'élément parfaitement valides qui réapparaissent de manière identique en théorie quantique des champs. D'autre part, c'est une théorie prédictive qui permet de faire des calculs que l'on peut confronter aux résultats expérimentaux, avec dans certains cas une très grande précision. Cet ouvrage constitue donc une première étape indispensable (et parfois suffisante) pour une étude approfondie de la physique des particules et du modèle standard.

Dimensions et unités

La mécanique quantique et la relativité restreinte font chacune intervenir une constante fondamentale qui intervient dans la plupart des équations : la constante de Planck $\hbar$ et la célérité de la lumière c. Dans les unités du système international :

$$\hbar = \frac{h}{2\pi} = 1,05457148 \times 10^{-34} \text{ J.s et } c = 2,99792458 \times 10^{8} \text{ m.s}^{-1}.$$

Ces constantes relient entre elles des grandeurs ayant des dimensions différentes : temps, espace, énergie et quantité de mouvement. La relativité montre que temps et espace ont la même dimension ; la mécanique quantique conduit à la même conclusion pour l'énergie et la fréquence (inverse d'un temps). Du point de vue dimensionnel $T = L = E^{-1}$ et toute grandeur physique est homogène à une puissance de l'énergie. Les constantes $\hbar$ et c n'ont pas de raison d'être. Ce ne sont que des facteurs de conversion dont dimension et valeur ne résultent que d'un choix peu judicieux, du point de vue de la physique fondamentale, d'un système d'unité. Le système d'unités naturelles est celui où ces deux constantes valent 1 et n'ont pas de dimension. Dans ce système d'unités les équations sont simplifiées puisque les facteurs c ou $\hbar$ disparaissent. À partir d'une analyse dimensionnelle on montre que :

$$[\hbar] = E.T = 1 \Rightarrow T = E^{-1},$$
$$[c] = LT^{-1} \Rightarrow L = T.$$

Le temps et l'espace ont la même dimension, ce qui semble naturel puisque la relativité va traiter le temps comme une quatrième coordonnée. De plus, toutes les dimensions s'expriment en unités naturelles comme des puissances de l'énergie. Ainsi temps et espace ont la dimension inverse de l'énergie. À partir des valeurs de $\hbar$ et c dans les deux systèmes d'unités, on détermine les facteurs de conversion pour le mètre et la seconde :

$$1 \text{ m} = 5,07 \times 10^{6} \text{ eV}^{-1} \text{ et } 1 \text{ s} = 1,52 \times 10^{15} \text{ eV}^{-1}.$$

Une autre grandeur utile pour les conversions entre systèmes d'unités est $\hbar c \approx$ 197 MeV.fm.

Dans cet ouvrage, ces constantes seront maintenues dans les introductions à la relativité (chapitre 1) et à la mécanique quantique (chapitre 2). Par la suite ces constantes disparaîtront pour ne réapparaître qu'à la toute fin dans les applications numériques.

Chapitre 1

Relativité restreinte et cinématique

Introduction

Avant de pouvoir prétendre construire une théorie quantique relativiste, il est nécessaire de poser les bases de ces deux cadres de la physique théorique. Ce chapitre se focalisera sur la relativité restreinte et servira, entre autre, à introduire une grande part du formalisme quadrivectoriel qui sera utilisé tout au long de l'ouvrage. En utilisant la conservation de la quadri-impulsion, il sera appliqué aux calculs de cinématique relativiste. Les aspects propres à la mécanique quantique non relativiste seront abordés aux débuts des chapitres suivants pour mettre en perspective les différences entre les cas relativistes et non relativistes.

Objectifs

Connaître le principe de relativité et l'invariance de Lorentz.

Définir la notation covariante.

Expliquer la manipulation des quadrivecteurs dans les calculs de cinématique.

Introduire la théorie classique des champs.

Plan

1 Transformation de Lorentz et principe de relativité
2 Composition des vitesses
3 Quadrivecteurs
4 Cinématique

1 Transformation de Lorentz et principe de relativité

Un événement se réalise en un point de l'espace $\vec{x} = (x, y, z)$ et à un instant t donnés. Le principe de relativité, énoncé à l'origine par Galilée, affirme que les lois de la physique sont les mêmes dans tous les référentiels inertiels, c'est-à-dire qu'il est impossible de distinguer deux référentiels en translation rectiligne uniforme l'un par rapport à l'autre.

Soit un référentiel $\mathcal{R}$ et un second référentiel $\mathcal{R}'$ en translation à la vitesse $\vec{V}_{\mathcal{R}'/\mathcal{R}} = V\vec{u}_x$, comme illustré sur la figure 1.1. Cette expression de la vitesse indique simplement que l'on a choisi un système d'axes tel que $\vec{u}_x$ soit aligné avec la vitesse de déplacement.

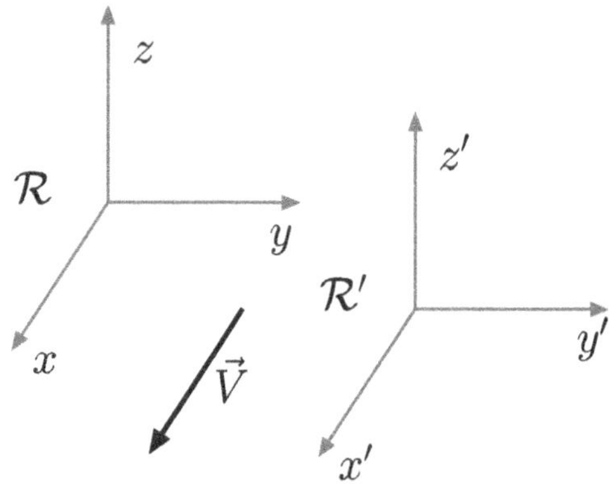

Figure 1.1 – Deux référentiels inertiels en translation rectiligne uniforme l'un par rapport à l'autre.

Ainsi les coordonnées y et z ne sont pas modifiées dans un changement de référentiel entre $\mathcal{R}$ et $\mathcal{R}'$. Afin de déterminer le relation entre les coordonnées dans $\mathcal{R}$ et $\mathcal{R}'$, commençons par étudier la transformation linéaire des coordonnées la plus générale :

$$\begin{aligned} t' &= \lambda(v)t + \mu(v)x \\ x' &= \xi(v)t + \gamma(v)x. \end{aligned} \tag{1.1}$$

Par définition, le centre $(x', y') = (0, 0)$ de $\mathcal{R}'$ se déplace à la vitesse V dans le référentiel $\mathcal{R}$ et le centre $(x, y) = (0, 0)$ de $\mathcal{R}$ se déplace à la vitesse $-V$ dans $\mathcal{R}'$, soit :

$$x = Vt, x' = 0 \Rightarrow \xi + \gamma V = 0, \tag{1.2}$$

$$x = 0, x' = -Vt' \Rightarrow \lambda = \gamma. \tag{1.3}$$

On peut alors considérer deux hypothèses :

- Le temps est absolu, c'est-à-dire que $t = t'$. On a alors $\lambda = 1$, $\mu = 0$ et la transformation des coordonnées est la transformation de Galilée :

$$T_{g(\mathcal{R}\to\mathcal{R}')} = \begin{cases} t' &= t \\ x' &= x - Vt \end{cases} \tag{1.4}$$

et

$$T_{l(\mathcal{R}'\to\mathcal{R})} = \begin{cases} t &= t' \\ x &= x' + Vt'. \end{cases} \tag{1.5}$$

  Dans ce cas, les vitesses sont additives et il n'y a pas de vitesse limite.

- Soit on postule l'existence d'une vitesse limite c, ce qui est suggéré tant par la théorie que par l'étude expérimentale des ondes électromagnétiques. Ces ondes se propagent à une vitesse finie et cette vitesse doit être la même dans tous les référentiels inertiels.

La transformation des coordonnées d'espace-temps est alors la transformation de Lorentz :

$$T_{l(\mathcal{R}\to\mathcal{R}')} = \begin{cases} ct' &= \gamma(ct - \beta x) \\ x' &= \gamma(x - \beta ct) \end{cases} \tag{1.6}$$

et

$$T_{l(\mathcal{R}'\to\mathcal{R})} = \begin{cases} ct &= \gamma(ct' + \beta x') \\ x &= \gamma(x' + \beta ct') \end{cases}, \tag{1.7}$$

avec :

$$\beta = \frac{V}{c} \text{ et } \gamma = \frac{1}{\sqrt{1-\beta^2}}. \tag{1.8}$$

Pour que le facteur de Lorentz, γ, reste réel, la vitesse réduite β ne peut pas excéder 1. La vitesse c est donc la vitesse maximale que peut atteindre un système. C'est pourquoi un objet se déplaçant à cette vitesse limite possède la même vitesse dans tous les référentiels. La transformation de Lorentz couple l'espace et le temps. L'une des conséquences les plus connues est que le temps s'écoule plus vite dans le référentiel propre d'un observateur que dans n'importe quel référentiel en mouvement : le temps n'est plus absolu.

Matriciellement, en rajoutant les dimensions spatiales non affectées par la translation entre les référentiels, la transformation de Lorentz s'écrit :

$$\begin{pmatrix} ct' \\ x' \\ y' \\ z' \end{pmatrix} = \Lambda \begin{pmatrix} ct \\ x \\ y \\ z \end{pmatrix} \text{ avec } \Lambda = \begin{pmatrix} \gamma & -\gamma\beta & 0 & 0 \\ -\gamma\beta & \gamma & 0 & 0 \\ 0 & 0 & 1 & 0 \\ 0 & 0 & 0 & 1 \end{pmatrix}. \tag{1.9}$$

Comme $\gamma^2 - (\gamma\beta)^2 = 1$ on peut définir la rapidité η par :

$$\cosh\eta = \gamma \text{ et } \sinh\eta = \gamma\beta \Rightarrow \tanh\eta = \beta, \tag{1.10}$$

et ainsi :

$$\eta = \tanh^{-1}\beta = \frac{1}{2}\ln\frac{1+\beta}{1-\beta}. \tag{1.11}$$

La rapidité jouera un rôle important d'un point de vue expérimental car elle peut s'approximer par un critère géométrique.

L'intervalle s entre les deux événements $(\vec{x}_1, t_1)$ et $(\vec{x}_2, t_2)$ généralise la distance euclidienne à l'espace-temps :

$$s^2 = c^2(t_2 - t_1)^2 - |(\vec{x}_2 - \vec{x}_1)|^2. \tag{1.12}$$

L'intervalle est une grandeur indépendante du référentiel :

$$\begin{aligned}
s'^2 &= c^2 \left(t'_1 - t'_2\right)^2 - \left(x'_1 - x'_2\right)^2 - \left(y'_1 - y'_2\right)^2 - \left(z'_1 - z'_2\right)^2 \\
&= (\gamma\,(ct_1 - \beta x_1) - \gamma\,(ct_2 - \beta x_2))^2 - (\gamma\,(x_1 - \beta ct_1) - \gamma\,(x_2 - \beta ct_2))^2 \\
&\quad - (y_1 - y_2)^2 - (z_1 - z_2)^2 \\
&= c^2\,(t_1 - t_2)^2 - (x_1 - x_2)^2 - (y_1 - y_2)^2 - (z_1 - z_2)^2 \\
s'^2 &= s^2. \qquad (1.13)
\end{aligned}$$

Si $s^2 > 0$, l'intervalle est dit du genre « temps » : les deux événements sont en causalité car une information peut passer du point 1 au point 2 avec une vitesse inférieure à c. à l'inverse, si $s^2 < 0$, l'intervalle est dit du genre « espace » et les deux événements sont non causaux car incapables d'échanger une information du fait de la vitesse limite c.

Pour tout objet en mouvement à une vitesse $v < c$, on peut définir un référentiel où l'objet est au repos. Les grandeurs β, γ et η sont ainsi définies dans un repère $\mathcal{R}$ en considérant le mouvement de ce dernier par rapport au référentiel au repos, soit $\beta = \frac{v}{c}$. On pourra donc parler, par exemple, de la rapidité d'une particule relativiste.

Les seules transformations qui conservent l'intervalle sont, outre les transformations de Lorentz (ou boosts), les rotations d'espace, les translations et réflexions d'espace et les translations et réflexions temporelles. L'ensemble de ces symétries forme le groupe de Lorentz-Poincaré. Dans une théorie relativiste, le principe de relativité et la constance de la vitesse de la lumière se traduisent par l'invariance des lois de la physique sur tout changement des coordonnées suivant une transformation de ce groupe. De même, une grandeur qui n'est pas modifiée par une telle transformation est un invariant de Lorentz ou scalaire de Lorentz. L'intervalle entre deux événements est un invariant de Lorentz.

2 Composition des vitesses

Le vecteur vitesse n'est pas un invariant de Lorentz. La loi de transformation du vecteur vitesse $\vec{v} = \frac{d\vec{x}}{dt}$ dans un référentiel fixe $\mathcal{R}$ en $\vec{v}' = \frac{d\vec{x}'}{dt'}$ dans un référentiel $\mathcal{R}'$ en mouvement rectiligne uniforme à la vitesse $\vec{V} = V\vec{u}_x$ se détermine en différenciant la transformation des coordonnées :

$$\left\{\begin{array}{lcl}
dx &=& \cosh\eta\, dx' + \sinh\eta\, cdt' \\
dy &=& dy' \\
dz &=& dz' \\
dt &=& \sinh\eta\, dx' + \cosh\eta\, cdt'
\end{array}\right. \qquad (1.14)$$

d'où :

$$v_x = \frac{dx}{dt} = \frac{\cosh\eta\, dx' + \sinh\eta\, cdt'}{\frac{1}{c}\sinh\eta\, dx' + \cosh\eta\, dt'} = \frac{v'_x + c\tanh\eta}{1 + \frac{v'_x}{c}\tanh\eta}. \qquad (1.15)$$

En raisonnant de même pour v_y et v_z, on trouve la loi de composition des vitesses :

$$v_x = \frac{v'_x + c\beta}{1 + v'_x \frac{\beta}{c}} = \frac{v'_x + V}{1 + \frac{Vv'_x}{c^2}}, \tag{1.16}$$

$$v_{y/z} = \frac{v'_{y/z}}{\gamma\left(1 + \frac{Vv'_x}{c^2}\right)}. \tag{1.17}$$

Pour une particule de vitesse $\vec{v}$ dans $\mathcal{R}$ et $\vec{v}'$ dans $\mathcal{R}'$ en mouvement avec la vitesse $\vec{V}$, on peut définir la rapidité dans le référentiel $\mathcal{R}$, $\tanh\chi = \frac{v}{c}$, celle dans $\mathcal{R}'$, $\tanh\chi' = v'/c$ ainsi que la rapidité de $\mathcal{R}'$ par rapport à $\mathcal{R}$, $\tanh\eta = V/c$. Si les trois vitesses sont orientées dans la même direction, on a :

$$\frac{v_x}{c} = \frac{\frac{v'_x}{c} + \frac{V}{c}}{1 + \frac{v'_x}{c}\frac{V}{c}} \Rightarrow \tanh\chi = \frac{\tanh\chi' + \tanh\eta}{1 + \tanh\chi'\tanh\eta} = \tanh(\chi' + \eta). \tag{1.18}$$

et finalement $\chi = \chi' + \eta$. La rapidité est une grandeur additive.

3 Quadrivecteurs

3.1 Coordonnées covariantes et contravariantes

L'unification entre espace et temps introduite par la relativité restreinte oblige à remplacer l'espace euclidien à trois dimensions par un nouvel espace à quatre dimensions, l'espace-temps de Minkowski. Dans cet espace, la position devient un objet à quatre coordonnées appelé quadrivecteur position :

$$x = (x^0, x^1, x^2, x^3) = (ct, x, y, z). \tag{1.19}$$

Les coordonnées avec l'indice en haut sont appelées coordonnées contravariantes. L'intervalle entre l'origine $O = (0, 0, 0, 0)$ et un quadrivecteur position x vaut :

$$s^2 = (x^0)^2 - (x^1)^2 - (x^2)^2 - (x^3)^2 = x^0 x_0 + x^1 x_1 + x^2 x_2 + x^3 x_3. \tag{1.20}$$

où les coordonnées covariantes, notées avec l'indice en bas, sont données par :

$$x_0 = x^0\ ,\ x_1 = -x^1\ ,\ x_2 = -x^2\ ,\ x_3 = -x^3. \tag{1.21}$$

Le passage des coordonnées contravariantes à covariantes se fait à l'aide du tenseur métrique :

$$x_\mu = \sum_\nu g_{\mu\nu} x^\nu, \tag{1.22}$$

où g est le tenseur d'ordre 2 (matrice) :

$$g = \begin{pmatrix} 1 & 0 & 0 & 0 \\ 0 & -1 & 0 & 0 \\ 0 & 0 & -1 & 0 \\ 0 & 0 & 0 & -1 \end{pmatrix}. \tag{1.23}$$

[1]Inversement on note :

$$x^{\mu} = \sum_{\nu} g^{\mu\nu} x_{\nu}, \qquad (1.24)$$

où il apparaît naturellement que $g^{\mu\nu} = g_{\mu\nu}$ L'intervalle correspond à la norme du quadrivecteur, qui sera souvent notée x^2 ou $x^{\mu}x_{\mu}$. Dans cette dernière notation, dite notation d'Einstein, l'opérateur de sommation est sous-entendu :

$$s^2 = x^2 = \sum_{\mu=0}^{3} g_{\mu\nu} x^{\mu} x^{\nu} = g_{\mu\nu} x^{\mu} x^{\nu} = x^{\mu} x_{\mu}. \qquad (1.25)$$

De manière générale, toute notation faisant apparaître un même indice en haut et en bas implique une somme sur cet indice. On parle alors de contraction de Lorentz. L'habitude veut qu'un indice *grec* corresponde à une somme sur les quatre coordonnées d'espace-temps (somme de 0 à 3), alors qu'un indice *latin* indique une somme restreinte aux composantes spatiales (somme de 1 à 3). La transformation de Lorentz des coordonnées est notée :

$$x'^{\mu} = \Lambda^{\mu}_{\ \nu} x^{\nu}, \qquad (1.26)$$

où $\Lambda^{\mu}_{\ \nu}$ est la matrice de Lorentz décrite précédemment. De même pour les coordonnées covariantes :

$$x'_{\mu} = \Lambda_{\mu}^{\ \nu} x_{\nu}, \qquad (1.27)$$

avec :

$$\Lambda_{\mu}^{\ \nu} = g_{\mu\rho} g^{\nu\sigma} \Lambda^{\rho}_{\ \sigma}. \qquad (1.28)$$

Le tenseur métrique peut se voir comme un outil qui permet de monter ou descendre un indice de Lorentz sur n'importe quel tenseur (le quadrivecteur position et la matrice de Lorentz n'étant que des cas particuliers).

Comme l'intervalle est invariant de Lorentz, on a :

$$x'^{\mu} x'_{\mu} = \Lambda^{\mu}_{\ \rho} \Lambda_{\mu}^{\ \sigma} x^{\rho} x_{\sigma} = x^{\mu} x_{\mu} \Rightarrow \Lambda^{\mu}_{\ \rho} \Lambda_{\mu}^{\ \sigma} = \delta^{\sigma}_{\rho}. \qquad (1.29)$$

On en déduit la transformation de Lorentz inverse Λ^{-1} :

$$(\Lambda^{-1})^{\sigma}_{\ \mu} x'^{\mu} = x^{\sigma} = \delta^{\sigma}_{\rho} x^{\rho} = \Lambda^{\mu}_{\ \rho} \Lambda_{\mu}^{\ \sigma} x^{\rho} = \Lambda_{\mu}^{\ \sigma} x'^{\mu}, \qquad (1.30)$$

soit :

$$(\Lambda^{-1})^{\sigma}_{\ \mu} = \Lambda_{\mu}^{\ \sigma}. \qquad (1.31)$$

1. Dans la littérature, le tenseur métrique de la relativité restreinte est souvent noté η, g désignant la métrique en relativité générale qui peut être plus compliquée. Dans le présent exposé la notation g sera utilisée.

Un quadrivecteur $A = (A^0, A^1, A^2, A^3)$ est un vecteur à quatre composantes qui suit les mêmes règles de transformation que la quadri-position dans un changement de référentiel inertiel.

$$A'^{\mu} = \Lambda^{\mu}{}_{\nu} A^{\nu}. \tag{1.32}$$

Le produit scalaire entre deux quadrivecteurs A et B vaut :

$$A \cdot B = A^{\mu} B_{\mu} = A_{\mu} B^{\mu} = A_0 B_0 - \vec{A} \cdot \vec{B}, \tag{1.33}$$

le dernier terme étant le produit scalaire euclidien. Les transformations du groupe de Lorentz conservent l'intervalle. Comme un quadrivecteur se transforme de la même manière que la quadri-position, on en déduit que A^2 et $A \cdot B$ sont également des invariants de Lorentz.

3.2 Quadrivecteurs usuels

Dans un référentiel fixe, la variation d'intervalle est :

$$ds^2 = dx_{\mu} dx^{\mu} = c^2 dt^2 - d\vec{x}.d\vec{x} = c^2 dt^2 - \vec{v}^2 dt^2 = c^2(1 - \beta^2) dt^2. \tag{1.34}$$

Dans le référentiel au repos de la particule, la variation spatiale est nulle et :

$$ds^2 = c^2 d\tau^2. \tag{1.35}$$

L'invariance de l'intervalle sous une transformation de Lorentz implique :

$$d\tau = \sqrt{1 - \beta^2} dt = \frac{1}{\gamma} dt, \tag{1.36}$$

ce qui définit le temps propre τ de la particule. Dans une désintégration liée au temps de vie d'une particule, c'est relativement au temps propre que l'on détermine la probabilité de désintégration.

À partir de l'intervalle élémentaire, on définit deux nouveaux quadrivecteurs : la quadri-vitesse u et la quadri-impulsion p. La quadri-vitesse généralise la notion de vitesse de la mécanique newtonienne :

$$u^{\mu} = \frac{dx^{\mu}}{d\tau} = \gamma \frac{dx^{\mu}}{dt}, \tag{1.37}$$

soit

$$u = (\gamma c, \gamma \vec{v}) \text{ et } u^{\mu} u_{\mu} = c^2. \tag{1.38}$$

La quadri-impulsion est alors, $p = mu = (\gamma mc, \gamma m\vec{v})$.

Le principe de relativité impose que les lois de la physique sont les mêmes dans tous les référentiels inertiels. Il s'en suit que le lagrangien et l'action doivent être des invariants de Lorentz. L'action est définie comme l'intégrale sur le temps du lagrangien, or le seul invariant de Lorentz incluant dt est l'intervalle infinitésimal ds. On a donc nécessairement pour un point matériel en mouvement libre à la vitesse β :

$$S = \alpha \int ds, \tag{1.39}$$

où α est une constante à déterminer. On peut extraire dt de ds pour obtenir le lagrangien :

$$ds^2 = c^2dt^2 - d\vec{x}^2 \Rightarrow ds = c\sqrt{1 - \left(\frac{d\vec{x}}{dt}\right)^2} = c\sqrt{1-\beta^2} = \frac{c}{\gamma}, \quad (1.40)$$

d'où $L = \alpha c\sqrt{1-\beta^2}$. L'impulsion s'obtient alors en dérivant le lagrangien :

$$p_i = \frac{\partial L}{\partial \dot{x}_i} = -\alpha c \frac{\dot{x}_i}{c^2\sqrt{1-\beta^2}} = -\frac{\alpha\gamma}{c}\dot{x}_i. \quad (1.41)$$

On retrouve la partie spatiale de la quadri-impulsion $p_i = \gamma m\dot{x}_i$ en posant $\alpha = -mc$. Le hamiltonien du système est alors :

$$H = \sum_i x_i \frac{\partial L}{\partial \dot{x}_i} - L = \gamma m\dot{x}^2 + \frac{mc^2}{\gamma} = \gamma m\left(v^2 + c^2(1-\beta^2)\right) = \gamma mc^2 = p^0 c. \quad (1.42)$$

À un facteur c près la composante temporelle de la quadri-impulsion est l'énergie totale du système. La quadri-impulsion est le quadrivecteur énergie-impulsion. Cette unification était à attendre, la conservation de l'énergie étant liée à l'invariance par translation dans le temps et celle de l'impulsion à l'invariance par translation dans l'espace. Le quadrivecteur énergie-impulsion s'écrit $p = (\frac{E}{c}, \vec{p})$. Sa norme vaut :

$$p^2 = m^2(\gamma^2c^2 - \gamma^2v^2) = m^2c^2, \quad (1.43)$$

m étant la masse invariante du système. Comme son nom l'indique c'est un invariant de Lorentz. Cette dernière relation se réécrit :

$$E^2 = m^2c^4 + |\vec{p}|^2 c^2, \quad (1.44)$$

soit, en unités naturelles :

$$E^2 = m^2 + |\vec{p}|^2 \text{ ou encore } m^2 = E^2 - |\vec{p}|^2. \quad (1.45)$$

Les lois de conservation de l'énergie et de l'impulsion sont bien sûr toujours vérifiées lors de l'évolution d'un système et se traduisent par la conservation de la quadri-impulsion totale du système. On parlera de particule relativiste quand $p \sim m$, et de particule ultra-relativiste si $p \gg m$. Dans ce dernier cas, on pourra faire l'approximation $E^2 \approx p^2$ comme pour une particule de masse nulle.

Enfin on introduit les opérateurs :

$$\partial_\mu = \frac{\partial}{\partial x^\mu} \text{ et } \partial^\mu = \frac{\partial}{\partial x_\mu}. \quad (1.46)$$

Ce sont des opérateurs quadrivectoriels, en effet lors d'un changement de référentiel :

$$\partial'_\mu = \frac{\partial}{\partial x'^\mu} = \frac{\partial}{\partial x^\nu}\frac{\partial x^\nu}{\partial x'^\mu} = \Lambda_\mu^{\ \nu}\partial_\nu, \quad (1.47)$$

qui est bien la définition d'un quadrivecteur. Cet opérateur généralise à l'espace-temps l'opérateur $\vec{\nabla}$. On a alors :

$$\partial = (\partial_0, \partial_1, \partial_2, \partial_3) = \left(\frac{\partial}{\partial t}, \frac{\partial}{\partial x}, \frac{\partial}{\partial y}, \frac{\partial}{\partial z}\right) = \left(\frac{\partial}{\partial t}, \vec{\nabla}\right). \quad (1.48)$$

En particulier, on notera que $\partial_\mu \partial^\mu = \frac{\partial^2}{c^2 \partial t^2} - \Delta = \Box$ est l'opérateur d'Alembertien qui apparaît notamment dans l'équation de propagation de l'onde électromagnétique ($\Box \varphi = 0$).

3.3 Limite non relativiste

Dans la limite des faibles vitesses $\beta \ll 1$ le temps et l'espace se découplent et la transformation de Lorentz devient la transformation de Galilée de la mécanique newtonienne :

$$\beta \ll 1 \Rightarrow \gamma \to 1, \Rightarrow \begin{cases} ct' = \gamma ct - \gamma \beta x & \to \quad ct \\ x' = -\gamma \beta ct + \gamma x & \to \quad x - vt. \end{cases} \tag{1.49}$$

L'énergie $E = p_0 c = \gamma mc^2$ devient $E = mc^2$. Si on regarde plus finement en développant γ à l'ordre 2 en β, on a :

$$\gamma = \frac{1}{\sqrt{1-\beta^2}} = 1 + \frac{\beta^2}{2} \Rightarrow E = \frac{1}{2}mv^2 + mc^2. \tag{1.50}$$

On reconnaît dans le premier terme l'énergie cinétique. Le second terme est l'énergie de masse. Si on applique le même développement limité au lagrangien il vient :

$$L = -mc\sqrt{1-\beta^2} = \frac{1}{2}mv^2 - mc^2. \tag{1.51}$$

En comparant hamiltonien et lagrangien, on peut identifier l'énergie de masse à une énergie potentielle intrinsèque du système. À basse énergie, ce terme est dominant mais constant. Il n'a donc aucun impact dans les différences d'énergie, on peut supprimer ce terme en redéfinissant le zéro de l'énergie potentielle.

4 Cinématique

Considérons un système isolé composé initialement de plusieurs particules, de quadri-impulsions $p_1^i, \ldots p_n^i$. Ces particules interagissent entre elles et on obtient dans l'état final m particules, qui peuvent différer des particules initiales, d'impulsion $p_1^f, \ldots p_m^f$.

Dans un référentiel donné, la quadri-impulsion totale est conservée, soit :

$$\sum_k^n p_k^i = \sum_k^m p_k^f. \tag{1.52}$$

De plus, la norme $s = \left(\sum_k p_k^i\right)^2 = \left(\sum_k p_k^f\right)^2$ est un invariant de Lorentz, donc possède la même valeur dans tous les référentiels. L'énergie totale disponible lors de l'interaction, $\sqrt{s}$, est l'énergie dans le centre de masse du système. Si toutes les particules de l'état final sont produites au repos, c'est-à-dire sans énergie cinétique, dans le référentiel du centre de masse et en posant $c = 1$ (unités naturelles) :

$$p_1^f = (m_1, 0, 0, 0), \quad p_2^f = (m_2, 0, 0, 0), \ \dots \ p_k^f = (m_k, 0, 0, 0), \tag{1.53}$$

où m_k est la masse invariante de la k-ième particule finale. On a alors :

$$\sqrt{s} = \sum_{k=1}^{m} m_k. \tag{1.54}$$

Pour produire un ensemble de particules, il faut disposer, au minimum, d'une énergie dans le centre de masse égale à la masse des particules. Dans ce cas on parle de production au seuil. Si $\sqrt{s} > \sum m_k$, l'énergie restante devient l'énergie cinétique des particules finales. Discutons succinctement de quelques cas particuliers souvent rencontrés dans les systèmes étudiés expérimentalement :

- La désintégration d'une particule de masse M : l'énergie dans le centre de masse est $\sqrt{s} = M$. Les masses des particules de l'état final doivent vérifier $\sum m_k < M$. Une particule ne peut se désintégrer qu'en particules plus légères. Les particules les plus légères sont donc stables.
- Un système à deux corps : les quadri-impulsions dans le référentiel du centre de masse sont :

$$p_1^f + p_2^f = \begin{pmatrix} \sqrt{s} \\ 0 \\ 0 \\ 0 \end{pmatrix}, \ p_1^f = \begin{pmatrix} E_1 \\ p \\ 0 \\ 0 \end{pmatrix}, \ p_2^f = \begin{pmatrix} E_2 \\ -p \\ 0 \\ 0 \end{pmatrix}, \tag{1.55}$$

en choisissant l'axe x comme direction de l'impulsion. Les deux énergies E_1 et E_2 et l'impulsion p sont entièrement déterminées par $\sqrt{s}$:

$$\begin{aligned} s &= m_1^2 + m_2^2 + 2E1E2 + 2p^2 \\ &= m_1^2 + m_2^2 + 2(E_1\sqrt{s} - E_1^2 + p^2) \\ &= m_2^2 - m_1^2 + 2E_1\sqrt{s} \end{aligned} \tag{1.56}$$

$$\Rightarrow E_1 = \frac{s + m_1^2 - m_2^2}{2\sqrt{s}}, \tag{1.57}$$

de même :

$$E_2 = \frac{s - m_1^2 + m_2^2}{2\sqrt{s}}, \tag{1.58}$$

et

$$p = \frac{\sqrt{(s - (m_1 - m_2)^2)(s - (m_1 + m_2)^2}}{2\sqrt{s}}. \tag{1.59}$$

On vérifie alors que :

$$\sqrt{s} > m_1 + m_2. \tag{1.60}$$

En accélérant des particules que l'on collisionne, c'est-à-dire en augmentant p, on peut obtenir des valeurs de $\sqrt{s}$ de plus en plus élevées. C'est ainsi que l'on peut produire des particules lourdes à partir de particules légères : en collisionnant, par exemple, deux protons de grande énergie on peut produire des particules beaucoup plus massives tels des bosons $W^{\pm}$ ou des quarks top, dès lors que $\sqrt{s}$ dépasse la somme des masses des particules filles.

4.1 Théorie classique des champs

Le concept de champ apparaît naturellement comme une extension de la notion de coordonnées. La mécanique classique décrit l'évolution temporelle d'un ensemble de points matériels caractérisés par des coordonnées q_i et leur vitesses $\dot{q}_i$ (ou les moments conjugués p_i). Mais la description de l'électromagnétisme, par exemple, nécessite des objets physiques qui sont définis en tout point de l'espace, des champs. On peut interpréter le champ comme la limite continue d'une infinité de coordonnées discrètes :

$$q_i(t) \xrightarrow[i \to +\infty]{} \varphi(\vec{x}, t), \tag{1.61}$$

la dépendance spatiale des coordonnées discrètes étant implicite. Assez naturellement, les coordonnées d'espace viennent jouer un rôle similaire à la coordonnée temporelle. On tentera donc de décrire l'évolution spatio-temporelle du champ. Cette équivalence temps-espace permet également de donner une formulation relativiste de la théorie des champs. Pour un champ $\varphi(x)$, x étant la quadri-position, il faut désormais considérer toutes les dérivées partielles $\partial_\mu \varphi$. Pour traiter les quatre dimensions de la même manière, le lagrangien est remplacé par une densité lagrangienne $\mathcal{L}\big(\varphi(x), \partial_\mu \varphi(x)\big)$ telle que l'action soit :

$$\mathcal{S}\left(\varphi(x), \partial_\mu \varphi(x)\right) = \int \mathcal{L}\left(\varphi(x), \partial_\mu \varphi(x)\right) d^4x. \tag{1.62}$$

L'application du principe de moindre action est similaire à celle utilisée pour des coordonnées discrètes, mais nécessite l'introduction d'outils mathématiques plus complexes. En effet, le lagrangien est désormais une fonctionnelle, puisque c'est une fonction du champ et de ses dérivées qui sont eux-mêmes des fonctions de l'espace-temps. Les mathématiques fournissent cependant le concept de dérivée fonctionnelle $\frac{\delta \mathcal{L}(\varphi)}{\delta \varphi}$ et de différentielle fonctionnelle $\delta \mathcal{L}$ définie par :

$$\delta \mathcal{L}(\varphi_1, \varphi_2) = \frac{\delta \mathcal{L}(\varphi_1)}{\delta \varphi_1} \delta \varphi_1 + \frac{\delta \mathcal{L}(\varphi_2)}{\delta \varphi_2} \delta \varphi_2. \tag{1.63}$$

Leur comportement est identique, dans les problèmes qui nous concernent, à une dérivée classique. Par exemple, pour une fonctionnelle $F(\varphi(x)) = \varphi^\dagger(x)\varphi(x)$ où φ est un champ complexe,

$$\frac{\delta F}{\delta\varphi} = 2|\varphi|. \tag{1.64}$$

L'équation d'Euler-Lagrange décrivant l'évolution spatio-temporelle du champ φ est alors :

$$\frac{\partial\mathcal{L}}{\partial\varphi} - \partial_\mu\left(\frac{\partial\mathcal{L}}{\partial(\partial_\mu\varphi)}\right) = 0. \tag{1.65}$$

Points clés

1. La transformation la plus générale des coordonnées entre deux référentiels inertiels qui assure l'existence d'une vitesse identique dans tous les référentiels est la transformation de Lorentz. Elle impose un couplage entre l'espace et le temps. Ce dernier n'est plus universel.

2. Le principe de relativité impose que les équations du mouvement, et par extension le lagrangien dont elles dérivent, doivent être des invariants de Lorentz. De tels invariants s'obtiennent dans les contractions de Lorentz tel que le produit scalaire de deux quadrivecteurs.

3. Le quadri-gradient ∂_μ est l'opérateur quadrivectoriel de dérivation par rapport aux coordonnées d'espace-temps. Il est la généralisation de l'opérateur $\vec{\nabla}$ à l'espace de Minkowski. Sa norme est l'opérateur d'Alembertien qui généralise le Laplacien et apparaît dans les équations de propagation du champ électromagnétique.

4. Le relativité unifie les concepts d'énergie et d'impulsion au sein d'un quadrivecteur, la quadri-impulsion. L'invariance d'un système sous des translations d'espace-temps induit la conservation usuelle de la quadri-impulsion. La norme de ce quadrivecteur définit la masse, qui est donc un invariant de Lorentz. La relation de dispersion relativiste est alors $E^2 = m^2 + p^2$.

5. Dans un processus de diffusion, la quadri-impulsion totale est conservée dans un référentiel donné. En tant qu'invariant de Lorentz, la norme de l'impulsion totale est la même dans tous les référentiels. Ce sont les deux principes de base des calculs de cinématique relativiste.

Chapitre 2

Équations relativistes

Introduction

En partant de l'équation de Schrödinger, nous allons construire successivement les équations quantiques relativistes décrivant des particules de spin nul, de spin $\frac{1}{2}$ tels les électrons, et de spin 1 tels les photons. En résolvant ces équations nous mettrons en évidence certains problèmes intrinsèques à la mécanique quantique relativiste qui se résoudront, en partie, en introduisant un nouveau concept : les antiparticules.

Objectifs

Connaître les équations de Klein-Gordon, Dirac, Maxwell et Proca.

Identifier les limitations de la mécanique quantique relativiste.

Expliquer l'interprétation des solutions d'énergie négative en termes d'antiparticules.

Définir les spineurs, les matrices de Dirac et leur propriétés.

Définir l'électromagnétisme en formalisme covariant.

Plan

1. Mécanique quantique non relativiste
2. Champ scalaire
3. Champ spinoriel
4. Champ vectoriel
5. Couplage aux champs fermioniques

1 Mécanique quantique non relativiste

1.1 Observables et opérateurs

L'ensemble des fonctions, satisfaisant aux propriétés mathématiques de la fonction d'onde, forme un espace vectoriel de dimension infinie : un espace de Hilbert. Une fonction d'onde $\psi(x, t)$ est associée à un vecteur de cet espace noté $|\psi\rangle$. Le produit scalaire (hermitien) dans l'espace de Hilbert est défini par :

$$\langle\varphi|\psi\rangle = \int_{-\infty}^{+\infty} \varphi^*(x, t)\psi(x, t)dx. \tag{2.1}$$

L'un des postulats de la mécanique quantique est qu'une observable physique O (position, impulsion, énergie...) n'est plus une grandeur numérique mais un opérateur hermitien $\hat{O}$ agissant sur l'espace de Hilbert. Seuls les états propres de l'opérateur ont une valeur numérique de l'observable bien définie. Un opérateur peut être caractérisé par ses éléments de matrice dans une base $\{|\varphi_k\rangle\}$ de l'espace de Hilbert :

$$O_{ij} = \left\langle \varphi_i \left| \hat{O} \right| \varphi_j \right\rangle = \int_{-\infty}^{+\infty} \varphi_i^*(x,t)\hat{O}(x)\varphi_j(x,t)dx. \tag{2.2}$$

Les inégalités d'Heisenberg peuvent s'interpréter comme l'impossibilité de définir simultanément une valeur numérique pour les deux observables position et impulsion, c'est-à-dire que les deux opérateurs ne sont pas diagonalisables simultanément.

On note $|x_0\rangle$, l'état correspondant à la fonction d'onde $\varphi(x) = \delta(x - x_0)$. Ces états forment une base de l'espace des états. Par construction, la fonction d'onde est donnée par :

$$\langle x | \psi \rangle = \int \psi(x')\delta(x - x')dx' = \psi(x). \tag{2.3}$$

Elle caractérise les coordonnées de l'état $|\psi\rangle$ dans la base de position. Dans cette base, l'observable associée à une coordonnée de position x_i est un opérateur $\hat{x}_i$, qui doit satisfaire :

$$\left\langle x \left| \hat{x}_i \right| \psi \right\rangle = x_i \langle x | \psi \rangle = x_i \psi(x), \tag{2.4}$$

pour n'importe quelle fonction d'onde. L'opérateur $\hat{x}_i$ est donc l'opérateur de multiplication par la coordonnée x_i.

Dans l'approche hamiltonienne, l'impulsion est le moment conjugué des coordonnées cartésiennes et satisfait aux crochets de Poisson. L'équivalent quantique des crochets de Poisson doit s'appliquer aux opérateurs et vérifier les mêmes propriétés de commutation. Le commutateur de deux opérateurs $\hat{A}$ et $\hat{B}$,

$$\left[\hat{A}, \hat{B}\right] = \hat{A}\hat{B} - \hat{B}\hat{A}, \tag{2.5}$$

satisfait ces conditions. On postule alors la relation de quantification canonique :

$$\left[\hat{x}_i, \hat{x}_j\right] = \left[\hat{p}_i, \hat{p}_j\right] = 0, \quad \left[\hat{x}_i, \hat{p}_j\right] = i\hbar\delta_{ij}. \tag{2.6}$$

Par ailleurs, le commutateur $\left[\hat{x}, \frac{\partial}{\partial x}\right]$ appliqué à un état quelconque $|\psi\rangle$ donne :

$$\left\langle x \left| \left[\hat{x}, \frac{\partial}{\partial x}\right] \right| \psi \right\rangle = x\frac{\partial \psi(x)}{\partial x} - \frac{\partial x\psi(x)}{\partial x} = -\psi(x). \tag{2.7}$$

On en déduit que l'opérateur d'impulsion est :

$$\hat{p}_i = -i\hbar\frac{\partial}{\partial x_i}, \quad \hat{\vec{p}} = -i\hbar\vec{\nabla}. \tag{2.8}$$

De plus, par analogie avec les équations de Hamilton :

$$-\frac{\partial \hat{\mathcal{H}}}{\partial x} = \frac{\partial}{\partial t}\hat{p} = -i\hbar\frac{\partial}{\partial t}\frac{\partial}{\partial x} \Rightarrow \hat{\mathcal{H}} = i\hbar\frac{\partial}{\partial t}. \tag{2.9}$$

On associe à l'énergie totale (hamiltonien) l'opérateur de dérivation temporelle. La quantification de l'équation classique : $\mathcal{H} = \frac{p^2}{2m} + V$ donne l'équation de Schrödinger qui décrit l'évolution d'un système quantique non relativiste :

$$\hat{\mathcal{H}} = \frac{\hat{p}^2}{2m} + \hat{V} \Rightarrow i\hbar\frac{\partial}{\partial t}\psi = -\frac{\hbar^2}{2m}\vec{\nabla}^2\psi + V(x)\psi. \tag{2.10}$$

En dérivant le produit $\psi^*\psi$ par rapport au temps, il vient :

$$\begin{aligned}\frac{\partial\psi^*\psi}{\partial t} &= \frac{\partial\psi*}{\partial t}\psi + \frac{\partial\psi}{\partial t}\psi^* \\ &= \frac{i\hbar}{2m}\left(\psi^*\vec{\nabla}^2\psi - \psi\vec{\nabla}^2\psi^*\right) \\ &= \frac{i\hbar}{2m}\vec{\nabla}\cdot\left(\psi^*\vec{\nabla}\psi - \psi\vec{\nabla}\psi^*\right),\end{aligned} \tag{2.11}$$

où l'équation de Schrödinger a été utilisée pour évaluer $\frac{\partial\psi}{\partial t}$ et $\frac{\partial\psi^*}{\partial t}$. L'équation peut se réécrire sous la forme $\frac{\partial\rho}{\partial t} = -\vec{\nabla}\cdot\vec{J}$. Une telle relation apparaît, par exemple, en mécanique des fluides ou en électromagnétisme et porte le nom d'équation de continuité. Elle relie l'évolution de la densité de matière à la divergence d'un courant. Sa forme intégrale est :

$$\int_{\mathcal{V}}\frac{\partial\rho}{\partial t}dV = \int_{\mathcal{V}} -\vec{\nabla}\cdot\vec{J}dV = -\oint_{\mathcal{S}}\vec{J}\cdot d\vec{S}. \tag{2.12}$$

La dernière relation découle du théorème de Green-Ostrogradski. Sous cette forme, l'équation de continuité traduit que la quantité de matière à l'intérieur d'un volume $\mathcal{V}$ est égale à la somme des courants entrant et sortant de ce volume. Si le volume d'intégration est l'espace entier, il vient naturellement : $\frac{\partial}{\partial t}\int_{\mathbb{R}^3}\rho dV = 0$ soit $\int_{\mathbb{R}^3}\rho dV$ est une constante dans le temps. De plus, dans le cadre de la mécanique quantique, la densité $\rho = \psi^*\psi$ est toujours positive, ce qui permet d'interpréter ce terme comme une densité de probabilité et de fixer la normalisation de la fonction d'onde par $\int_{\mathbb{R}^3}\rho dV = 1$. Le courant de probabilité est alors $\vec{J} = \frac{-i\hbar}{2m}\left(\psi^*\vec{\nabla}\psi - \psi\vec{\nabla}\psi^*\right)$. Enfin on remarquera que l'équation de continuité en notation covariante est :

$$\partial_0 j^0 = -\partial_i j^i \Rightarrow \partial_\mu j^\mu = 0, \tag{2.13}$$

avec $j^0 = \rho$ et $j^i = J_i$. Cette équation ne dépend pas du référentiel choisi et j^μ est un quadrivecteur (le quadri-courant).

2 Champ scalaire

2.1 Équation de Klein-Gordon

Le passage de la mécanique classique à la mécanique quantique s'opère en remplaçant les observables physiques par des opérateurs. L'équation de

Schrödinger n'est que la traduction dans ce nouveau formalisme du hamiltonien classique.

$$E = \frac{p^2}{2m} \longrightarrow \begin{matrix} E \to i\hbar\frac{\partial}{\partial t} \\ \vec{p} \to -i\hbar\vec{\nabla} \end{matrix} \Bigg\} i\hbar\frac{\partial}{\partial t}\varphi = -\frac{\hbar^2}{2m}\vec{\nabla}^2\varphi. \tag{2.14}$$

De la même manière, à partir du hamiltonien relativiste libre, on peut construire une équation analogue à celle de Schrödinger, soit en unités naturelles :

$$E \to i\frac{\partial}{\partial t} = i\partial_0, \quad \vec{p} \to -i\vec{\nabla} = -i\begin{pmatrix} \partial_1 \\ \partial_2 \\ \partial_3 \end{pmatrix}, \tag{2.15}$$

et donc :

$$\begin{aligned} E^2 = m^2 + \vec{p}^2 \longrightarrow -\,\partial_0\partial^0\varphi &= \left(m^2 + \partial_i\partial^i\right)\varphi \\ \Rightarrow \left(m^2 + \partial_\mu\partial^\mu\right)\varphi &= 0. \end{aligned} \tag{2.16}$$

C'est l'équation de Klein-Gordon. Elle dérive du lagrangien de Klein-Gordon, par les équations d'Euler-Lagrange :

$$\mathcal{L}_{KG} = \frac{1}{2}(\partial_\mu\varphi^+\partial^\mu\varphi(x) - m^2\varphi(x)^2). \tag{2.17}$$

Ce lagrangien ne fait apparaître le champ que dans des termes du second degré. Tout terme d'ordre supérieur traduirait une interaction. Le terme de masse dans ce lagrangien peut s'interpréter classiquement comme une énergie potentielle. L'état du vide, c'est-à-dire l'état du champ en l'absence de particule, est donné par le minimum du potentiel, soit pour $\varphi(x) = 0$.

L'objet $\varphi(x)$ qui apparaît dans cette équation doit être une fonction d'onde relativiste. Cependant le traitement sensiblement différent du temps en mécanique quantique et en théorie des champs relativistes nous incite à penser que cet objet risque de poser des problèmes d'interprétation. Le champ scalaire n'a pas d'autre degré de liberté. Il ne saurait donc modéliser une particule portant un spin. Le champ scalaire est donc un champ de spin nul. L'équation de Klein-Gordon est l'équation relativiste du champ scalaire libre.

2.2 Limitations de l'équation de Klein-Gordon

En mécanique quantique, l'interprétation probabiliste de la fonction d'onde découle de l'équation de continuité. Livrons-nous à l'exercice similaire à partir de l'équation de Klein-Gordon. Pour ce faire, multiplions l'équation d'un champ φ par le complexe conjugué φ^* :

$$\varphi^*\partial_\mu\partial^\mu\varphi + m^2\varphi^*\varphi = 0. \tag{2.18}$$

En soustrayant son complexe conjugué à cette expression :

$$0 = \varphi^*\partial_\mu\partial^\mu\varphi - \varphi\partial_\mu\partial^\mu\varphi^* = \partial_\mu(\varphi^*\partial^\mu\varphi - \varphi\partial^\mu\varphi^*). \tag{2.19}$$

On obtient bien une équation de la forme $\partial_\mu j^\mu = 0$ avec pour le quadri-courant :

$$j^\mu = -\frac{i}{2m}(\varphi^* \partial^\mu \varphi - \varphi \partial^\mu \varphi^*). \tag{2.20}$$

Le facteur i servant à rendre le courant réel et le facteur $\frac{1}{2m}$ assure la cohérence avec la mécanique quantique non-relativiste. La densité est :

$$\rho = j^0 = -\frac{i}{2m}\left(\varphi^* \frac{\partial \varphi}{\partial t} - \varphi \frac{\partial \varphi^*}{\partial t}\right), \tag{2.21}$$

qui n'est plus nécessairement positive. L'interprétation probabiliste, qui est l'un des fondements de la mécanique quantique, n'est plus possible.

Un autre problème apparaît lors de la résolution de l'équation de Klein-Gordon. On cherche des solutions en ondes planes de la forme $\varphi \propto e^{-ik\cdot x}$, avec k et x des quadrivecteurs. En injectant ceci dans l'équation de Klein-Gordon, il vient :

$$\partial_\mu \partial^\mu \varphi + m^2 \varphi = 0 \Rightarrow \left[(-ik_0)^2 - (i\vec{k})^2 + m^2\right] e^{-ik\cdot x} = 0, \tag{2.22}$$

$$\Longrightarrow k_0 = \pm\sqrt{\left|\vec{k}\right|^2 + m^2} = E_k. \tag{2.23}$$

Pour une impulsion $\vec{k}$, il existe deux solutions possibles :

- une solution d'énergie positive $E = E_k$: $\varphi_k^+(x) = A_k e^{-i(E_k t - \vec{k}\cdot\vec{x})}$;
- une solution d'énergie négative $E = -E_k$: $\varphi_k^-(x) = B_k e^{-i(-E_k t - \vec{k}\cdot\vec{x})}$.

L'existence de ces deux solutions est liée à la nature quadratique de l'équation reliant énergie et impulsion en relativité restreinte ($E^2 = m^2 + |\vec{p}|^2$).

A priori, les solutions d'énergie négative n'ont pas d'interprétation physique. Les deux phénomènes que nous avons mis en évidence (absence d'interprétation probabiliste de la densité et existence de solutions d'énergie négative) constituent un sérieux problème de la mécanique quantique relativiste qui ne trouve sa solution que dans le contexte, plus large, de la théorie quantique des champs.

Calculons la densité pour chaque type de solution :

$$\rho^+ = \frac{|A_k|^2}{m} E_k \text{ et } \rho^- = -\frac{|B_k|^2}{m} E_k. \tag{2.24}$$

Supposons que notre système soit composé de particules électriquement chargées, de charge $-e$. Si on multiplie la densité par la charge, on obtient la densité de charge qui elle peut être positive ou négative.

$$\rho_e^+ = \frac{-e|A_k|^2}{m} E_k \text{ et } \rho_e^- = \frac{e|B_k|^2}{m} E_k. \tag{2.25}$$

Les solutions d'énergie positive ont une charge $-e$ alors que celle d'énergie négative ont une charge opposée $+e$. Les solutions d'énergie négative correspondent aux antiparticules. Il est remarquable que si l'on suppose l'existence d'une particule chargée alors l'équation relativiste décrit automatiquement cette particule et un autre objet de même masse, de même spin et de charge opposée. L'interprétation en termes de particule et d'antiparticule permet de donner un sens physique aux solutions d'énergie négative : l'énergie est toujours positive mais le temps est inversé (on change l'attribution du signe – dans $-E_k t$ de E_k à t) ce qui correspond à une particule d'impulsion $\vec{k}$ qui remonte le temps. Rigoureusement, c'est la quantification du champ qui permet d'introduire le concept d'antiparticule pour donner un sens physique à ces solutions : une antiparticule (inversion de toutes les charges) d'impulsion $\vec{k}$ qui avance dans le temps est équivalent à une particule d'impulsion $-\vec{k}$ qui remonte le temps. Les deux solutions en onde plane sont alors :

$$\varphi_k^{(+)}(x) = \frac{1}{(2\pi)^{\frac{3}{2}}} \frac{1}{(2E_k)^{\frac{1}{2}}} e^{-ik_\mu x^\mu}, \tag{2.26}$$

pour les particules et :

$$\varphi_k^{(-)}(x) = \frac{1}{(2\pi)^{\frac{3}{2}}} \frac{1}{(2E_k)^{\frac{1}{2}}} e^{ik_\mu x^\mu}, \tag{2.27}$$

où la normalisation $\frac{1}{(2\pi)^{\frac{3}{2}}}$ résulte de la normalisation de l'intégrale volumique continue et le facteur $\frac{1}{(2E_k)^{\frac{1}{2}}}$ de l'intégration sur la contrainte relativiste $\delta(E_k^2 + \vec{k}^2 - m^2)$.

La solution la plus générale de l'équation de Klein-Gordon classique, développée sur une base d'ondes planes est de la forme :

$$\varphi(x) = \int d^3k a_k \varphi_k^{(+)} + \int d^3k b_k^* \varphi_k^{(-)}(x), \tag{2.28}$$

ou encore, sous forme covariante :

$$\frac{1}{(2\pi)^{\frac{3}{2}}} \int d^3k \frac{1}{(2E_k)^{\frac{1}{2}}} \left(a_k e^{-ik_\mu x^\mu} + b_k^* e^{ik_\mu x^\mu}\right), \tag{2.29}$$

où a_k et b_k^* sont des nombres complexes.

Un champ scalaire complexe décrit une particule (et son antiparticule) chargée. Pour un champ réel, $\varphi = \varphi^+$ et $\rho = 0$: la densité de charge est nulle. Un tel champ décrit une particule sans charge, qui est sa propre antiparticule. La solution de l'équation de Klein-Gordon pour le champ réel est alors :

$$\varphi(x) = \frac{1}{(2\pi)^{\frac{3}{2}}} \int d^3k \frac{1}{(2E_k)^{\frac{1}{2}}} \left(a_k e^{-ik_\mu x^\mu} + a_k^* e^{ik_\mu x^\mu}\right). \tag{2.30}$$

3 Champ spinoriel

3.1 Équation de Dirac

Les phénomènes non physiques apparaissant dans les solutions de l'équation de Klein-Gordon résultent de la dérivée seconde en temps, là où l'équation de Schrödinger fait apparaître une dérivée première. Nous allons donc tenter de construire une équation relativiste sur le modèle de l'équation de Schrödinger : $i\partial_0\psi = H_f\psi$, où H_f est l'opérateur hamiltonien du système. Pour un champ scalaire, l'équation relativiste est quadratique, le champ devra être un objet mathématiquement plus complexe. On considère donc un vecteur à n composantes ψ. Chaque composante est un nombre complexe qui doit satisfaire l'équation de Klein-Gordon. Pour assurer l'invariance de forme sous les transformations de Lorentz, toutes les coordonnées doivent être traitées de manière similaire, le hamiltonien ne peut dépendre que des dérivées premières du champ et doit inclure une énergie de masse proportionnelle au champ. On cherche donc une équation de la forme :

$$i\partial_0\psi = i\hat{\alpha}^i\partial_i\psi + \hat{\beta}m\psi. \tag{2.31}$$

Les coefficients $\hat{\alpha}^i$ et $\hat{\beta}$ sont des matrices carrées de dimension n. Chaque composante de ψ doit vérifier :

$$\partial_\mu\partial^\mu\psi_i + m^2\psi_i = 0 \Rightarrow \partial_0\partial_0 = \sum_j \partial_j\partial_j\psi_i - m^2\psi_i. \tag{2.32}$$

On détermine l'opérateur $\partial_0\partial_0$ en fonction des dérivées d'espace et des coefficients :

$$\partial_0\partial_0 = -H_f^2 = -\left(i\hat{\alpha}^i\partial_i + \hat{\beta}m\right)^2, \tag{2.33}$$

soit :

$$\partial_0\partial_0\psi = \frac{1}{2}\sum_{i,j}\left(\hat{\alpha}^i\hat{\alpha}^j + \hat{\alpha}^j\hat{\alpha}^i\right)\partial_i\partial_j\psi - i\sum_i\left(\hat{\alpha}^i\hat{\beta} + \hat{\beta}\hat{\alpha}^i\right)\partial_i - \hat{\beta}^2m^2\psi. \tag{2.34}$$

En identifiant avec l'équation de Klein-Gordon, on déduit des relations d'anticommutation entre les coefficients :

$$\left\{\hat{\alpha}^i, \hat{\alpha}^j\right\} = 2\delta_{i,j}\mathbb{1}_n, \qquad \left\{\hat{\alpha}^i, \hat{\beta}\right\} = 0, \qquad \hat{\beta}^2 = 1, \tag{2.35}$$

où l'anticommutateur entre deux matrices est définit par :

$$\{A, B\} = AB + BA. \tag{2.36}$$

On voit que $\hat{\alpha}^{i^2} = \hat{\beta}^2 = 1$, ces matrices ne peuvent donc avoir pour valeurs propres que ± 1. En multipliant la seconde relation par $\hat{\beta}$ et en calculant la trace, il vient :

$$Tr(\hat{\beta}\hat{\alpha}^i\hat{\beta} + \hat{\beta}^2\hat{\alpha}^i) = Tr(\hat{\beta}\hat{\alpha}^i\hat{\beta}) + Tr(\hat{\alpha}^i) = 2Tr(\hat{\alpha}^i) = 0. \tag{2.37}$$

De même, $Tr(\hat{\beta}) = 0$. Puisque la trace est égale à la somme des valeurs propres, il faut qu'il y ait autant de valeurs propres +1 que -1, soit une dimension paire pour ces matrices. Pour $n = 2$, il n'existe que 3 matrices 2×2 satisfaisant ces conditions d'anticommutation, à savoir les matrices de Pauli. La dimension minimale pour les coefficients de l'équation est donc $n = 4$. La fonction d'onde vectorielle ψ est un objet à quatre dimensions appelé spineur de Dirac ou spineur de Lorentz et l'équation du champ est l'équation de Dirac. Pour l'écrire sous une forme covariante, on pose :

$$\gamma^0 = \hat{\beta}, \qquad \gamma^i = \hat{\beta}\hat{\alpha}^i. \tag{2.38}$$

Les relations d'anticommutations deviennent :

$$\{\gamma^\mu, \gamma^\nu\} = 2g^{\mu\nu}\mathbb{1}_4, \qquad \gamma^{0^2} = -\gamma^{i^2} = 1, \tag{2.39}$$

et l'équation de Dirac s'écrit finalement :

$$\left(i\gamma^{\mu}\partial_{\mu} - m\right)\psi = 0. \tag{2.40}$$

Les quatre matrices, sont les matrices de Dirac. Elles forment un quadrivecteur de matrices 4 × 4 $(\gamma^0, \vec{\gamma})$. Il existe une infinité d'ensemble de quatre matrices vérifiant ces relations. Le choix d'une représentation particulière revient à un choix de base de l'espace des spineurs. On montre que les propriétés physiques sont indépendantes de ce choix. La représentation standard des matrices de Dirac est :

$$\gamma^0 = \begin{pmatrix} \mathbb{1}_2 & 0 \\ 0 & -\mathbb{1}_2 \end{pmatrix}, \qquad \gamma^i = \begin{pmatrix} 0 & \sigma^i \\ -\sigma^i & 0 \end{pmatrix}, \tag{2.41}$$

où les σ^i sont les matrices de Pauli :

$$\sigma^1 = \begin{pmatrix} 0 & 1 \\ 1 & 0 \end{pmatrix}, \quad \sigma^2 = \begin{pmatrix} 0 & -i \\ i & 0 \end{pmatrix}, \quad \sigma^3 = \begin{pmatrix} 1 & 0 \\ 0 & -1 \end{pmatrix}. \tag{2.42}$$

La structure en blocs de ces matrices incite souvent à traiter les spineurs comme un ensemble de deux objets à deux composantes, $\psi = \begin{pmatrix} \varphi \\ \chi \end{pmatrix}$.

3.2 Densité et courant

Comme précédemment, on peut dériver une équation de continuité à partir de l'équation de Dirac. Pour ce faire on part de l'équation de Dirac que l'on multiplie à gauche par $\psi^+\gamma^0$:

$$i\psi^+\gamma^0\gamma^{\mu}\partial_{\mu}\psi - m\psi^+\gamma^0\psi = 0. \tag{2.43}$$

En soustrayant le complexe conjugué de cette expression, les termes de masse disparaissent et on obtient la relation :

$$\psi^+\gamma^0\gamma^{\mu}\partial_{\mu}\psi + \partial_{\mu}\psi^+\gamma^0\gamma^{\mu}\psi = \partial_{\mu}\left(\psi^+\gamma^0\gamma^{\mu}\psi\right) = \partial_{\mu}j^{\mu} = 0. \tag{2.44}$$

L'expression $J^{\mu} = \psi^+\gamma^0\gamma^{\mu}\psi$ est bien un quadrivecteur, le quadri-courant. Sa première composante, la densité :

$$\rho = J^0 = \psi^+\gamma^0\gamma^0\psi = \psi^+\psi, \tag{2.45}$$

est toujours positive. L'une des limitations de l'équation de Klein-Gordon est bien résolue. On verra cependant que les solutions d'énergie négative perdurent. Plutôt que ψ^+, on préfère souvent utiliser la conjugaison de Dirac ou adjoint : $\bar{\psi} = \psi^+\gamma^0$. Le courant est alors $J^{\mu} = \bar{\psi}\gamma^{\mu}\psi$ De même pour un opérateur A agissant sur les spineurs,

$\bar{A} = \gamma^{0+} A^{+} \gamma^{0} = \gamma^{0} A^{+} \gamma^{0}$. On vérifie aisément que la conjugaison de Dirac d'un produit d'opérateurs et de spineurs satisfait aux même propriétés que la conjugaison habituelle :

$$\begin{aligned}\overline{A_1 A_2 \ldots A_n \psi} &= (A_1 A_2 \ldots A_n \psi A_1 A_2 \ldots A_n \psi)^{+} \gamma^{0} \\ &= \psi^{+} A_n^{+} \ldots A_2^{+} A_1^{+} \gamma^{0} \\ &= \psi^{+} \gamma^{0} A_n^{+} \gamma^{0} \ldots \gamma^{0} A_2^{+} \gamma^{0} \gamma^{0} A_1^{+} \gamma^{0} \\ &= \bar{\psi} \bar{A}_n \ldots \bar{A}_2 \bar{A}_1,\end{aligned} \tag{2.46}$$

en utilisant $\mathbb{1}_4 = (\gamma^0)^2$.

Par ailleurs, on peut à partir de l'équation de Dirac écrire :

$$(i\gamma^{\mu}\partial_{\mu} - m)\psi \Rightarrow \psi = \frac{i}{m}\gamma^{\mu}\partial_{\mu}\psi. \tag{2.47}$$

De même, par conjugaison, $\bar{\psi} = \frac{-i}{m}\partial_{\mu}\bar{\psi}\gamma^{\mu}$. En substituant ces deux expressions dans celle du courant, on obtient :

$$\bar{\psi}\gamma^{\mu}\psi = \frac{1}{2}\left(\bar{\psi}\gamma^{\mu}\psi + \bar{\psi}\gamma^{\mu}\psi\right) = \frac{i}{2m}\left(\bar{\psi}\gamma^{\mu}\gamma^{\nu}\partial_{\nu}\psi - \partial_{\nu}\bar{\psi}\gamma^{\nu}\gamma^{\mu}\psi\right). \tag{2.48}$$

On pose $-2i\sigma^{\mu\nu} = [\gamma^{\mu}, \gamma^{\nu}]$ et en combinant commutateur et anticommutateur :

$$\gamma^{\mu}\gamma^{\nu} = g^{\mu\nu} - i\sigma^{\mu\nu} \text{ et } \gamma^{\nu}\gamma^{\mu} = g^{\mu\nu} + i\sigma^{\mu\nu}. \tag{2.49}$$

On obtient alors la décomposition de Gordon du courant :

$$J^{\mu} = \frac{-i}{2m}\left(\bar{\psi}\partial^{\mu}\psi - \partial^{\mu}\bar{\psi}\psi\right) + \frac{1}{2m}\partial_{\nu}\left(\bar{\psi}\sigma^{\mu\nu}\psi\right) = J_c^{\mu} + J_s^{\mu}. \tag{2.50}$$

Le premier terme, J_c^{μ} est analogue au courant de l'équation de Klein-Gordon. Multiplié par la charge électrique il donne le courant de charge d'une particule de spin nul. Le second terme est spécifique à l'équation de Dirac. Il correspond à la contribution du spin au courant. En particulier, on vérifie que les matrices $\sigma_{\mu\nu}$ peuvent s'exprimer à partir des matrices de Pauli et que le second terme fait apparaître l'opérateur de spin de la mécanique quantique. Le couplage de ce courant de spin au champ électromagnétique est responsable du moment magnétique de l'électron (voir paragraphe 4.1 du chapitre 3).

3.3 Solutions de l'équation de Dirac

Une fois encore, on recherche des solutions en onde plane, de la forme :

$$\psi(x) = \begin{pmatrix} \varphi \\ \chi \end{pmatrix} e^{-ik_{\mu}x^{\mu}}. \tag{2.51}$$

En utilisant l'équation de Dirac :

$$\left(k_{\mu}\gamma^{\mu} - m\right)\begin{pmatrix} \varphi \\ \chi \end{pmatrix} e^{-ik_{\mu}x^{\mu}} = 0, \tag{2.52}$$

soit, en explicitant les matrices de Dirac, un système de deux équations couplées pour φ et χ :

$$\begin{pmatrix} (k_0 - m)\mathbb{1}_2 & k_i\sigma^i \\ k_i\sigma^i & (k_0 + m)\mathbb{1}_2 \end{pmatrix}\begin{pmatrix} \varphi \\ \chi \end{pmatrix} = 0. \tag{2.53}$$

Ce système n'a de solutions que si le déterminant $(k_0^2 - m^2)\mathbb{1}_2 - (k_i\sigma^i)^2$ est nul. Le produit $(k_i\sigma^i)^2$ vaut :

$$(k_i\sigma^i)^2 = \sum_{i,j} k_i k_j \sigma^i \sigma^j = \sum_{i,j} k_i k_j (\delta^{ij} + i\epsilon_{ijk}\sigma^k) = \sum_i k_i k_i = \vec{k}^2. \tag{2.54}$$

Le système se ramène naturellement à la relation relativiste $k_\mu k^\mu = m^2$, soit $k^0 = \pm E_k = \pm\sqrt{m^2 + |\vec{k}|^2}$. Ceci est attendu puisque cette relation a été imposée dans la construction de l'équation de Dirac. Les solutions d'énergie négative sont toujours présentes. On obtient également des relations entre les deux composantes φ et χ :

$$\chi = \frac{-k_i\sigma^i}{m + k^0}\varphi = \frac{k^i\sigma^i}{m + k^0}\varphi = \frac{\vec{k}.\vec{\sigma}}{m + k^0}\varphi, \tag{2.55}$$

et

$$\varphi = \frac{-k_i\sigma^i}{k^0 - m}\chi = \frac{k^i\sigma^i}{m - k^0}\chi = \frac{-\vec{k}.\vec{\sigma}}{m - k^0}\chi. \tag{2.56}$$

Comme dans le cas du champ scalaire, on peut donner chaque solution sous forme covariante :

$$\psi_k^{(+)}(x) = \begin{pmatrix} \varphi \\ \frac{\vec{k}.\vec{\sigma}}{m+E_k}\varphi \end{pmatrix} e^{-ik_\mu x^\mu} = \frac{1}{(2\pi)^{\frac{3}{2}}} \frac{1}{\sqrt{2E_k}} u_k e^{-ik_\mu x^\mu}, \tag{2.57}$$

$$\psi_{-k}^{(-)}(x) = \begin{pmatrix} \frac{\vec{k}.\vec{\sigma}}{m+E_k}\chi \\ \chi \end{pmatrix} e^{ik_\mu x^\mu} = \frac{1}{(2\pi)^{\frac{3}{2}}} \frac{1}{\sqrt{2E_k}} v_k e^{ik_\mu x^\mu}, \tag{2.58}$$

où la normalisation découle de la condition d'unitarité :

$$\int \psi_k^+(x)\psi_{k'}(x) d^3x = \delta(k - k'). \tag{2.59}$$

On introduit dans cette expression des spineurs u_k et v_k qui portent la structure spinorielle de la fonction d'onde :

$$u_k = \sqrt{m + E_k}\begin{pmatrix} \varphi \\ \frac{\vec{k}.\vec{\sigma}}{m+E_k}\varphi \end{pmatrix}, \quad v_k = \sqrt{m + E_k}\begin{pmatrix} \frac{\vec{k}.\vec{\sigma}}{m+E_k}\chi \\ \chi \end{pmatrix}. \tag{2.60}$$

Les spineurs à deux composantes φ et χ ne sont pas encore spécifiés et seront discutés au paragraphe suivant. Par construction, ils vérifient $\varphi^+\varphi = \chi^+\chi = 1$. La condition d'unitarité de la fonction d'onde se traduit par :

$$\begin{aligned} u_k^+ u_k &= (m + E_k)\left(1 + \frac{\vec{k}^2}{(m + E_k)^2}\right)\varphi^+\varphi \\ &= \frac{m^2 + 2mE_k + E_k^2 + \vec{k}^2}{m + E_k} \\ &= 2E_k. \end{aligned} \tag{2.61}$$

De même $v_k^+ v_k = 2E_k$. La norme d'un spineur n'est pas un invariant de Lorentz. En revanche, si on calcule $\bar{u}_k u_k$:

$$\begin{aligned}\bar{u}_k u_k = u_k^+ \gamma^0 u_k &= (m + E_k)\left(1 - \frac{\vec{k}^2}{(m + E_k)^2}\right)\varphi^+\varphi \\ &= \frac{m^2 + 2mE_k + E_k^2 - \vec{k}^2}{m + E_k} \\ &= 2m. \end{aligned} \tag{2.62}$$

De même $\bar{v}_k v_k = -2m$. Les produits $\bar{u}_k u_k$ et $\bar{v}_k v_k$ sont invariants de Lorentz. De manière général on montre que pour tout spineur ψ, la grandeur $\bar{\psi}\psi$ est un invariant de Lorentz.

3.4 Spin et hélicité

Sur les quatre degrés de liberté existant *a priori* pour un spineur, deux n'ont pas encore été identifiés. Considérons l'opérateur suivant :

$$\Lambda = \frac{1}{2}\hat{\vec{\Sigma}}.\hat{\vec{p}} = \frac{1}{2}\begin{pmatrix} -i\sigma^i\partial_i & 0 \\ 0 & -i\sigma^i\partial_i \end{pmatrix}. \tag{2.63}$$

L'opérateur vectoriel du spin pour quatre dimensions $\frac{1}{2}\hat{\vec{\Sigma}}$ s'extrapole de celui à deux dimensions donné par les matrices de Pauli $\frac{1}{2}\hat{\vec{\sigma}}$. L'équation de Dirac a la même forme que l'équation de Schrödinger : $i\partial_0\psi = H_f\psi$ avec pour hamiltonien $H_f = -i\gamma^0\gamma^i\partial_i + \gamma^0 m$. On vérifie sans difficulté que ce hamiltonien commute avec Λ et $\hat{\vec{p}}$. De même Λ commute avec $\hat{\vec{p}}$, soit :

$$\left[\Lambda, H_f\right] = \left[H_f, \hat{\vec{p}}\right] = \left[\Lambda, \hat{\vec{p}}\right] = 0. \tag{2.64}$$

Ces trois opérateurs sont diagonalisables simultanément, Λ et l'impulsion sont deux observables mesurables simultanément. On définit alors l'hélicité comme la projection du spin selon la direction de l'impulsion, soit :

$$\Lambda_s = \frac{\Lambda}{|\vec{k}|}. \tag{2.65}$$

Sans perte de généralité, on peut se limiter à l'étude d'une solution de l'équation de Dirac d'impulsion $\vec{k} = (0, 0, k_z)$. Dans ce cas l'hélicité devient :

$$\Lambda_s = \frac{1}{2|\vec{k}|}\hat{\vec{\Sigma}}.\hat{\vec{p}} = \frac{1}{2k^3}k^3\begin{pmatrix} \sigma^3 & 0 \\ 0 & \sigma^3 \end{pmatrix} = \begin{pmatrix} \frac{1}{2} & 0 & 0 & 0 \\ 0 & -\frac{1}{2} & 0 & 0 \\ 0 & 0 & \frac{1}{2} & 0 \\ 0 & 0 & 0 & -\frac{1}{2} \end{pmatrix}. \tag{2.66}$$

Il y a deux valeurs propres dégénérées : $\lambda_s = +\frac{1}{2}$ avec pour vecteurs propres de l'opérateur d'hélicité $(1, 0, 0, 0)$ et $(0, 0, 1, 0)$ et $\lambda_s = -\frac{1}{2}$ avec pour vecteurs propres $(0, 1, 0, 0)$ et $(0, 0, 0, 1)$.

Finalement, on obtient quatre solutions en onde plane pour l'équation de Dirac correspondant aux énergies positives et négatives dans les projections de spin $\pm\frac{1}{2}$. De nouveau, la solution d'énergie négative d'impulsion $-\vec{k}$ s'interprète comme l'antiparticule d'impulsion $\vec{k}$:

$$\psi_{k,s}^{(+)} = \frac{1}{(2\pi)^{\frac{3}{2}}}\frac{1}{\sqrt{2E_k}}u_{k,s}e^{-ik^3z} = \frac{1}{(2\pi)^{\frac{3}{2}}}\sqrt{\frac{m+E_k}{2E_k}}\begin{pmatrix} \varphi_s \\ \frac{k_3\sigma^3}{m+E_k}\varphi_s \end{pmatrix} e^{-ik^3z}, \tag{2.67}$$

$$\psi_{k,s}^{(-)} = \frac{1}{(2\pi)^{\frac{3}{2}}}\frac{1}{\sqrt{2E_k}}v_{k,s}e^{ik^3z} = \frac{1}{(2\pi)^{\frac{3}{2}}}\sqrt{\frac{m+E_k}{2E_k}}\begin{pmatrix} \frac{k_3\sigma^3}{m+E_k}\varphi_s \\ \varphi_s \end{pmatrix} e^{ik^3z}, \tag{2.68}$$

où $s = 1, 2$ dénote les états d'hélicité et :

$$\varphi_1 = \begin{pmatrix} 1 \\ 0 \end{pmatrix} \quad \text{et} \quad \varphi_2 = \begin{pmatrix} 0 \\ 1 \end{pmatrix}. \tag{2.69}$$

Le champ spinoriel complexe décrit donc des particules chargées (et leurs antiparticules) de spin $\frac{1}{2}$. $\psi_{k,s}^{(+)}$ et $\psi_{k,s}^{(-)}$ forment une base de l'espace des fonctions d'onde spinorielles. Les spineurs $u_{k,s}$ et $v_{k,s}$ satisfont comme équation :

$$(\partial_\mu\gamma^\mu - m)\psi_{k,s}^{(+)} = 0 \Rightarrow (k_\mu\gamma^\mu - m)u_{k,s} = 0, \tag{2.70}$$

$$(\partial_\mu\gamma^\mu - m)\psi_{k,s}^{(-)} = 0 \Rightarrow (k_\mu\gamma^\mu + m)v_{k,s} = 0. \tag{2.71}$$

Les opérateurs $(k_\mu\gamma^\mu - m)$ et $(k_\mu\gamma^\mu + m)$ sont des opérateurs de projection pour les spineurs u et v, en effet :

$$(k_\mu\gamma^\mu - m)u_{k,s} = 0 \quad , (k_\mu\gamma^\mu + m)u_{k,s} = 2mu_{k,s}, \tag{2.72}$$

$$(k_\mu\gamma^\mu + m)v_{k,s} = 0 \quad , (k_\mu\gamma^\mu - m)v_{k,s} = -2mv_{k,s}, \tag{2.73}$$

de plus :

$$\sum_r (u_{k,r}\bar{u}_{k,r})u_{k,s} = \sum_r u_{k,r}(\bar{u}_{k,r}u_{k,s}) = \sum_r u_{k,r}2m\delta_{rs} = 2mu_{k,s}, \tag{2.74}$$

$$\sum_r (u_{k,r}\bar{u}_{k,r})v_{k,s} = \sum_r u_{k,r}(\bar{u}_{k,r}v_{k,s}) = 0, \tag{2.75}$$

$$\sum_r (v_{k,r}\bar{v}_{k,r})v_{k,s} = \sum_r v_{k,r}(\bar{v}_{k,r}v_{k,s}) = -\sum_r v_{k,r}2m\delta_{rs} = -2mv_{k,s}, \tag{2.76}$$

$$\sum_r (v_{k,r}\bar{v}_{k,r})u_{k,s} = \sum_r v_{k,r}(\bar{v}_{k,r}u_{k,s}) = 0. \tag{2.77}$$

Si on identifie ces deux séries d'équations on obtient des relations de fermetures pour les spineurs u et v

$$\sum_{s=1,2} u_{k,s}\bar{u}_{k,s} = k_\mu\gamma^\mu + m, \qquad \sum_{s=1,2} v_{k,s}\bar{v}_{k,s} = k_\mu\gamma^\mu - m. \tag{2.78}$$

La solution générale du champ est alors une combinaison linéaire de ces quatre solutions, en sommant sur toutes les impulsions :

$$\psi(x) = \frac{1}{(2\pi)^{\frac{3}{2}}}\int d^3k \frac{1}{\sqrt{2E_k}}\sum_{s=1,2}\left(b_{k,s}u(k,s)e^{-ikx} + d^*_{k,s}v(k,s)e^{ikx}\right), \tag{2.79}$$

avec des coefficients complexes $b_{k,s}$ et $d^*_{k,s}$.

3.5 Représentation de Weyl et projecteurs de chiralité

Les matrices de Dirac ne sont pas uniques. Par exemple la représentation de Weyl définie par :

$$\gamma^0 = \begin{pmatrix} 0 & \mathbb{1}_2 \\ \mathbb{1}_2 & 0 \end{pmatrix}, \qquad \gamma^i = \begin{pmatrix} 0 & \sigma^i \\ -\sigma^i & 0 \end{pmatrix}, \tag{2.80}$$

Ces matrices satisfont aussi la relation de commutation des matrices de Dirac. Pour une solution en onde plane de l'équation de Dirac :

$$\psi(x) = \begin{pmatrix} \varphi_w(x) \\ \chi_w(x) \end{pmatrix} = \begin{pmatrix} \varphi_w \\ \chi_w \end{pmatrix} e^{-ik^\mu x_\mu}, \tag{2.81}$$

on a :

$$(\gamma_\mu k^\mu - m)\begin{pmatrix} \varphi_w \\ \chi_w \end{pmatrix} = 0, \tag{2.82}$$

soit en explicitant les matrices de Dirac :

$$\begin{pmatrix} -m & k^0 - \vec{k}.\vec{\sigma} \\ k^0 + \vec{k}.\vec{\sigma} & -m \end{pmatrix}\begin{pmatrix} \varphi_w \\ \chi_w \end{pmatrix} = 0. \tag{2.83}$$

On en déduit alors :

$$\varphi_w = \frac{k^0 - \vec{k}.\vec{\sigma}}{m}\chi, \text{ et } \chi_w = \frac{k^0 + \vec{k}.\vec{\sigma}}{m}\varphi. \tag{2.84}$$

Les deux composantes à deux dimensions $\varphi_w(x)$ et $\chi_w(x)$ s'appellent des spineurs de Weyl. La transformation de parité P est l'inversion des coordonnées spatiales $P : \vec{x} \to -\vec{x}$. Sous l'effet de la parité, $\vec{k}$ change aussi de signe. Le produit $k^\mu x_\mu$ est alors invariant et l'exponentielle n'est pas affectée. En appliquant la parité aux deux relations précédentes, on obtient :

$$P\chi_w = \frac{k^0 - k^i\sigma_i}{m}P\varphi_w, \text{ et } P\varphi_w = \frac{k^0 + k^i\sigma_i}{m}P\chi_w, \tag{2.85}$$

d'où $P\chi_w = \varphi_w$ et $\tilde{\varphi}_w = P\varphi_w = \chi_w$. Les deux spineurs de Weyl sont les états de chiralité gauche et droit, qui sont symétrique l'un de l'autre par une transformation miroir (parité).

À partir des matrices de Dirac, on définit la matrice $\gamma^5 = i\gamma^0\gamma^1\gamma^2\gamma^3$. En représentation de Weyl :

$$\gamma^5 = \begin{pmatrix} \mathbb{1}_2 & 0 \\ 0 & -\mathbb{1}_2 \end{pmatrix}. \tag{2.86}$$

On définit les opérateurs $\Lambda^\pm$ par :

$$\Lambda^+ = \frac{\mathbb{1}_2 + \gamma^5}{2} = \begin{pmatrix} \mathbb{1}_2 & 0 \\ 0 & 0 \end{pmatrix} \text{ et } \Lambda^- = \frac{\mathbb{1}_2 - \gamma^5}{2} = \begin{pmatrix} 0 & 0 \\ 0 & \mathbb{1}_2 \end{pmatrix}. \tag{2.87}$$

Comme $(\gamma^5)^2 = \mathbb{1}_4$, ces opérateurs vérifient $\Lambda^{\pm 2} = \Lambda^\pm$. De plus :

$$\Lambda^+ \begin{pmatrix} \tilde{\varphi} \\ \tilde{\chi} \end{pmatrix} = \begin{pmatrix} \tilde{\varphi} \\ 0 \end{pmatrix} \text{ et } \Lambda^- \begin{pmatrix} \tilde{\varphi} \\ \tilde{\chi} \end{pmatrix} = \begin{pmatrix} 0 \\ \tilde{\chi} \end{pmatrix}. \tag{2.88}$$

Les $\Lambda^\pm$ sont des projecteurs des états de chiralité. Appliqués à un spineur en représentation de Weyl, ils permettent d'isoler les composantes φ_w et χ_w du spineur. On a vu précédemment que les spineurs de Weyl était symétriques par parité. L'électromagnétisme est invariant sous la symétrie de parité. Ce n'est pas le cas de l'interaction faible. La violation de parité va se traduire par un couplage différent aux composantes gauche et droite des spineurs. Pour une interaction de jauge avec un boson Z^μ violant la parité, le lagrangien doit faire apparaître séparément $\frac{1+\gamma_5}{2}\psi$ et $\frac{1-\gamma_5}{2}\psi$. En développant, il apparaît donc deux termes dans le lagrangien $g_1\bar{\psi}\gamma_\mu Z^\mu\psi$ et $g_2\bar{\psi}\gamma_\mu\gamma_5 Z^\mu\psi$ avec deux constantes de couplage g_1 et g_2.

En représentation standard :

$$\gamma^5 = \begin{pmatrix} 0 & \mathbb{1}_2 \\ \mathbb{1}_2 & 0 \end{pmatrix}. \tag{2.89}$$

Considérons un fermion de masse nulle et d'impulsion $\vec{k} = (0, 0, k)$, alors :

$$\gamma^5\psi^{(+)}_{\frac{1}{2}} = \frac{1}{\sqrt{2}} \begin{pmatrix} \begin{pmatrix} 1 \\ 0 \end{pmatrix} \\ \sigma^3 \begin{pmatrix} 1 \\ 0 \end{pmatrix} \end{pmatrix} e^{-ikz} = \frac{1}{\sqrt{2}} \begin{pmatrix} 1 \\ 0 \\ 1 \\ 0 \end{pmatrix} e^{-ikz} \tag{2.90}$$

et

$$\gamma^5\psi^{(+)}_{-\frac{1}{2}} = \frac{1}{\sqrt{2}} \begin{pmatrix} \begin{pmatrix} 0 \\ 1 \end{pmatrix} \\ \sigma^3 \begin{pmatrix} 0 \\ 1 \end{pmatrix} \end{pmatrix} e^{-ikz} = \frac{1}{\sqrt{2}} \begin{pmatrix} 0 \\ 1 \\ 0 \\ -1 \end{pmatrix} e^{-ikz}. \tag{2.91}$$

Pour tout spineur en représentation standard, $\gamma^5 \begin{pmatrix} \varphi \\ \chi \end{pmatrix} = \begin{pmatrix} \chi \\ \varphi \end{pmatrix}$: la matrice γ^5 inverse les composante haute et basse. Finalement :

$$\gamma^5\psi^{(+)}_{\frac{1}{2}} = \psi^{(+)}_{\frac{1}{2}} \text{ et } \gamma^5\psi^{(+)}_{-\frac{1}{2}} = -\psi^{(+)}_{-\frac{1}{2}}. \tag{2.92}$$

On vérifie alors que les projecteurs de chiralité sont aussi projecteurs d'hélicité :

$$\Lambda^+\psi^{(+)}_{\frac{1}{2}} = \psi^{(+)}_{\frac{1}{2}}, \quad \Lambda^+\psi^{(+)}_{-\frac{1}{2}} = 0, \quad \Lambda^-\psi^{(+)}_{\frac{1}{2}} = 0, \quad \Lambda^-\psi^{(+)}_{-\frac{1}{2}} = \psi^{(+)}_{\frac{1}{2}}. \tag{2.93}$$

Pour un fermion de Dirac de masse nulle, chiralité et hélicité sont équivalentes. Dans le cas d'une particule massive les projecteurs $\Lambda^{\pm}$ ne sont plus les projecteurs d'hélicité.

3.6 Lagrangien de Dirac

La densité lagrangienne est une grandeur scalaire, invariante de Lorentz. Un tel scalaire peut être obtenu par le produit scalaire de deux quadrivecteurs mais pas par le produit de deux spineurs $\psi^+\psi$. En revanche on a rencontré une structure quadrivectorielle construite à partir de deux spineurs dans la définition du quadri-courant : $\bar{\psi}\gamma^\mu\psi$. En contractant sur un opérateur quadrivectoriel, on peut obtenir un scalaire à partir de deux spineurs : $\bar{\psi}\gamma^\mu\partial_\mu\psi$. Il existe une deuxième structure qui permet de construire un scalaire à partir de deux spineurs : $\bar{\psi}\psi$. À partir de ces deux scalaires de Lorentz, le lagrangien le plus simple pour un champ libre (ne faisant apparaître que des termes $\propto \psi^2$) est le lagrangien de Dirac :

$$\mathcal{L}_{Dirac} = \bar{\psi}(x)\left(i\gamma^\mu\partial_\mu - m\right)\psi(x). \tag{2.94}$$

Pour dériver les équations d'Euler-Lagrange, on traite les champs $\bar{\psi}$ et ψ comme des coordonnées indépendantes. Il vient alors :

$$\frac{\partial\mathcal{L}_{Dirac}}{\partial\bar{\psi}} - \partial_\mu\frac{\partial\mathcal{L}_{Dirac}}{\partial\left(\partial_\mu\bar{\psi}\right)} = \left(i\gamma^\mu\partial_\mu - m\right)\psi = 0, \tag{2.95}$$

et

$$\frac{\partial\mathcal{L}_{Dirac}}{\partial\psi} - \partial_\mu\frac{\partial\mathcal{L}_{Dirac}}{\partial\left(\partial_\mu\psi\right)} = -i\partial_\mu\bar{\psi}\gamma^\mu - m\bar{\psi} \Rightarrow \bar{\psi}\left(i\gamma^\mu\overleftarrow{\partial_\mu} + m\right) = 0. \tag{2.96}$$

La première équation est l'équation de Dirac du champ ψ. La seconde s'obtient en appliquant la conjugaison à l'équation de Dirac et décrit l'évolution de $\bar{\psi}$:

$$\overline{\left(i\gamma^\mu\partial_\mu - m\right)\psi} = -i\partial_\mu\bar{\psi}\bar{\gamma}^\mu - m\bar{\psi} = 0 \Rightarrow \bar{\psi}\left(i\gamma^\mu\overleftarrow{\partial_\mu} + m\right) = 0. \tag{2.97}$$

Pour simplifier les formules, on note parfois $\not{a}$ la matrice 4×4 :

$$\not{a} \equiv a_\mu\gamma^\mu = \gamma^\mu a_\mu = \sum_\mu a_\mu\gamma^\mu, \tag{2.98}$$

où a est un quadrivecteur. En particulier, l'opérateur $\not{\partial}$ est l'opérateur $\gamma^\mu\partial_\mu$. Le lagrangien de Dirac s'écrit $\mathcal{L}_{Dirac} = \bar{\psi}(i\not{\partial} - m)\psi$.

4 Champ vectoriel

4.1 Équations de Maxwell covariantes

Les champs scalaires et spinoriels ne sont pas adaptés à la description du champ électromagnétique qui est constitué de six composantes : $\vec{E}$ et $\vec{B}$. Nous allons voir que c'est le champ (quadri)vectoriel $A_\mu(x)$ qui permet de décrire cet objet.

Les équations de Maxwell sont déjà des équations d'onde. Il suffit de les conserver telles quelles pour obtenir des équations quantiques relativistes. Il faut cependant les exprimer sous une forme explicitement covariante pour faire le lien avec le champ vectoriel. En unités naturelles $\varepsilon_0 = \mu_0 = 1$. Les équations de Maxwell reliant les champs $\vec{E}$ et $\vec{B}$ à la densité de charge ρ et la densité de courant $\vec{J}$ sont :

$$\left\{\begin{array}{lcl} \vec{\nabla}.\vec{E} & = & \rho \\ \vec{\nabla}\wedge\vec{E} & = & -\frac{\partial\vec{B}}{\partial t} \\ \vec{\nabla}.\vec{B} & = & 0 \\ \vec{\nabla}\wedge\vec{B} & = & \frac{\partial\vec{E}}{\partial t}+\vec{J} \end{array}\right. \Rightarrow \left\{\begin{array}{lcl} \partial_i E^i & = & \rho \\ \partial_0 B^i + \varepsilon^{ij}{}_k \partial_j E^k & = & 0 \\ \partial_i B^i & = & 0 \\ -\partial_0 E^i + \varepsilon^{ij}{}_k \partial_j B^k & = & J^i. \end{array}\right. \tag{2.99}$$

On a vu en étudiant l'équation de Dirac que les densités de charge et de courant forment un quadrivecteur : $j^\mu = (\rho, \vec{J}) = \bar{\psi}\gamma^\mu\psi$. Les équations de Maxwell-Gauss et Maxwell-Ampère deviennent :

$$\left\{\begin{array}{lcl} \partial_i E^i & = & j^0 \\ -\partial_0 E^i + \varepsilon^{ij}{}_k \partial_j B^k & = & j^i. \end{array}\right. \tag{2.100}$$

Les champs électriques et magnétiques se regroupent dans un tenseur antisymétrique $F^{\mu\nu}$:

$$F^{\nu\mu} = -F^{\mu\nu}, \qquad F^{i0} = E^i, \qquad F^{ij} = -\varepsilon^{ij}{}_k B^k, \tag{2.101}$$

soit :

$$F^{\mu\nu} = \begin{pmatrix} 0 & -E^1 & -E^2 & -E^3 \\ E^1 & 0 & -B^3 & B^2 \\ E^2 & B^3 & 0 & -B^1 \\ E^3 & -B^2 & B^1 & 0 \end{pmatrix}. \tag{2.102}$$

Dans toutes ces relations, la position des indices du tenseur de Levi-Civita d'ordre 3 n'a pas d'importance et ne change que pour garder la convention de sommation. La première équation devient :

$$\partial_i E^i = \partial_i F^{i0} = j^0, \tag{2.103}$$

et

$$-\partial_0 E^i + \varepsilon^{ij}{}_k \partial_j B^k = -\partial_0 F^{i0} - \partial_j F^{ij} = \partial_0 F^{0i} + \partial_j F^{ji} = j^i, \tag{2.104}$$

soit plus simplement :

$$\partial_\mu F^{\mu\nu} = j^\nu. \tag{2.105}$$

Les deux équations restantes s'obtiennent en définissant le tenseur dual :

$$F^{*\mu\nu} = \frac{1}{2}\epsilon^{\mu\nu\rho\sigma}F_{\rho\sigma} = F^{\mu\nu}(\vec{E} \to \vec{B}, \vec{B} \to -\vec{E}) \text{ et } \partial_\mu F^{*\mu\nu} = 0. \quad (2.106)$$

Ces deux équations permettent également de définir les potentiels scalaires et vecteurs, Φ et $\vec{A}$ par :

$$F^{i0} = E^i = -\partial_0 A^i - \partial_i \Phi = -\partial_0 A^i + \partial^i \Phi = \partial^i A^0 - \partial^0 A^i, \quad (2.107)$$

et

$$\begin{aligned} F^{ij} = -\varepsilon^{ij}{}_k B^k = -\varepsilon^{ij}{}_k \varepsilon^{kl}{}_m \partial_l A^m &= (\delta^i_l \delta^j_m - \delta^i_m \delta^j_l)\partial^l A^m \\ &= \partial^i A^j - \partial^j A^i, \end{aligned} \quad (2.108)$$

soit :

$$F^{\mu\nu} = \partial^\mu A^\nu - \partial^\nu A^\mu. \quad (2.109)$$

On a regroupé les potentiels sous forme d'un quadrivecteur $A^\mu = (\phi, \vec{A})$. C'est le champ vectoriel. L'équation d'évolution de ce champ est :

$$\partial_\mu F^{\mu\nu} = j^\nu \Rightarrow \partial_\mu \partial^\mu A^\nu - \partial^\nu \partial_\mu A^\mu = j^\nu. \quad (2.110)$$

Les équations de Maxwell libres sont les équations d'Euler-Lagrange obtenues à partir de la densité lagrangienne :

$$\mathcal{L}_{Maxwell} = -\frac{1}{4}F^{\mu\nu}F_{\mu\nu}. \quad (2.111)$$

4.2 Choix de jauge

Les observables physiques sont les champs $\vec{E}$ et $\vec{B}$. De part sa définition, le quadri-potentiel n'est pas unique. Toute transformation de la forme :

$$A_\mu \to A'_\mu = A_\mu + \partial_\mu \chi(x), \quad (2.112)$$

où $\chi(x)$ est une fonction dérivable quelconque, conserve le tenseur $F^{\mu\nu}$. Une telle transformation constitue une transformation de jauge. En fixant la jauge, on peut simplifier la forme des équations dans certains problèmes sans affecter la validité physique du résultat. Fixer la jauge est équivalent à ajouter une contrainte supplémentaire sur le quadri-potentiel, par exemple :

- La jauge de Coulomb : $\vec{\nabla}.\vec{A} = \partial_i A^i = 0$. La transformation de jauge pour vérifier cette contrainte est :

  $$A'_\mu = A_\mu + \partial_\mu \chi(x) \text{ avec } \partial_i A'^i = 0 \Rightarrow \Delta\chi = \vec{\nabla}\vec{A}. \quad (2.113)$$

  La fonction χ satisfait une équation de Poisson qui admet toujours une solution. On peut donc toujours trouver une fonction χ telle que la condition de Coulomb soit vérifiée.
- La jauge de Lorenz : $\partial_\mu A^\mu = 0$. La fonction χ du changement de jauge doit satisfaire $\partial_\mu \partial^\mu \chi = \Box\chi = 0$ qui est analogue à une équation de Poisson.

- La jauge temporelle : $A^0 = 0$ telle que $\partial_0 \chi = -A^0$.
- La jauge de radiation : cette jauge ne s'applique qu'au cas de l'onde électromagnétique libre. La jauge de Lorenz autorise alors encore un degré de liberté. On y ajoute la jauge temporelle soit finalement : $A_0 = 0$, $\vec{\nabla}.\vec{A} = \partial_i A^i = 0$.

En jauge de Lorenz, l'équation du champ se simplifie considérablement et devient :

$$\partial_\mu \partial^\mu A^\nu = j^\nu, \tag{2.114}$$

et en l'absence de source :

$$\partial_\mu \partial^\mu A^\nu = 0. \tag{2.115}$$

On reconnaît alors un système de quatre équations de Klein-Gordon sans masse. La particule associée au champ vectoriel sans masse est le photon qui est un boson de spin 1. On peut étendre cette équation à un boson de spin 1 massif en ajoutant un terme de masse analogue à celui de l'équation de Klein-Gordon. On obtient alors l'équation de Proca :

$$\partial_\mu \partial^\mu A^\nu - \partial^\nu \partial_\mu A^\mu + m^2 A^\nu = 0. \tag{2.116}$$

Le terme de masse brise l'invariance de jauge.

4.3 Solutions en ondes planes

En jauge de Lorenz, l'équation libre se ramène à quatre équations de Klein-Gordon indépendantes. Les solutions en ondes planes sont de la forme :

$$A_{k,\lambda}^{(\pm)\mu}(x) = \frac{1}{(2\pi)^3\sqrt{2E_k}} \varepsilon_{k,\lambda}^\mu e^{\pm i k_\mu x^\mu}, \tag{2.117}$$

avec $E_k^2 = k_i k^i = |\vec{k}|^2$. Les quatre quadrivecteurs $\varepsilon_{k,\lambda=0..3}^\mu$ forment une base de l'espace de Minkowski. Par exemple :

$$\varepsilon_0 = \begin{pmatrix} 1 \\ 0 \\ 0 \\ 0 \end{pmatrix}, \quad \varepsilon_1 = \begin{pmatrix} 0 \\ 1 \\ 0 \\ 0 \end{pmatrix}, \quad \varepsilon_2 = \begin{pmatrix} 0 \\ 0 \\ 1 \\ 0 \end{pmatrix}, \quad \varepsilon_3 = \begin{pmatrix} 0 \\ 0 \\ 0 \\ 1 \end{pmatrix}. \tag{2.118}$$

Pour une onde d'impulsion $\vec{k} = (0, 0, k)$ ces vecteurs correspondent à une polarisation scalaire ou temporelle (ε_0^μ), deux polarisations transverses (ε_1^μ et ε_2^μ) et une polarisation longitudinale (ε_3^μ). Pour une impulsion $\vec{k}$ quelconque, on peut toujours définir ces quatre polarisations en prenant les deux vecteurs $\vec{\varepsilon}_{k,1}$ et $\vec{\varepsilon}_{k,2}$ tels que $\left(\vec{\varepsilon}_{k,1}, \vec{\varepsilon}_{k,2}, \frac{\vec{k}}{|\vec{k}|}\right)$ forme une base orthonormée de l'espace euclidien. À partir de cette base, on peut construire une base de l'espace de Minkowski en ajoutant un quatrième quadrivecteur η non colinéaire aux trois autres vecteurs. Par exemple $\eta = \varepsilon_0 = (1, \vec{0})$ satisfait ce critère. La base ainsi obtenue est :

$$\varepsilon_0 = \eta, \quad \varepsilon_1 = \begin{pmatrix} 0 \\ \vec{\varepsilon}_{k,1} \end{pmatrix}, \quad \varepsilon_2 = \begin{pmatrix} 0 \\ \vec{\varepsilon}_{k,2} \end{pmatrix}, \quad \varepsilon_3 = \begin{pmatrix} 0 \\ \frac{\vec{k}}{|\vec{k}|} \end{pmatrix}, \tag{2.119}$$

avec :

$$|\vec{\varepsilon}_{k,1}| = |\vec{\varepsilon}_{k,2}| = 1, \qquad \vec{\varepsilon}_{k,1} \cdot \vec{k} = \vec{\varepsilon}_{k,2} \cdot \vec{k} = 0. \tag{2.120}$$

Cependant, ces solutions ne correspondent qu'à deux des quatre équations de Maxwell. Les deux autres ont permis la définition du quadri-potentiel et se traduisent par l'invariance de jauge. On va utiliser l'invariance de jauge pour faire disparaître certaines polarisations non physiques. La jauge de Lorenz impose $\partial_\mu A^\mu = 0$, soit $k^\mu \varepsilon_\mu = 0$. Ceci supprime un degré de liberté et seules les polarisations transverses et une combinaison linéaire des polarisations temporelle et longitudinale demeure. Cependant, en effectuant un changement de jauge :

$$A_\mu \to A'_\mu = A_\mu + \partial_\mu \chi'(x), \tag{2.121}$$

avec $\partial_\mu \partial^\mu \chi' = 0$, si A_μ satisfait la jauge de Lorenz, A'_μ aussi. La jauge de Lorenz ne fixe pas entièrement la jauge et on peut rajouter une contrainte supplémentaire. Pour un problème sans sources, on peut ajouter la jauge temporelle puisque $\partial_\mu \partial^\mu A^0 = 0$. Sous ces conditions, $A^0 = 0$ et la composante de polarisation temporelle n'est pas physique. Il en découle automatiquement que la condition $k^\mu \varepsilon_\mu = 0$ ne peut être satisfaite que par les polarisations transverses. Les polarisations longitudinale et temporelle disparaissent. Il n'y a donc que deux degrés de polarisation physique. La condition de Lorenz se réduit à celle de Coulomb $\partial_i A^i = 0$, soit $\vec{k}.\vec{\varepsilon}_{k,\lambda} = 0$.

Pour un champ vectoriel massif, l'invariance de jauge n'est plus vérifiée. Cependant, en prenant la divergence de l'équation de Proca, on obtient $\partial_\mu A^\mu = 0$, soit pour les vecteurs de polarisation $k^\mu \varepsilon^\lambda_\mu = 0$. On peut toujours faire disparaître la polarisation temporelle et il reste trois états de polarisation. Comme dans le cas de l'équation de Dirac, ces états de polarisations sont les états propres d'hélicité pour un spin 1. Pour un champ vectoriel de masse nulle, comme le photon, le degré de liberté de polarisation longitudinale disparaît et la projection $S_3 = 0$ du spin n'est pas réalisée.

4.4 Relation de fermeture

Reprenons la base de l'espace de Minkowski, en remplaçant $\varepsilon_{k,3}$ par la quadri-implusion k. Notre nouvelle base est :

$$\begin{aligned} e_1 &= \varepsilon_{k,1} = (0, \vec{\varepsilon}_{k,1}), & e_2 &= \varepsilon_{k,2} = (0, \vec{\varepsilon}_{k,2}), \\ e_3 &= k = (k^0, \vec{k}), & e_4 &= \eta = (1, \vec{0}). \end{aligned} \tag{2.122}$$

Un tenseur d'ordre 2 peut se décomposer sur la base produit $e_i e_j$. Par exemple pour le tenseur métrique $g^{\mu\nu} = \sum_{ij} A_{ij} e^\mu_i e^\nu_j$. Le tenseur métrique étant symétrique, on a $A_{ij} = A_{ji}$. La décomposition dans la base est alors :

$$\begin{aligned} g^{\mu\nu} = {} & A\varepsilon^\mu_{k,1}\varepsilon^\nu_{k,1} + B\varepsilon^\mu_{k,2}\varepsilon^\nu_{k,2} + Ck^\mu k^\nu + D\eta^\mu\eta^\nu \\ & + E(\varepsilon^\mu_{k,1}\varepsilon^\nu_{k,2} + \varepsilon^\mu_{k,2}\varepsilon^\nu_{k,1}) + F(k^\mu\eta^\nu + \eta^\mu k^\nu) \\ & + G(\varepsilon^\mu_{k,1}k^\nu + k^\mu\varepsilon^\nu_{k,1}) + H(\varepsilon^\mu_{k,2}k^\nu + k^\mu\varepsilon^\nu_{k,2}) \\ & + I(\varepsilon^\mu_{k,1}\eta^\nu + \eta^\mu\varepsilon^\nu_{k,1}) + J(\varepsilon^\mu_{k,2}\eta^\nu + \eta^\mu\varepsilon^\nu_{k,2}), \end{aligned} \tag{2.123}$$

où les nombre $A, B, \ldots, J$ correspondent aux dix A_{ij} *a priori* non nuls. On peut déterminer les coefficients en utilisant les propriétés de la base et du tenseur métrique. Les produits scalaires de vecteurs de la base sont :

$$\varepsilon_{k,1}^{\mu}\varepsilon_{k,1\mu} = \varepsilon_{k,2}^{\mu}\varepsilon_{k,2\mu} = -1, \quad k^{\mu}k_{\mu} = 0, \quad \eta^{\mu}\eta_{\mu} = 1, \quad k^{\mu}\eta_{\mu} = k^{0}, \tag{2.124}$$

$$\varepsilon_{k,1}^{\mu}\varepsilon_{k,2\mu} = \varepsilon_{k,1}^{\mu}k_{\mu} = \varepsilon_{k,2}^{\mu}k_{\mu} = \varepsilon_{k,1}^{\mu}\eta_{\mu} = \varepsilon_{k,2}^{\mu}\eta_{\mu} = 0. \tag{2.125}$$

On peut alors calculer :

$$\varepsilon_{k,1}^{\nu} = g^{\mu\nu}\varepsilon_{k,1\mu} = -A\varepsilon_{k,1}^{\nu} - E\varepsilon_{k,2}^{\nu} - Gk^{\nu} - I\eta^{\nu}, \tag{2.126}$$

$$\varepsilon_{k,2}^{\nu} = g^{\mu\nu}\varepsilon_{k,2\mu} = -E\varepsilon_{k,1}^{\nu} - B\varepsilon_{k,2}^{\nu} - Hk^{\nu} - J\eta^{\nu}, \tag{2.127}$$

$$k^{\nu} = g^{\mu\nu}k_{\mu} = k^{0}I\varepsilon_{k,1}^{\nu} + k^{0}J\varepsilon_{k,2}^{\nu} + k^{0}Fk^{\nu} + k^{0}D\eta^{\nu}, \tag{2.128}$$

$$\eta^{\nu} = g^{\mu\nu}\eta_{\mu} = (k^{0}G + I)\varepsilon_{k,1}^{\nu} + (k^{0}H + J)\varepsilon_{k,2}^{\nu} \tag{2.129}$$

$$+ (k^{0}C + F)k^{\nu} + (D + k^{0}F)\eta^{\nu}. \tag{2.130}$$

Comme les quatre quadrivecteurs forment une base, on en déduit les différents coefficients :

$$A = B = -1, \quad D = E = G = H = I = J = 0, \tag{2.131}$$

$$k^{0}F = 1 \Rightarrow F = \frac{1}{k^{0}}, \quad k^{0}C + F = 0 \Rightarrow C = \frac{-F}{k^{0}} = \frac{-1}{\vec{k}^{2}}. \tag{2.132}$$

Soit finalement :

$$g^{\mu\nu} = -(\varepsilon_{k,1}^{\mu}\varepsilon_{k,1}^{\nu} + \varepsilon_{k,2}^{\mu}\varepsilon_{k,2}^{\nu}) - \frac{k^{\mu}k^{\nu}}{|\vec{k}|^{2}} + \frac{k^{\mu}\eta^{\nu} + \eta^{\mu}k^{\nu}}{k^{0}}. \tag{2.133}$$

On obtient alors une relation de fermeture pour les vecteurs de polarisation analogue à celle obtenue pour les spineurs.

$$\sum_{\lambda}\varepsilon_{k,\lambda}^{\mu}\varepsilon_{k,\lambda}^{\nu} = -g^{\mu\nu} - \frac{k^{\mu}k^{\nu}}{\vec{k}^{2}} + \frac{k^{\mu}\eta^{\nu} + \eta^{\mu}k^{\nu}}{k^{0}}. \tag{2.134}$$

Dans le calcul des diagrammes de Feynman, on montre que la plupart des termes de cette relation ont une contribution nulle en fin de calcul du fait de l'invariance de jauge. En pratique, la relation de fermeture sera utilisée sous la forme :

$$\sum_{\lambda=1}^{2}\varepsilon_{k,\lambda}^{\mu}\varepsilon_{k,\lambda}^{\nu} = -g^{\mu\nu}(+\text{ autres termes}). \tag{2.135}$$

Pour le champ vectoriel massif, on trouve une relation de fermeture similaire :

$$\sum_{\lambda=1}^{3}\varepsilon_{k,\lambda}^{\mu}\varepsilon_{k,\lambda}^{\nu} = -g^{\mu\nu} + \frac{k^{\mu}k^{\nu}}{M^{2}}(+\text{ autres termes}). \tag{2.136}$$

4.5 Solution générale pour le champ vectoriel libre

En plus d'être de masse nulle, le photon ne porte pas de charge et est sa propre antiparticule. Il doit être décrit par un champ réel :

$$A^{\mu}(x) = \frac{1}{(2\pi)^{\frac{3}{2}}} \int d^3k \frac{1}{\sqrt{2E_k}} \sum_{\lambda=1,2} \left(a_{k,\lambda} \varepsilon^{\mu}_{k,\lambda} e^{-ikx} + a^{*}_{k,\lambda} \varepsilon^{*\mu}_{k,\lambda} e^{ikx} \right), \tag{2.137}$$

avec des coefficients complexes $a_{k,\lambda}$. On a pris ici la notation la plus générale avec des vecteurs de polarisation complexes. On peut cependant toujours les choisir réels. La relation de fermeture reste :

$$\sum_{\lambda} \varepsilon^{\mu}_{k,\lambda} \varepsilon^{*\nu}_{k,\lambda} = -g^{\mu\nu} - \frac{k^{\mu}k^{\nu}}{\vec{k}^2} + \frac{k^{\mu}\eta^{\nu} + \eta^{\mu}k^{\nu}}{k^0}. \tag{2.138}$$

Les autres interactions fondamentales (forte et faible) font intervenir des bosons vecteurs analogues au photon mais qui peuvent porter des charges (champ complexe) ou être massif :

- Pour l'interaction forte, le gluon porte la charge de couleur et s'écrit :

$$G^{\mu}(x) = \frac{1}{(2\pi)^{\frac{3}{2}}} \int d^3k \frac{1}{\sqrt{2E_k}} \sum_{\lambda=1,2} \left(b_{k,\lambda} \varepsilon^{\mu}_{k,\lambda} e^{-ikx} + d^{*}_{k,\lambda} \varepsilon^{*\mu}_{k,\lambda} e^{ikx} \right), \tag{2.139}$$

  avec des coefficients b et d distincts.

- Pour l'interaction faible, les bosons $W^{\pm}$ et Z sont massifs. La somme sur les états de polarisation va de 1 à 3. De plus les bosons W^{+} sont chargés électriquement, soit pour les représenter :

$$Z^{\mu}(x) = \frac{1}{(2\pi)^{\frac{3}{2}}} \int d^3k \frac{1}{\sqrt{2E_k}} \sum_{\lambda=1,2,3} \left(a_{k,\lambda} \varepsilon^{\mu}_{k,\lambda} e^{-ikx} + a^{*}_{k,\lambda} \varepsilon^{*\mu}_{k,\lambda} e^{ikx} \right), \tag{2.140}$$

$$W^{\mu}(x) = \frac{1}{(2\pi)^{\frac{3}{2}}} \int d^3k \frac{1}{\sqrt{2E_k}} \sum_{\lambda=1,2,3} \left(b_{k,\lambda} \varepsilon^{\mu}_{k,\lambda} e^{-ikx} + d^{*}_{k,\lambda} \varepsilon^{*\mu}_{k,\lambda} e^{ikx} \right). \tag{2.141}$$

5 Couplage aux champs fermioniques

L'équation de Maxwell libre, $\partial_{\mu}F^{\mu\nu} = 0$ dérive de la densité lagrangienne :

$$\mathcal{L}_{Max} = -\frac{1}{4}F^{\mu\nu}F_{\mu\nu} \text{ et } \partial_{\mu}\frac{\partial \mathcal{L}_{Max}}{\partial\left(\partial_{\mu}A_{\nu}\right)} = -\partial_{\mu}F^{\mu\nu}. \tag{2.142}$$

Si on ajoute une interaction avec une source, cette équation devient :

$$\partial_{\mu}F^{\mu\nu} = j^{\nu}. \tag{2.143}$$

Le second membre doit dériver d'un terme de potentiel dans le lagrangien, tel que :

$$\mathcal{L} = -\frac{1}{4}F^{\mu\nu}F_{\mu\nu} - \mathcal{V}, \qquad \frac{\partial \mathcal{L}}{\partial A_{\nu}} = -\frac{\partial \mathcal{V}}{\partial A_{\nu}} = -j^{\nu}. \tag{2.144}$$

Soit $\mathcal{L} = A_\mu j^\mu$. En électromagnétisme, une charge q dans un champ électromagnétique est soumise à la force de Lorentz : $\vec{F} = q(\vec{E} + \vec{B} \wedge \vec{v})$. Classiquement, le potentiel généralisé qui permet de dériver cette force par l'équation d'Euler-Lagrange est :

$$V = q\varphi - \vec{J}.\vec{A} = \rho\varphi - \vec{j}.\vec{A} \int d^3x = \int A_\mu j^\mu d^3x, \tag{2.145}$$

qui est bien identique au potentiel que l'on vient d'obtenir.

Le quadri-courant s'exprime en fonction des spineurs : $j^\mu = q\bar{\psi}\gamma^\mu\psi$. On construit alors le lagrangien complet pour un fermion couplé au champ électromagnétique à partir des lagrangiens libres de Maxwell et Dirac et de l'énergie potentielle :

$$\mathcal{L}_{QED} = -\frac{1}{4}F^{\mu\nu}F_{\mu\nu} + \bar{\psi}\left(i\gamma^\mu\partial_\mu - m\right)\psi - q\bar{\psi}\gamma^\mu\psi A_\mu. \tag{2.146}$$

C'est le lagrangien de l'électrodynamique quantique (QED ou *Quantum ElectroDynamics*). Pour obtenir les équations d'Euler-Lagrange, il faut traiter A_μ, ψ et $\bar{\psi}$ comme des variable indépendantes (ψ étant un champ complexe, il présente deux degrés de liberté). Les termes libres donnent les équations libres de Maxwell et de Dirac. En calculant la contribution du terme d'interaction $\mathcal{V} = q\bar{\psi}\gamma^\mu\psi A_\mu$ dans l'équation de Maxwell on obtient :

$$\frac{\partial\mathcal{V}}{\partial A_\mu} - \partial_\nu\frac{\partial\mathcal{V}}{\partial\left(\partial_\nu A_\mu\right)} = q\bar{\psi}\gamma^\mu\psi = j^\mu, \tag{2.147}$$

et pour la contribution dans l'équation de Dirac :

$$\frac{\partial\mathcal{V}}{\partial\bar{\psi}} - \partial_\nu\frac{\partial\mathcal{V}}{\partial\left(\partial_\nu\bar{\psi}\right)} = q\gamma^\mu\psi A_\mu. \tag{2.148}$$

Les différents champs sont donc solutions du système d'équations :

$$\begin{cases} \partial_\nu\partial^\nu A^\mu - \partial^\mu(\partial_\nu A^\nu) = q\bar{\psi}\gamma^\mu\psi = j^\mu \\ (i\gamma^\mu\partial_\mu - m)\psi = q\gamma^\mu\psi A_\mu = V\psi. \end{cases} \tag{2.149}$$

La première équation est, comme attendue, l'équation de Maxwell avec sources. La seconde ajoute dans l'équation de Dirac un terme de potentiel $V\psi$ (avec $V = q\gamma^\mu A_\mu$), analogue à celui de l'équation de Schrödinger. En toute rigueur, il existe une troisième équation pour $\bar{\psi}$ qui se déduit de la première.

Points clés

1. La quantification de la relation de dispersion relativiste aboutit à l'équation de Klein-Gordon qui décrit le champ scalaire. Cette équation présente *a priori* deux problèmes majeurs : elle fait apparaître des solutions d'énergie négative et la densité apparaissant dans l'équation de continuité n'a plus de signe défini, ce qui interdit l'interprétation probabiliste.

2. Les solutions d'énergie négative sont une propriété intrinsèque à la mécanique quantique relativiste qui découle de la nature quadratique de la relation de dispersion. Cependant on peut interpréter ces solutions comme des ondes qui remontent le temps. Une telle onde est alors équivalente à un second type de particules de charge opposée qui avance dans le temps, l'antiparticule.

3. L'équation de Dirac permet de décrire des particules et des antiparticules de spin $\frac{1}{2}$. L'onde est alors décrite par un spineur à quatre composantes. Les matrices de Dirac permettent de construire des invariants de Lorentz à partir de deux spineurs.

4. Le champ quadrivectoriel sans masse décrit le photon (et toute particule de spin 1) via le quadri-potentiel classique. Les équations du mouvement associées sont les équations de Maxwell de l'électromagnétisme. L'invariance de jauge permet de réduire le nombre de degrés de liberté physique de quatre à deux états de polarisation physique. Ces équations peuvent être généralisées à un champ massif ; dans ce cas un troisième degré de polarisation est maintenu.

5. En incluant un terme de couplage entre électrons et photons, on peut construire le lagrangien de l'électrodynamique quantique. Les équations d'Euler-Lagrange sont alors les équations de Maxwell et de Dirac avec des termes sources. Ces équations décrivent l'évolution d'un système d'électrons, de positrons et de photons en interactions.

Chapitre 3

Diffusion et propagateurs

Introduction

L'objectif de ce chapitre est de décrire une diffusion comme une interaction entre particules localisée dans le temps et l'espace. Nous allons développer ce formalisme dans le cadre de la théorie quantique puis quantique relativiste. Dans le cadre d'un développement perturbatif, la diffusion se décrit uniquement à partir des solutions libres des équations du mouvement, du potentiel d'interaction et d'un nouvel objet, le propagateur libre. Cette théorie débouchera sur la méthode des diagrammes de Feynman et son application à l'électrodynamique quantique.

Objectifs

Connaître la notion de propagateur et de fonction de Green.

Définir les propagateurs relativistes, en espace de Fourier, pour les scalaires, les spineurs et les vecteurs.

Expliquer le calcul d'un élément de matrice de diffusion à partir des diagrammes de Feynman.

Connaître les règles de Feynman de l'électrodynamique quantique.

Plan

1 Processus de diffusion
2 Propagateur non relativiste
3 Propagateurs relativistes
4 Matrice de diffusion
5 Règles et diagrammes de Feynman

1 Processus de diffusion

On appelle processus de diffusion, une interaction locale entre n particules avec possibilité d'échange d'énergie et d'impulsion, voire de changement de nature des particules entre l'état initial et l'état final. Parmi ces processus on peut citer la diffusion Compton ($\gamma e \to \gamma e$), la création de paires de muon ($e^+e^- \to \mu^+\mu^-$), la production d'antiproton ($pp \to pp\bar{p}p$) ou encore la désintégration β du neutron ($n \to pe^-\bar{\nu}_e$). On désigne en général un processus de M particules dans l'état initial donnant après interaction N particules dans l'état final par $M \to N$. En laboratoire, seules deux catégories de processus de diffusion à haute énergie sont facilement réalisées :

- Les désintégrations, processus $1 \to N$. La probabilité de désintégration est invariante par translation dans le temps. Le nombre de particules n diminue dans temps et vérifie :

$$\dot{n} = -\Gamma n \Rightarrow n(t) = n_0 e^{-\Gamma t} = n_0 e^{-t/\tau}, \quad (3.1)$$

où n_0 est le nombre initial de particules. Ceci définit la largeur de désintégration Γ et le temps de vie de la particule $\tau = \frac{1}{\Gamma}$. Le nombre de désintégrations est lui :

$$n_d(t) = n_0 - n_0 e^{-\Gamma t} \Rightarrow dn_d = \Gamma t. \quad (3.2)$$

- Les diffusions à deux corps ou processus $2 \to N$. Ce sont les expériences réalisées auprès d'accélérateurs de particules en envoyant un faisceau sur une cible fixe où en réalisant la collision de deux faisceaux. Le nombre de collisions par unité de temps donnant lieu à un état final donné est appelé taux d'événements. Il est habituellement décomposée sous la forme :

$$\dot{n} = \mathcal{L}\sigma, \quad (3.3)$$

où la luminosité instantanée $\mathcal{L}$ dépend des caractéristiques de l'expérience (flux de particules, densité de la cible, taille des faisceaux, etc.) et la section efficace σ décrit l'interaction élémentaire entre deux particules. Ces deux grandeurs seront définies plus précisément ultérieurement.

Formellement, un tel processus peut être décomposé en trois étapes : longtemps avant l'interaction ($t \to -\infty$), l'état initial $|i, -\infty\rangle$ est composé de particules libres et longtemps après l'interaction ($t \to +\infty$), l'état final $|f, +\infty\rangle$ est aussi composé de particules libres. Entre les deux, une interaction a modifié l'état initial. L'opérateur qui fait passer l'état initial du temps $t \to -\infty$ au temps $t \to +\infty$ est l'opérateur de diffusion S :

$$|i, +\infty\rangle = S\,|i, -\infty\rangle\,. \quad (3.4)$$

La probabilité d'observer un état final spécifié est donnée par le recouvrement des états initial et final après interaction :

$$P(i \to f) = |\langle f, +\infty\,|i, +\infty\rangle\,|^2 = |\langle f, +\infty\,|S|\,i, -\infty\rangle|^2 = \left|S_{fi}\right|^2. \quad (3.5)$$

La matrice de diffusion est un opérateur unitaire soit : $S^\dagger S = \mathbb{1}$.

2 Propagateur non relativiste

2.1 Principe de Huygens

On suppose la fonction d'onde d'un système connue au temps t en tout point de l'espace, $\psi(x, t)$. Par analogie avec la physique ondulatoire et en particulier l'optique, on peut déterminer la fonction d'onde en x' au temps t' en considérant chaque point (x, t) comme une source d'onde sphérique. L'intensité de l'onde diffusée est proportionnelle à l'onde initiale. Le coefficient de proportionnalité est le propagateur, $iG_{(x',t')\leftarrow(x,t)}$. Le propagateur dépend des coordonnées d'espace-temps initiales et finales. C'est le principe de Huygens généralisé :

$$\psi(x', t') = i \int G_{(x',t')\leftarrow(x,t)}\psi(x, t)d^3x. \quad (3.6)$$

Le propagateur G dépend de l'équation du mouvement et donc des interactions possibles (potentielles) agissant sur le système. Connaître G permet de résoudre n'importe quel problème de diffusion pour un état initial spécifié. Pour inclure la causalité, soit $t' < t$, on peut se restreindre au propagateur retardé :

$$G^{+}_{(x',t')\leftarrow(x,t)} = \Theta(t'-t)G_{(x',t')\leftarrow(x,t)}, \tag{3.7}$$

où $\Theta(t)$ est la distribution de Heaviside ($\Theta(t) = 1$ si $t > 0$, 0 sinon).

Par souci de lisibilité, on notera dorénavant le propagateur $G_{x'\leftarrow x}$, où x et x' se comprendront comme des quadri-positions.

2.2 Équation intégrale de Lippmann-Schwinger

Dans tout ce paragraphe, les temps $t_0, t_1, \ldots, t_f$ sont supposés ordonnés. On note $\psi(x,t)$ la fonction d'onde du système après diffusion. En l'absence d'interaction, les fonctions d'onde libres (solutions de l'équation de Schrödinger libre) sont notées $\varphi(x,t)$.

a) Potentiel ponctuel

On s'intéresse maintenant à l'évolution d'une fonction d'onde d'un temps t_0 à un temps t_f. Le système subit un potentiel $V(x,t) \propto V(x)\delta(t-t_1)$ qui n'est non nul que pendant un temps δt_1 très court autour de t_1, avec $t_0 < t_1 < t_f$. On peut donc décomposer la propagation de la fonction d'onde en trois étapes :

- $t_0 < t_1$: propagation libre (pas d'interaction),
- $t_1 < t < t_1 + \delta t_1$: interaction,
- $t_1 + \delta t_1 < t < t_f$: propagation libre.

En $t = t_0$, on a $\psi(x_0, t_0) = \varphi(x_0, t_0)$. À $t = t_1$, on peut écrire l'onde diffusée :

$$\psi(x_1, t_1) = \varphi(x_1, t_1) + \delta\varphi(x_1, t_1), \tag{3.8}$$

où $\varphi(x_1, t_1)$ est l'onde libre propagée en (x_1, t_1) et $\delta\varphi = 0$ si $t < t_1$. En appliquant l'équation de Schrödinger libre à cette expression, il vient :

$$(i\partial_0^{(t_1)} - \hat{H}_0)[\varphi(x_1, t_1) + \delta\varphi(x_1, t_1)] \tag{3.9}$$

$$= V(x_1, t_1)[\varphi(x_1, t_1) + \delta\varphi(x_1, t_1)]. \tag{3.10}$$

En supposant que l'effet de ce potentiel ponctuel est perturbatif, on peut négliger le terme $\delta\varphi(x_1, t_1)$ par rapport à l'onde libre $\varphi(x_1, t_1)$ et aboutir à :

$$(i\partial_0^{(t_1)} - \hat{H}_0)\delta\phi(x_1, t_1) = V(x_1, t_1)\varphi(x_1, t_1). \tag{3.11}$$

Si on intègre sur la durée d'action du potentiel, entre $t_1 - \varepsilon$ et $t_1 + \delta t_1$ (ε infinitésimal positif dont on prendra la limite nulle), on a :

$$\begin{aligned}\Delta &= \delta\varphi(x_1, t_1 + \delta t_1) - \delta\varphi(x_1, t_1 - \varepsilon)\\ &= -i\int_{t_1-\varepsilon}^{t_1+\delta t_1} \Big(\hat{H}_0\delta\varphi(x_1, t) + V(x_1, t)\varphi(x_1, t)\Big)\,dt.\end{aligned} \tag{3.12}$$

Le premier terme de l'intégrale donne $\delta t_1 \delta\varphi$ qui est négligeable dans notre approche perturbative pour un δt_1 très petit (terme d'ordre 2). Finalement (en faisant disparaître $\varepsilon \to 0$) :

$$\delta\varphi(x_1, t_1 + \delta t_1) = -iV(x_1, t_1)\varphi(x_1, t_1)\delta t_1. \tag{3.13}$$

Avant ($t < t_1$) et après ($t > t_1 + \delta t_1$) l'interaction, la propagation est libre. Elle est décrite par le propagateur libre G^0, soit :

$$\varphi(x_f, t_f) = i \int d^3x_0 G^0_{x_f \leftarrow x_0} \varphi(x_0, t_0), \tag{3.14}$$

et

$$\begin{aligned}\delta\varphi(x_f, t_f) &= i \int d^3x_1 G^0_{x_f \leftarrow x_1} \delta\varphi(x_1, t_1) \\ &= \int d^3x_1 \delta t_1 G^0_{x_f \leftarrow x_1} V(x_1, t_1)\varphi(x_1, t_1).\end{aligned} \tag{3.15}$$

L'onde diffusée totale est alors :

$$\begin{aligned}\psi_f &= \psi(x_f, t_f) \\ &= \varphi(x_f, t_f) + \delta\varphi(x_f, t_f) \\ &= \varphi(x_f, t_f) + i \int d^3x_1 G^0_{x_f \leftarrow x_1} \delta\varphi(x_1, t_1) \\ &= i \int d^3x_0 \left[G^0_{x_f \leftarrow x_0} + \int d^3x_1 \delta t_1 G^0_{x_f \leftarrow x_1} V(x_1, t_1) G^0_{x_1 \leftarrow x_0} \right] \varphi(x_0, t_0).\end{aligned} \tag{3.16}$$

On en déduit l'expression pour le propagateur retardé pour ce système, en fonction du propagateur libre et du potentiel :

$$\begin{aligned}G_{x_f \leftarrow x_0} = &\underbrace{G^0_{x_f \leftarrow x_0}}_{\substack{(0) \\ \text{propagation libre}}} \\ &+ \int d^3x_1 \delta t_1 \underbrace{G^0_{x_f \leftarrow x_1}}_{\substack{(3) \\ \text{propagation libre} \\ \text{après interaction}}} \underbrace{V(x_1)}_{\substack{(2) \\ \text{interaction}}} \underbrace{G^0_{x_1 \leftarrow x_0}}_{\substack{(1) \\ \text{propagation libre} \\ \text{avant interaction}}} .\end{aligned} \tag{3.17}$$

Cette expression peut s'illustrer graphiquement via le diagramme espace-temps de la figure 3.1.

b) Potentiel continu

Sur le modèle précédent, on insère un second potentiel au temps $t_2 > t_1$ pendant une durée courte δt_2. L'onde diffusée $\Psi(x_f, t_f)$ s'obtient comme précédemment. Pour simplifier

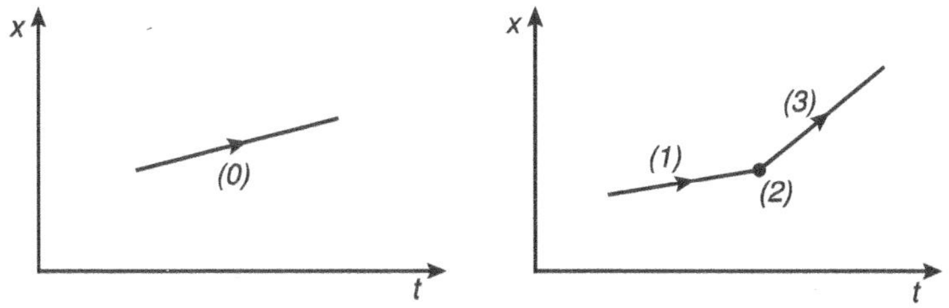

Figure 3.1 – Représentation graphique de la diffusion sur un potentiel ponctuel sur un diagramme espace-temps : propagation libre (à gauche) et interaction (à droite).

les notations on prend désormais une notation quadrivectorielle pour les coordonnées :

$$\Psi(x_f) = \psi(x_f) + \delta\psi(x_f), \tag{3.18}$$

où $\psi(x_f)$ correspond à l'onde diffusée en t_1 calculée précédemment et $\delta\psi(x_f)$ est la perturbation due au second potentiel :

$$\begin{aligned}\delta\psi(x_f) &= \int d^3x_2\delta t_2 G^0_{x_f\leftarrow x_2} V(x_2)\psi(x_2)\\ &= i\int d^3x_0 \int d^3x_2\delta t_2 G^0_{x_f\leftarrow x_2} V(x_2)\\ &\qquad \left[G^0_{x_2\leftarrow x_0} + \int d^3x_1\delta t_1 G^0_{x_2\leftarrow x_1} V(x_1) G^0_{x_1\leftarrow x_0}\right]\varphi(x_0).\end{aligned} \tag{3.19}$$

La fonction d'onde diffusée est :

$$\begin{aligned}\Psi(x_f) = {} & \varphi(x_f)\\ &+\int d^3x_1\delta t_1 G^0_{x_f\leftarrow x_1} V(x_1)\varphi(x_1)\\ &+\int d^3x_2\delta t_2 G^0_{x_f\leftarrow x_2} V(x_2)\varphi(x_2)\\ &+\int d^3x_1 \int d^3x_2\delta t_1\delta t_2 G^0_{x_f\leftarrow x_2} V(x_2) G^0_{x_f\leftarrow x_1} V(x_1)\varphi(x_1),\end{aligned} \tag{3.20}$$

et le propagateur devient :

$$\begin{aligned}G_{x_f\leftarrow x_0} = {} & \underbrace{G^0_{x_f\leftarrow x_0}}_{(0)}\\ &+\int d^3x_1\delta t_1 \underbrace{G^0_{x_f\leftarrow x_1}}_{(3)} \underbrace{V(x_1)}_{(2)} \underbrace{G^0_{x_1\leftarrow x_0}}_{(1)}\\ &+\int d^3x_2\delta t_2 \underbrace{G^0_{x_f\leftarrow x_2}}_{(6)} \underbrace{V(x_2)}_{(5)} \underbrace{G^0_{x_2\leftarrow x_0}}_{(4)}\\ &+\iint d^3x_1 d^3x_2\delta t_1\delta t_2 \underbrace{G^0_{x_f\leftarrow x_2}}_{(11)} \underbrace{V(x_2)}_{(10)} \underbrace{G^0_{x_2\leftarrow x_1}}_{(9)} \underbrace{V(x_1)}_{(8)} \underbrace{G^0_{x_1\leftarrow x_0}}_{(7)}.\end{aligned} \tag{3.21}$$

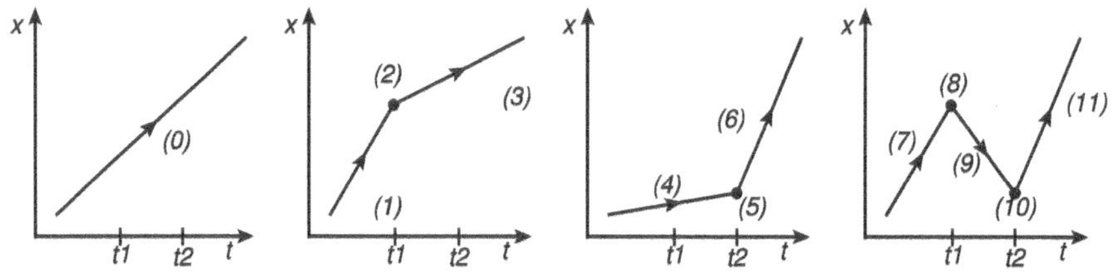

Figure 3.2 – Diagrammes espace-temps de la diffusion sur un double potentiel.

Dans cette expression, il apparaît un terme de propagation libre, des termes de diffusion simple sur chacun des potentiels et un terme de double diffusion. Ces interactions sont représentées sur la figure 3.2. Il est cependant important de se souvenir que ces termes apparaissent dans la fonction d'onde. La probabilité de présence de l'état final au point x_f, égale au carré de la fonction d'onde, fait intervenir ces quatre processus mais également des termes d'interférences dus aux doubles produits.

Cette expression se généralise à un nombre fini n de potentiels ordonnés en temps $t_1 < t_2 < \cdots < t_n$. En remplaçant x_0 par x et x_f par x', il vient :

$$\begin{aligned} G_{x' \leftarrow x} &= G^0_{x' \leftarrow x} \\ &+ \sum_{i=1}^{n} \int d^3x_i \delta t_i G^0_{x' \leftarrow x_i} V(x_i) G^0_{x_i \leftarrow x} \\ &+ \sum_{\substack{i,j \\ i<j}} \iint d^3x_i d^3x_j \delta t_i \delta t_j G^0_{x' \leftarrow x_j} V(x_j) G^0_{x_j \leftarrow x_i} V(x_i) G^0_{x_i \leftarrow x} \\ &+ \sum_{\substack{i,j,k \\ i<j<k}} \iiint d^3x_i d^3x_j d^3x_k \delta t_i \delta t_j \delta t_k G^0 V G^0 V G^0 V G^0 \\ &+ \sum_{\substack{i,j,k,l \\ i<j<k<l}} \iiiint \ldots \end{aligned} \tag{3.22}$$

Le propagateur retardé, qui force l'ordonnancement en temps, permet de supprimer la spécification $t_i < t_j < \ldots$ dans les sommes, soit :

$$\begin{aligned} G^+_{x' \leftarrow x} &= G^{0+}_{x' \leftarrow x} \\ &+ \sum_{i=1}^{n} \int d^3x_i \delta t_i G^{0+}_{x' \leftarrow x_i} V(x_i) G^{0+}_{x_i \leftarrow x} \\ &+ \sum_{i,j} \iint d^3x_i d^3x_j \delta t_i \delta t_j G^{0+}_{x' \leftarrow x_j} V(x_j) G^{0+}_{x_j \leftarrow x_i} V(x_i) G^{0+}_{x_i \leftarrow x} \end{aligned}$$

$$+\sum_{i,j,k}\iiint d^3x_i d^3x_j d^3x_k \delta t_i \delta t_j \delta t_k G^{0+}VG^{0+}VG^{0+}VG^{0+}$$
$$+\sum_{i,j,k,l}\iiiint \dots \tag{3.23}$$

Un potentiel quelconque $V(x, t)$ peut se voir comme la limite continue d'une série de potentiels $V(x, t_i)$ actifs pendant un temps δt_i. On prend ainsi la limite continue de l'expression précédente, soit $n \to +\infty$ et $\sum \delta t_i \to \int dt_i$. Les intégrales triples sur l'espace deviennent des intégrales quadruples d'espace-temps, et on obtient une forme qui se transposera naturellement dans un contexte relativiste. Pour le propagateur on obtient une série :

$$G^{+}{}_{x'\leftarrow x} = G^{0+}_{x'\leftarrow x} + \int d^4x_1 G^{0+}_{x'\leftarrow x_1} V(x_1) G^{0+}_{x_1\leftarrow x} \tag{3.24}$$
$$+\iint d^4x_1 d^4x_2 G^{0+}_{x'\leftarrow x_2} V(x_2) G^{0+}_{x_2\leftarrow x_1} V(x_1) G^{0+}_{x_1\leftarrow x} + \iiint + \dots$$

Pour la fonction d'onde, la série s'écrit :

$$\Psi(x') = \varphi(x') + \int d^4x G^{0+}_{x'\leftarrow x_1} V(x_1)\varphi(x_1) \tag{3.25}$$
$$+\iint d^4x_1 d^4x_2 G^{0+}_{x'\leftarrow x_2} V(x_2) G^{0+}_{x_2\leftarrow x_1} V(x_1)\varphi(x_1) + \iiint + \dots$$

Par récurrence, on peut réécrire ces séries sous la forme d'équations intégrales connues sous le nom d'équation de Lippmann-Schwinger pour le propagateur et pour la fonction d'onde respectivement :

$$G^{+}_{x'\leftarrow x} = G^{0+}_{x'\leftarrow x} + \int d^4x_1 G^{0+}_{x'\leftarrow x_1} V(x_1) G^{+}_{x_1\leftarrow x}, \tag{3.26}$$

et

$$\Psi(x') = \varphi(x') + \int d^4x G^{0+}_{x'\leftarrow x} V(x)\Psi(x). \tag{3.27}$$

Le développement en série de l'équation de Lippmann-Schwinger joue un rôle central dans la méthode de calcul des diagrammes de Feynman. Le terme d'ordre n de la série fait intervenir le potentiel à la puissance n. Ce potentiel est généralement proportionnel à une constante de couplage. Par exemple, la constante de couplage de l'électromagnétisme est constante de structure fine $\sqrt{\alpha} = \sqrt{1/137} = \frac{q}{\sqrt{4\pi\epsilon_0}}$. Si cette constante est sensiblement plus petite que l'unité, la série est un développement perturbatif et l'on peut se limiter au calcul des premiers ordres, les suivants n'étant que des corrections de plus en plus faibles. C'est le cas pour l'interaction électromagnétique, pour l'interaction faible et dans une certaine mesure pour l'interaction forte si on considère des interactions à haute énergie ($\sqrt{s} > 10$ GeV).

2.3 Propagateur et fonction de Green

En mathématiques, la fonction de Green est un outil pour la résolution d'équation différentielle. Soit $\hat{D}_x$ un opérateur différentiel linéaire, $\rho(x)$ une fonction continue (x peut être une variable vectorielle). Alors l'équation différentielle :

$$\hat{D}_x \psi(x) = \rho(x), \tag{3.28}$$

admet pour solution :

$$\psi(x) = \varphi(x) + \int dy G(x-y)\rho(y), \tag{3.29}$$

où $\varphi(x)$ est une solution particulière de $\hat{D}_x\psi(x) = 0$ et $G(x-y)$ est la fonction de Green. Cette fonction G n'est pas définie de manière unique. En appliquant l'opérateur $\hat{D}$ à cette solution, on obtient :

$$\begin{aligned}\rho(x) &= \hat{D}_x\psi(x) \\ &= \hat{D}_x\varphi(x) + \int dy \left(\hat{D}_x G(x-y)\right)\rho(y) \\ &= \int dy \left(\hat{D}_x G(x-y)\right)\rho(y).\end{aligned} \tag{3.30}$$

On peut alors identifier $\hat{D}_x G(x-y)$ avec une distribution de Dirac. La fonction de Green est solution de l'équation :

$$\hat{D}_x G(x-y) = \delta(x-y). \tag{3.31}$$

Les équations du mouvement qui nous concernent (Schrödinger, Klein-Gordon, Dirac, Maxwell...) sont toutes de cette forme. En particulier, une équation de type Schrödinger est :

$$(i\partial_0 - \hat{H}_0)\Psi(x) = V(x)\Psi(x). \tag{3.32}$$

La fonction de Green est solution de $(i\partial'_0 - \hat{H}'_0)G(x'-x) = \delta^4(x'-x)$, où l'opérateur différentiel agit sur t'. Elle vérifie :

$$\Psi(x') = \varphi(x') + \int dx G(x'-x)V(x)\Psi(x), \tag{3.33}$$

qui correspond exactement à l'équation de Lippmann-Schwinger. Le propagateur libre peut donc s'identifier à une fonction de Green pour le hamiltonien libre, soit :

$$(i\partial'_0 - \hat{H}'_0)G^{0+}(x'-x) = \delta^4(x'-x). \tag{3.34}$$

L'avantage de cette définition du propagateur par rapport à celle donnée par le principe de Huygens généralisé est qu'elle s'appliquera naturellement aux diverses équations relativistes. On constate également que le propagateur (ou la fonction de Green) est invariant par translation d'espace ou de temps et ne dépend donc que de la différence $x-y$.

On se rappellera qu'une particule libre conserve son énergie et son impulsion, conservations associées à l'invariance par les translations d'espace-temps dans le théorème de Noether.

2.4 Propagateur en espace de Fourier

Le propagateur retardé de l'équation de Schrödinger satisfait l'équation :

$$\left(i\partial_0' + \frac{\nabla'^2}{2m}\right) G^{0+}(x'-x) = \delta^4(x'-x). \tag{3.35}$$

Les solutions des équations relativistes libres ont été déterminées en ondes planes, soit en modes de Fourier. On va faire de même en définissant un propagateur dans l'espace des impulsions, $G^{0+}(p)$, tel que :

$$\begin{aligned} G^{0+}(x'-x) &= \frac{1}{(2\pi)^4}\int d^4p G^{0+}(p) e^{-ip_\mu(x'^\mu - x^\mu)} \\ &= \int \frac{d^3\vec{p}}{(2\pi)^3} e^{i\vec{p}\cdot(\vec{x}'-\vec{x})} \int_{-\infty}^{+\infty} \frac{dE}{2\pi} G^{0+}(p) e^{-iE(t'-t)}. \end{aligned} \tag{3.36}$$

En utilisant l'équation de Schrödinger, on obtient :

$$\delta^4(x'-x) = \left(i\partial_0' + \frac{\nabla'^2}{2m}\right) G^{0+}(x'-x) \tag{3.37}$$

$$\int \frac{d^4p}{(2\pi)^4} e^{-ip_\mu(x'^\mu - x^\mu)} = \int \frac{d^4p}{(2\pi)^4}\left(E - \frac{p^2}{2m}\right) G^{0+}(p) e^{-ip_\mu(x'^\mu - x^\mu)} \tag{3.38}$$

En identifiant les intégrandes on obtient :

$$G^{0+}(p) = \frac{1}{E - \frac{p^2}{2m}} \text{ si } E \neq \frac{p^2}{2m}, \tag{3.39}$$

pour $E = \frac{p^2}{2m}$ il apparaît une singularité. Pour résoudre ce problème on prolonge le calcul dans le plan complexe. On considère E complexe et on prendra la limite réelle à la fin du calcul. On modifie le propagateur en :

$$G^{0+}(p) = \lim_{\varepsilon \to 0} \frac{1}{E - \frac{p^2}{2m} + i\varepsilon} \text{ avec } \varepsilon > 0, \text{ réel.} \tag{3.40}$$

Il reste à vérifier que ce propagateur satisfait bien la condition de causalité en calculant explicitement l'intégrale impulsionelle de $G^{0+}(x'-x)$. On commence par calculer l'intégrale sur l'énergie. On fait le changement de variable $\omega = E - \frac{p^2}{2m}$:

$$\int_{-\infty}^{+\infty} \frac{dE}{2\pi} \frac{1}{E - \frac{p^2}{2m} + i\varepsilon} e^{-iE(t'-t)} = e^{-i\frac{p^2}{2m}(t'-t)} \int_{-\infty}^{+\infty} \frac{d\omega}{2\pi} \frac{e^{-i\omega(t'-t)}}{\omega + i\varepsilon}. \tag{3.41}$$

En étendant le domaine d'intégration à un contour fermé du plan complexe, on peut utiliser le théorème des résidus :

$$\oint_C \frac{d\omega}{2\pi} \frac{e^{-i\omega(t'-t)}}{\omega + i\varepsilon} = i2\pi \sum_i R_i, \tag{3.42}$$

où la somme porte sur les pôles simples de la fonction à l'intérieur du contour et R_i est le résidu associé au i-ème pôle ω_i, défini par :

$$R_i = \lim_{\omega \to \omega_i} \frac{1}{2\pi} \frac{(\omega - \omega_i)e^{-i\omega(t'-t)}}{\omega + i\varepsilon}. \tag{3.43}$$

Notre intégrande possède un unique pôle en $\omega_1 = -i\varepsilon$. Le résidu vaut :

$$R_1 = \lim_{\omega \to -i\varepsilon} \frac{1}{2\pi} \frac{(\omega + i\varepsilon)e^{-i\omega(t'-t)}}{\omega + i\varepsilon} = \frac{1}{2\pi} e^{-\varepsilon(t'-t)}. \tag{3.44}$$

On choisit un contour fermé composé de la ligne réelle et d'un demi-cercle dans le plan complexe sur lequel l'intégrale s'annule. En posant $\omega = \rho e^{i\phi}$, on a donc pour ρ fixé :

$$d\omega = i\rho e^{i\phi} d\phi, \tag{3.45}$$

soit,

$$\begin{aligned} \frac{e^{-i\omega(t'-t)}}{\omega + i\varepsilon} d\omega &= i \frac{e^{-i\rho(\cos\phi + i\sin\phi)(t'-t)}}{\rho e^{i\phi} + i\varepsilon} \rho e^{i\phi} d\phi \\ &= i e^{\rho(t'-t)\sin\phi} \frac{\rho e^{-i\rho(t'-t)\cos\phi}}{\rho e^{i\phi} + i\varepsilon} e^{i\phi} d\phi. \end{aligned} \tag{3.46}$$

Cette expression s'annule quand $\rho \to +\infty$ si $(t' - t)\sin\phi < 0$.

Si $t < t'$ alors $\sin\phi < 0$ et on boucle le contour par le bas comme l'illustre la figure 3.3 (à gauche), alors :

$$\begin{aligned} \oint_C \frac{d\omega}{2\pi} \frac{e^{-i\omega(t'-t)}}{\omega + i\varepsilon} = \lim_{\rho \to +\infty} \Bigg[&\int_{-\pi}^{0} \frac{d\phi}{2\pi} i e^{\rho(t'-t)\sin\phi} \frac{\rho e^{-i\rho(t'-t)\cos\phi}}{\rho e^{i\phi} + i\varepsilon} e^{i\phi} \\ &+ \int_{\rho}^{-\rho} \frac{d\omega}{2\pi} \frac{e^{-i\omega(t'-t)}}{\omega + i\varepsilon} \Bigg]. \end{aligned} \tag{3.47}$$

Le pôle est inclus dans le contour, en prenant la limite sur $\rho \to +\infty$, on obtient :

$$\oint_C \frac{d\omega}{2\pi} \frac{e^{-i\omega(t'-t)}}{\omega + i\varepsilon} = - \int_{-\infty}^{+\infty} \frac{d\omega}{2\pi} \frac{e^{-i\omega(t'-t)}}{\omega + i\varepsilon} = i e^{-i\varepsilon(t'-t)}. \tag{3.48}$$

En prenant la limite $\varepsilon \to 0$, le résultat est :

$$\lim_{\varepsilon \to 0} \int_{-\infty}^{+\infty} \frac{d\omega}{2\pi} \frac{e^{-i\omega(t'-t)}}{\omega + i\varepsilon} = -i. \tag{3.49}$$

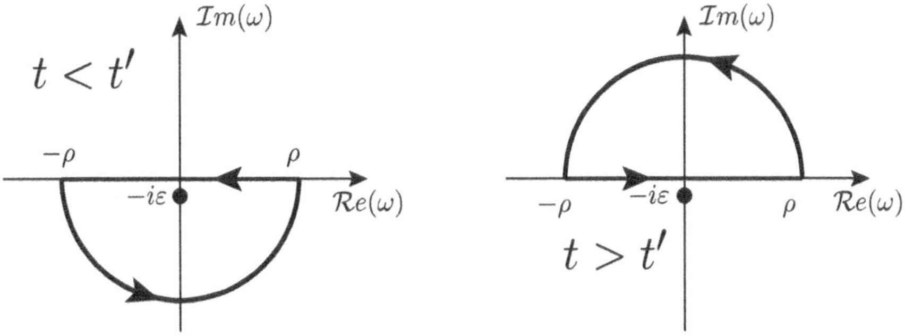

Figure 3.3 – Contours d'intégration pour le calcul du propagateur de l'équation de Schrödinger.

Si $t > t'$ alors $\sin\phi > 0$ et on boucle le contour par le haut (figure 3.3, à droite), soit :

$$\oint_C \frac{d\omega}{2\pi}\frac{e^{-i\omega(t'-t)}}{\omega+i\varepsilon} = \lim_{\rho\to+\infty}\left[\int_0^{\pi}\frac{d\phi}{2\pi}ie^{\rho(t'-t)\sin\phi}\frac{\rho e^{-i\rho(t'-t)\cos\phi}}{\rho e^{i\phi}+i\varepsilon}e^{i\phi}\right. \tag{3.50}$$

$$\left.+\int_{-\rho}^{\rho}\frac{d\omega}{2\pi}\frac{e^{-i\omega(t'-t)}}{\omega+i\varepsilon}\right]. \tag{3.51}$$

Le pôle n'est pas dans le contour, en prenant la limite sur $\rho \to +\infty$, on obtient :

$$\oint_C \frac{d\omega}{2\pi}\frac{e^{-i\omega(t'-t)}}{\omega+i\varepsilon} = \int_{-\infty}^{+\infty}\frac{d\omega}{2\pi}\frac{e^{-i\omega(t'-t)}}{\omega+i\varepsilon} = 0. \tag{3.52}$$

On regroupe ces deux cas, en utilisant la fonction de Heaviside :

$$\lim_{\varepsilon\to 0}\int_{-\infty}^{+\infty}\frac{d\omega}{2\pi}\frac{e^{-i\omega(t'-t)}}{\omega+i\varepsilon} = -i\Theta(t'-t). \tag{3.53}$$

On peut alors finir le calcul du propagateur :

$$\begin{aligned} G^{0+}_{x'\leftarrow x} &= \int\frac{d^3\vec{p}}{(2\pi)^3}e^{i\vec{p}.(\vec{x}'-\vec{x})}\int_{-\infty}^{+\infty}\frac{dE}{2\pi}G^{0+}(p)e^{-iE(t'-t)} \\ &= \int\frac{d^3\vec{p}}{(2\pi)^3}e^{i\vec{p}.(\vec{x}'-\vec{x})-i\frac{p^2}{2m}(t'-t)}\int_{-\infty}^{+\infty}\frac{d\omega}{2\pi}\frac{e^{-i\omega(t'-t)}}{\omega+i\varepsilon} \\ &= -i\Theta(t'-t)\int\frac{d^3\vec{p}}{(2\pi)^3}e^{-i\left[E_p(t'-t)-\vec{p}.(\vec{x}'-\vec{x})\right]}, \end{aligned} \tag{3.54}$$

avec $E_p = \frac{p^2}{2m}$. Les solutions en ondes planes de l'équation de Schrödinger libre sont de la forme :

$$\varphi_{\vec{k}}(\vec{x},t) = \frac{1}{(2\pi)^{\frac{3}{2}}}e^{-i(Et-\vec{k}.\vec{x})}. \tag{3.55}$$

Le propagateur libre dans l'espace des positions est donc le recouvrement des fonctions d'onde initiales et finales, soit :

$$G^{0+}_{x'\leftarrow x} = -i\Theta(t'-t)\int\varphi_{\vec{k}}(\vec{x}',t')\varphi^*_{\vec{k}}(\vec{x},t)d^3k. \tag{3.56}$$

En espace impulsionnel le propagateur est :

$$G^{0+}(p) = \frac{1}{E - \frac{p^2}{2m} + i\varepsilon}, \quad (3.57)$$

où la limite $\varepsilon \to 0$ en fin de calcul est sous-entendue. Le terme imaginaire, en particulier son signe joue un rôle physique important puisqu'il induit la relation de causalité du propagateur retardé. Le choix d'un terme négatif $-i\varepsilon$ aurait eu pour conséquence un propagateur avancé (qui propage vers les temps négatifs).

3 Propagateurs relativistes

3.1 Phénoménologie relativiste

Par construction, l'équation de Dirac possède une structure analogue à celle de Schrödinger. La plupart des résultats précédents se transposent naturellement au cas de l'électron relativiste. Cependant la phénoménologie des particules de Dirac est plus riche car cette équation décrit à la fois des électrons qui avancent dans le temps mais aussi des électrons qui reculent dans le temps (solutions d'énergie négative). Ces derniers s'interprètent comme des antiparticules (positrons) qui se propagent normalement. Là où l'équation de Schrödinger n'autorisait qu'une diffusion sur un potentiel, il y en a formellement quatre en mécanique quantique relativiste selon que l'état initial ou l'état final avance ou recule dans le temps. Ces quatre possibilités sont illustrées sur la figure 3.4. Le premier diagramme illustre la diffusion d'un électron, comme dans le cas non relativiste. Le second est la diffusion d'un électron qui remonte le temps, soit la diffusion d'un positron sur le potentiel. Les deux derniers diagrammes correspondent à des diffusions où l'électron diffusé change de sens dans le temps. Ils s'interprètent comme l'annihilation d'un électron et d'un positron et la création d'une paire électron/positron. Le sens des flèches illustre le sens du temps et donc la nature particule ou antiparticule. Cette notation sera utilisée dans les diagrammes de Feynman.

3.2 Équation de Lippmann-Schwinger pour une particule de Dirac

Considérons un fermion chargé de spin $\frac{1}{2}$ que nous nommerons électron par souci de simplicité. La charge électrique induit un couplage au champ électromagnétique A_μ. Le terme d'interaction dans l'équation de Dirac prend la forme $-q\gamma^\mu A_\mu \psi$ où q désigne la charge de la particule, soit :

$$(i\gamma^\mu \partial_\mu - m)\psi = q\gamma^\mu A_\mu \psi = V\psi. \quad (3.58)$$

Comme dans le cas non relativiste, on aboutit à une équation intégrale pour le spineur de Dirac ψ et pour le propagateur. On note $\psi(x)$ une solution libre de l'équation de Dirac, $\Psi(x')$ le spineur diffusé et $S_F(x' - x)$ le propagateur libre.

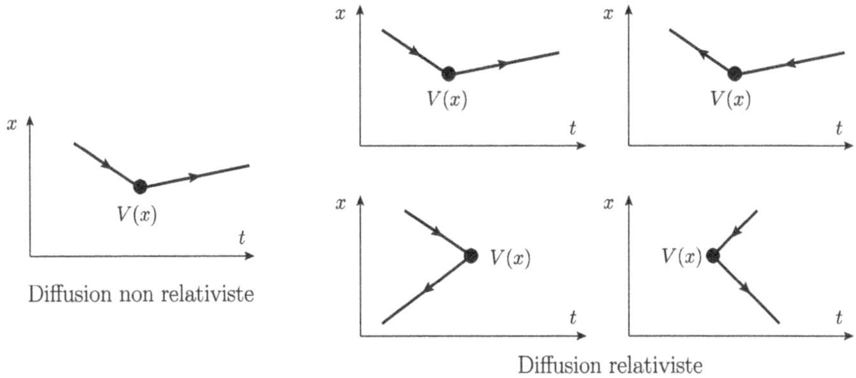

Figure 3.4 – Différents types de processus de diffusion.

L'équation de Lippmann-Schwinger devient :

$$\begin{aligned}\Psi(x') &= \psi(x) + \int d^4x S_F(x'-x)V(x)\Psi(x)\\ &= \psi(x) + q\int d^4x S_F(x'-x)\gamma^\mu A_\mu(x)\Psi(x).\end{aligned} \tag{3.59}$$

De même, le propagateur en présence d'interaction $S_F(x', x; A)$ satisfait :

$$\begin{aligned}S_F(x', x; A) = S_F(x'-x)+&\\ q\int d^4x_1 S_F(x'-x_1)\gamma^\mu A_\mu(x_1)S_F(x_1, x; A).&\end{aligned} \tag{3.60}$$

3.3 Propagateur de Feynman-Stückelberg

Le propagateur de l'équation de Dirac, en tant que fonction de Green, doit vérifier l'équation :

$$(i\gamma^\mu\partial_\mu - m)S_F(x'-x) = \delta^4(x-x')\mathbb{1}_4. \tag{3.61}$$

Dans cette expression, $S_F(x'-x)$ doit être soit un spineur de Dirac, soit une matrice 4×4. À partir de l'équation de Lippmann-Schwinger, $S_F(x'-x)\gamma^\mu A_\mu(x)\Psi(x)$ doit être un spineur à quatre composantes, on en déduit que $S_F(x'-x)$ est une matrice 4×4.

En espace de Fourier, on écrit :

$$\begin{aligned}S_F(x'-x) &= \int \frac{d^4p}{(2\pi)^4}S_F(p)e^{-ip_\mu(x'^\mu - x^\mu)}\\ &= \int \frac{d^3\vec{p}}{(2\pi)^3}e^{i\vec{p}.(\vec{x}'-\vec{x})}\int \frac{dp_0}{2\pi}S_F(p)e^{-ip_0(t'-t)},\end{aligned} \tag{3.62}$$

et en appliquant l'équation de Dirac :

$$\begin{aligned}\delta^4(x'-x)\mathbb{1}_4 &= \int \frac{d^4p}{(2\pi)^4}\mathbb{1}_4 e^{-ip_\mu(x'^\mu - x^\mu)} \\ &= \int \frac{d^4p}{(2\pi)^4}(\gamma^\mu p_\mu - m)S_F(p)e^{-ip_\mu(x'^\mu - x^\mu)},\end{aligned} \tag{3.63}$$

soit :

$$(\gamma^\mu p_\mu - m)S_F(p) = \mathbb{1}_4. \tag{3.64}$$

Pour inverser cette relation, on multiplie d'abord par $(\gamma^\mu p_\mu + m)$:

$$\begin{aligned}(\gamma^\mu p_\mu + m) &= (\gamma^\mu p_\mu + m)(\gamma^\nu p_\nu - m)\, S_F(p) \\ &= (\gamma^\mu\gamma^\nu p_\mu p_\nu - m^2)\, S_F(p) \\ &= \left(p_\mu p_\nu \frac{\gamma^\mu\gamma^\nu + \gamma^\nu\gamma^\mu}{2} - m^2\right) S_F(p) \\ &= (g^{\mu\nu}p_\mu p_\nu - m^2)\, S_F(p) \\ &= (p^\mu p_\mu - m^2)\, S_F(p),\end{aligned} \tag{3.65}$$

d'où :

$$S_F(p) = \frac{\gamma^\mu p_\mu + m}{p^\mu p_\mu - m^2} \text{ si } p^\mu p_\mu \neq m^2. \tag{3.66}$$

Ici aussi, une singularité apparaît quand la relation énergie-impulsion physique est réalisée. On pose $E_p = \sqrt{|\vec{p}|^2 + m^2}$, soit $p^2 - m^2 = p_0^2 - E_p^2$. Le propagateur est alors :

$$S_F(p) = \frac{\gamma^\mu p_\mu + m}{(p_0 - E_p)(p_0 + E_p)} \text{ si } p_0 \neq \pm E_p. \tag{3.67}$$

Il y a deux pôles en $p_0 = \pm E_p$. La solution est analogue au cas non relativiste en plongeant l'intégrale sur p_0 dans le plan complexe. La propriété de causalité impose que seules les ondes d'énergie positive ($e^{-ik_\mu x^\mu}$) se propagent vers les temps positifs ($t' > t$) et celle d'énergie négative ($e^{ik_\mu x^\mu}$) vers les temps négatifs ($t > t'$). Cette convention définit le propagateur de Feynman-Stückelberg qui propage les électrons et les positrons en avant dans le temps et assure la causalité pour toutes les diffusions.

Les propriétés de convergence de l'exponentielle étant les mêmes que dans le cas de Schrödinger, on va boucler le contour fermé par le haut pour $t > t'$ et par le bas pour $t' > t$ (voir figure 3.5). On veut que chaque contour ne contienne que le pôle correspondant, soit $p_0 = -E_p$ dans le contour du haut et $p_0 = E_p$ dans le contour du bas. On ajoute un petit élément imaginaire $-i\eta$ pour décaler chaque pôle du bon coté de l'axe réel :

$$S_F(p) = \lim_{\eta\to 0} \frac{\gamma^\mu p_\mu + m}{(p_0 - E_p + i\eta)(p_0 + E_p - i\eta)} \text{ avec } \eta > 0. \tag{3.68}$$

En développant le dénominateur on obtient :

$$(p_0 - E_p + i\eta)(p_0 + E_p - i\eta) = p_0^2 - E_p^2 + 2iE_p\eta + \eta^2. \tag{3.69}$$

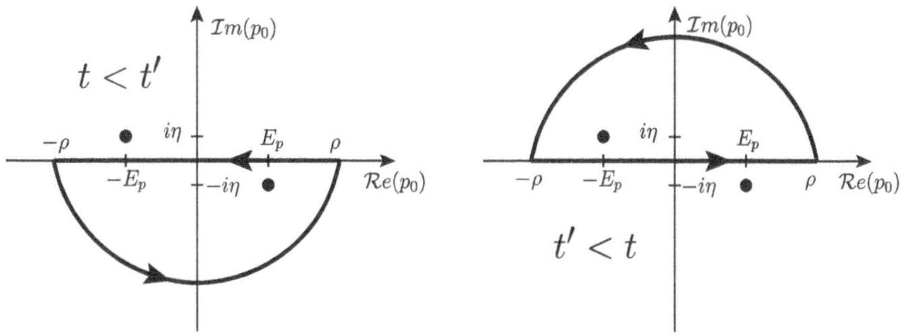

Figure 3.5 – Contours d'intégration pour le calcul du propagateur de Feynman-Stückelberg.

Comme η est petit, le terme réel η^2 peut être négligé. On pose alors $\varepsilon = 2E_p\eta$ et le propagateur se réécrit simplement :

$$S_F(p) = \lim_{\varepsilon\to 0} \frac{\gamma^\mu p_\mu + m}{p_0^2 - E_p^2 + i\varepsilon} = \lim_{\varepsilon\to 0} \frac{\gamma^\mu p_\mu + m}{p^2 - m^2 + i\varepsilon}. \tag{3.70}$$

On vérifie que le propagateur satisfait bien les conditions de causalité. Les pôles sont $p_{0a} = -E_p$ et $p_{0b} = E_p$, les résidus associés sont :

$$\begin{aligned} R_a &= \lim_{\varepsilon\to 0, p_0\to -E_p} (p_0 + E_p) \frac{e^{-ip_0(t'-t)}}{2\pi} \frac{\gamma^\mu p_\mu + m}{(p_0 - E_p)(p_0 + E_p) + i\varepsilon} \\ &= \frac{e^{iE_p(t'-t)}}{4\pi E_p} (E_p\gamma^0 + \vec{p}\cdot\vec{\gamma} - m). \end{aligned} \tag{3.71}$$

et

$$\begin{aligned} R_b &= \lim_{\varepsilon\to 0, p_0\to E_p} (p_0 - Ep) \frac{e^{-ip_0(t'-t)}}{2\pi} \frac{\gamma^\mu p_\mu + m}{(p_0 - E_p)(p_0 + E_p) + i\varepsilon} \\ &= \frac{e^{-iE_p(t'-t)}}{4\pi E_p} (E_p\gamma^0 - \vec{p}\cdot\vec{\gamma} + m). \end{aligned} \tag{3.72}$$

Pour $t > t'$,

$$\int \frac{dp_0}{2\pi} S_F(p) e^{-ip_0(t'-t)} = i2\pi R_a = i\frac{e^{iE_p(t'-t)}}{2E_p}(E_p\gamma^0 + \vec{p}\cdot\vec{\gamma} - m), \tag{3.73}$$

et pour $t' > t$,

$$\int \frac{dp_0}{2\pi} S_F(p) e^{-ip_0(t'-t)} = -i2\pi R_b = -i\frac{e^{-iE_p(t'-t)}}{2E_p}(E_p\gamma^0 - \vec{p}.\vec{\gamma} + m). \tag{3.74}$$

Et finalement :

$$S_F(x'-x) = -i\int \frac{d^3\vec{p}}{(2\pi)^3 2E_p}\Big[e^{-iE_p(t'-t)}e^{i\vec{p}\cdot(\vec{x}'-\vec{x})}(E_p\gamma^0 - \vec{p}\cdot\vec{\gamma} + m)\Theta(t'-t)$$
$$- e^{iE_p(t'-t)}e^{-i\vec{p}\cdot(\vec{x}'-\vec{x})}(E_p\gamma^0 - \vec{p}\cdot\vec{\gamma} - m)\Theta(t-t')\Big]$$
$$= -i\int \frac{d^3\vec{p}}{(2\pi)^3 2E_p}\Big[e^{-ip_\mu(x'^\mu - x^\mu)}(p_\nu\gamma^\nu + m)\Theta(t'-t)$$
$$- e^{ip_\mu(x'^\mu - x^\mu)}(p_\nu\gamma^\nu - m)\Theta(t-t')\Big], \tag{3.75}$$

où on a changé le signe de $\vec{p}$ dans le second terme, ce qui est sans conséquence puisqu'on intègre sur $d^3\vec{p}$. Pour la dernière étape, on injecte les relations de fermeture :

$$\sum_s u_{ps}\bar{u}_{ps} = p_\nu\gamma^\nu + m \text{ et } \sum_s v_{ps}\bar{v}_{ps} = p_\nu\gamma^\nu - m, \tag{3.76}$$

soit :

$$S_F(x'-x) = -i\int \frac{d^3\vec{p}}{(2\pi)^3 2E_p}\sum_s\Big[u_{ps}\bar{u}_{ps}e^{-ip_\mu(x'^\mu - x^\mu)}\Theta(t'-t)$$
$$- v_{ps}\bar{v}_{ps}e^{ip_\mu(x'^\mu - x^\mu)}\Theta(t-t')\Big]$$
$$= -i\int d^3\vec{p}\sum_s\big[\psi^{(+)}_{p,s}(x')\bar{\psi}^{(+)}_{p,s}(x)\Theta(t'-t)$$
$$- \psi^{(-)}_{p,s}(x')\bar{\psi}^{(-)}_{p,s}(x)\Theta(t'-t)\big]. \tag{3.77}$$

En espace impulsionnel, le propagateur de Feynman-Stückelberg est :

$$S_F(p) = \frac{p_\mu\gamma^\mu + m}{p^2 - m^2 + i\varepsilon}, \tag{3.78}$$

où la limite $\varepsilon \to 0$ en fin de calcul est sous-entendue.

3.4 Propagateurs bosoniques

On peut de la même manière construire des propagateurs pour des champs scalaire (équation de Klein-Gordon) et vectoriel (équations de Maxwell).

Pour le champs scalaire, le terme de potentiel dans le lagrangien est de la forme $-\frac{1}{2}V\varphi^2$, le signe $-$ étant le même que celui du terme de masse.

$$\mathcal{L}_{KG} = \frac{1}{2}(\partial_\mu\varphi^+\partial^\mu\varphi - m^2\varphi^+\varphi - V(x)\varphi^+\varphi). \tag{3.79}$$

Pour dériver l'équation d'Euler-Lagrange on traite φ et φ^+ comme deux champs indépendants (deux degrés de libertés du champ complexe) et on obtient l'équation de Klein-Gordon par :

$$0 = \frac{\partial\mathcal{L}_{KG}}{\partial\varphi^+} - \partial_\mu\frac{\partial\mathcal{L}_{KG}}{\partial(\partial_\mu\varphi^+)} = (\partial_\mu\partial^\mu + m^2 + V)\varphi, \tag{3.80}$$

soit :

$$(\partial_\mu \partial^\mu + m^2)\varphi = -V\varphi. \tag{3.81}$$

Il y a un signe moins supplémentaire dans le terme source qui se répercute dans l'équation du propagateur. Le propagateur du champ scalaire libre, $\Delta(x' - x)$ vérifie alors :

$$(\partial_\mu \partial^\mu + m^2)\Delta(x' - x) = -\delta^4(x' - x). \tag{3.82}$$

Le propagateur en espace impulsionnel s'obtient comme précédemment :

$$\Delta(x' - x) = \int \frac{d^4k}{(2\pi)^4}\Delta(k)e^{-ik_\mu(x'^\mu - x^\mu)}, \tag{3.83}$$

avec :

$$\begin{aligned} -\delta^4(x' - x) &= -\int \frac{d^4k}{(2\pi)^4}e^{-ik_\mu(x'^\mu - x^\mu)} \\ &= \int \frac{d^4k}{(2\pi)^4}\Delta(k)(-k_\mu k^\mu + m^2)e^{-ik_\mu(x'^\mu - x^\mu)}, \end{aligned} \tag{3.84}$$

soit :

$$\Delta(k) = \frac{1}{k^2 - m^2 + i\varepsilon}, \tag{3.85}$$

où le terme complexe $i\varepsilon$ est ajouté comme précédemment.

L'équation de Maxwell avec terme source est :

$$\partial_\mu \partial^\mu A^\nu - \partial^\nu(\partial_\mu A^\mu) = J^\nu. \tag{3.86}$$

La solution de cette équation à partir d'une fonction de Green est :

$$A^\mu(x') = A_0^\mu(x') + \int d^4x D_F^{\mu\nu}(x' - x)J_\nu(x), \tag{3.87}$$

où A_0^μ désigne une solution de l'équation de Maxwell sans source. Dans le cas général, la fonction de Green $D_F^{\mu\nu}(x' - x)$ est un tenseur d'ordre 2. Cependant un choix de jauge particulier va changer l'expression de l'équation du mouvement et donc celle du propagateur. En jauge de Lorenz, le terme $\partial^\nu(\partial_\mu A^\mu)$ disparaît. Les quatre équations deviennent indépendantes et A^μ ne dépend que de J^μ. En conséquence, en jauge de Lorenz, la fonction de Green ne peut qu'être proportionnelle au tenseur métrique, soit :

$$D_F^{\mu\nu}(x' - x) = D_F(x' - x)g^{\mu\nu}, \tag{3.88}$$

et

$$A^\mu(x') = A_0^\mu(x') + \int d^4x D_F(x' - x)J^\mu(x). \tag{3.89}$$

L'équation du propagateur en jauge de Lorenz est :

$$\partial_\mu \partial^\mu D_F(x' - x) = \delta^4(x' - x), \tag{3.90}$$

et le propagateur en espace de Fourier est naturellement :

$$D_F(x'-x) = \int \frac{d^4q}{(2\pi)^4} D_F(q) e^{-iq_\sigma(x'^\sigma - x^\sigma)}, \tag{3.91}$$

avec :

$$\begin{aligned}\delta^4(x'-x) &= \int \frac{d^4q}{(2\pi)^4} e^{-iq_\mu(x'^\mu - x^\mu)} \\ &= \int \frac{d^4k}{(2\pi)^4} D_F(q)(-q_\rho q^\rho) e^{-iq_\sigma(x'^\sigma - x^\sigma)},\end{aligned} \tag{3.92}$$

soit :

$$D_F(q) = \frac{-1}{q^2 + i\varepsilon} \qquad \text{et} \qquad D_F^{\mu\nu}(q) = \frac{-g^{\mu\nu}}{q^2 + i\varepsilon}. \tag{3.93}$$

Pour des bosons vecteurs massifs de masse M, apparaissant en interaction faible, on part de l'équation de Proca :

$$\partial^\nu \partial_\nu A^\mu + \partial^\mu \partial_\nu A^\nu + M^2 A^\mu = j^\mu. \tag{3.94}$$

L'équation du propagateur est donc :

$$D_W^{\mu\nu}(x'-x) = \left[(\partial^\nu \partial_\nu M^2) g^{\mu\nu} \partial^\mu \partial_\nu\right] G^{\nu\rho} = \delta^\mu_\rho \delta^4(x'-x). \tag{3.95}$$

En espace de Fourier on obtient l'équation du propagateur :

$$D_W^{\mu\nu}(x'-x) = \int \frac{d^4q}{(2\pi)^4} D_W^{\mu\nu}(q) e^{-iq_\sigma(x'^\sigma - x^\sigma)}, \tag{3.96}$$

soit

$$\left[(M^2 - k^2) g^{\mu\nu} + q^\mu q^\nu\right] G_{\nu\rho} = \delta^\mu_\rho. \tag{3.97}$$

On vérifie que cette équation admet pour solution :

$$G_{\nu\rho} = \frac{-g^{\mu\nu} + \frac{q^\mu q^\nu}{M^2}}{k^2 - M^2 + i\varepsilon} \delta^\mu_\rho, \tag{3.98}$$

où est déjà inclus le terme $+i\varepsilon$ pour traiter le cas $k^2 = M^2$. Il faut noter que ce propagateur est suffisant pour calculer les diagrammes de Feynman au niveau le plus bas du développement perturbatif mis que le calcul correct des ordres supérieur nécessite des subtilités supplémentaires issues de la théorie quantique des champs. En particulier, on constate que pour $k^2 \gg M^2$ le propagateur à une structure en $\frac{q^\mu q^\nu}{q^2}$ là où les autres propagateurs (scalaire et fermionique) tendent vers 0 en $\frac{1}{q^2}$ ou $\frac{1}{q}$. Ce propagateur reste cependant valide tant que q^2 reste inférieur ou du même ordre de grandeur que M^2.

4 Matrice de diffusion

La matrice de diffusion correspond au recouvrement entre l'état initial diffusé et l'état final observé. L'état initial diffusé s'obtient à partir de l'équation de Lippmann-Schwinger en remplaçant le propagateur par son expression en fonction des champs libres. Pour un état initial ψ_i libre, l'onde diffusée est :

$$\begin{aligned}\Psi_i(x') &= \psi_i(x')\\ &\quad - iq\int d^3\vec{p}\sum_s \psi^{(+)}_{p,s}(x')\int d^4x\bar{\psi}^{(+)}_{p,s}(x)\gamma^\mu A_\mu(x)\Psi_i(x)\Theta(t'-t)\\ &\quad + iq\int d^3\vec{p}\sum_s \psi^{(-)}_{p,s}(x')\int d^4x\bar{\psi}^{(-)}_{p,s}(x)\gamma^\mu A_\mu(x)\Psi_i(x)\Theta(t-t'). \qquad (3.99)\end{aligned}$$

Pour un état initial d'impulsion $\vec{k}$ et d'hélicité r, on a $\psi_i(x) = \psi^{(c)}_{k,r}$ où l'indice (c) désigne le signe de l'énergie et donc la nature particule ($(c) = (+)$) ou antiparticule ($(c) = (-)$).

Si on considère comme état final un électron, l'onde avance dans le temps et on regarde le recouvrement à $t' \to +\infty$. Dans ce cas $t' > t$ et seules les solutions d'énergie positive contribuent au propagateur du fait des fonctions de Heaviside. Inversement pour un positron dans l'état final, on prend la limite $t' \to -\infty$ car l'onde recule dans le temps. Dans ce cas $t > t'$ et seules les solutions d'énergie négative contribuent au propagateur.

Pour un électron final d'impulsion $\vec{k}'$ d'hélicité r', $\psi_f = \psi^{(+)}_{k',r'}$, la matrice de diffusion devient :

$$\begin{aligned}S^{e-}_{fi} &= \lim_{t'\to+\infty}\left\langle \psi^{(+)}_{k',r'}(x')\,\middle|\,\Psi_i(x')\right\rangle\\ &= \lim_{t'\to+\infty}\int d^3x'\psi^{(+)*}_{k',r'}(x')\Psi_i(x')\\ &= \int d^3x'\psi^{(+)*}_{k',r'}(x')\psi^{(c)}_{p,r}(x')\\ &\quad -iq\int d^3x'\psi^{(+)*}_{k',r'}(x')\int d^3\vec{p}\sum_s \psi^{(+)}_{p,s}(x')\left(\int d^4x\bar{\psi}^{(+)}_{p,s}(x)\gamma^\mu A_\mu(x)\Psi_i\right)\\ &= \int d^3x'\psi^{(+)*}_{k',r'}(x')\psi^{(c)}_{k,r}(x')\\ &\quad -iq\int d^3\vec{p}\sum_s\int d^3x'\psi^{(+)*}_{k',r'}(x')\psi^{(+)}_{p,s}(x')\int d^4x\bar{\psi}^{(+)}_{p,s}(x)\gamma^\mu A_\mu(x)\Psi_i(x)\\ &= \delta_{rr'}\delta_{+c}\delta^3(\vec{k}-\vec{k}') - iq\int d^3\vec{p}\sum_s \delta_{r's}\delta^3(\vec{k}'-\vec{p})\int d^4x\bar{\psi}^{(+)}_{p,s}(x)\gamma^\mu A_\mu(x)\Psi_i(x)\\ &= \delta_{fi} - iq\left(\int d^4x\bar{\psi}^{(+)}_{k',r'}(x)\gamma^\mu A_\mu(x)\Psi_i(x)\right), \qquad (3.100)\end{aligned}$$

avec $\delta_{fi} = \delta_{rr'}\delta_{+c}\delta^3(\vec{k}-\vec{k}')$.

De même pour un positron final d'impulsion $\vec{k}'$ d'hélicité r', $\psi_f = \psi^{(-)}_{k',r'}$, la matrice de diffusion devient :

$$S^{e^+}_{fi} = \lim_{t'\to-\infty} \left\langle \psi^{(-)}_{k',r'}(x') \middle| \Psi_i(x') \right\rangle$$
$$= \delta_{fi} + iq \left(\int d^4x \bar{\psi}^{(-)}_{k',r'}(x)\gamma^\mu A_\mu(x)\Psi_i(x) \right). \quad (3.101)$$

Soit en regroupant les notations :

$$S^{e^\pm}_{fi} = \delta_{fi} \pm iq \left(\int d^4x \bar{\psi}^{(\mp)}_{k',r'}(x)\gamma^\mu A_\mu(x)\Psi_i(x) \right). \quad (3.102)$$

En utilisant le développement en série de l'équation de Lippmann-Schwinger, on obtient un développement perturbatif en puissance de q pour la matrice de diffusion. En considérant un état initial $\psi^{(c)}_{k,r}$ et un état final $\psi^{(d)}_{k',r'}$:

$$S^{c\to d}_{fi} = \delta_{fi} + \sum_{n=1}^{+\infty} q^n S^{(n)c\to d}_{fi}, \quad (3.103)$$

avec :

$$S^{(n)c\to d}_{fi} = i\varepsilon_d \int d^{4n}x_{1\ldots n} \bar{\psi}^{(d)}_{k',r'}(x_1)\gamma^\mu A_\mu(x_1)$$
$$\left[\prod_{u=2}^{n} S_F(x_{u-1} - x_u)\gamma^\mu A_\mu(x_u) \right] \psi^{(c)}_{k,r}(x_n), \quad (3.104)$$

avec $\varepsilon_d = -1$ pour un état final électron et $\varepsilon_d = 1$ pour un positron. Le premier terme du développement perturbatif est l'approximation de Born. Le développement de la matrice S aux deux premiers ordres donne :

$$S^{(1)c\to d}_{fi} = i\varepsilon_d \int d^4x \bar{\psi}^{(d)}_{k',r'}(x)\gamma^\mu A_\mu(x)\psi^{(c)}_{k,r}(x), \quad (3.105)$$

et

$$S^{(2)c\to d}_{fi} = i\varepsilon_d \iint d^4x d^4y \bar{\psi}^{(d)}_{k',r'}(y)\gamma^\mu A_\mu(y) S_F(y-x)\gamma^\nu A_\nu(x)\psi^{(c)}_{k,r}(x). \quad (3.106)$$

4.1 Exemples de processus

a) Diffusion *ep*

On s'intéresse à la diffusion d'un électron sur un proton. On néglige la sous structure du proton, qui sera traité comme un fermion ponctuel de spin $\frac{1}{2}$.

$$e^-(p_1, s_1) + p(p_2, s_2) \to e^-(p_3, s_3) + p(p_4, s_4).$$

Cette diffusion peut se voir comme la diffusion d'un électron sur un potentiel électromagnétique A_μ. Ce potentiel est généré par le courant du proton J^p_μ. La quadri-impulsion échangée entre les deux particules est notée $q = p_3 - p_1 = p_2 - p_4$. Au premier ordre du développement perturbatif la matrice de diffusion pour l'électron est :

$$S_{fi} = -iq_e \int d^4x \bar{\psi}^{(+)}_{p_3,s_3}(x)\gamma_\mu A^\mu(x)\psi^{(+)}_{p_1,s_1}(x). \tag{3.107}$$

Le potentiel A_μ est solution de l'équation de Maxwell :

$$\partial_\nu \partial^\nu A^\mu = J^{p\,\mu}. \tag{3.108}$$

Le propagateur de l'équation de Maxwell, en tant que fonction de Green, permet de calculer $A^\mu(x)$:

$$A^\mu(x) = \int d^4y D_F^{\mu\nu}(x-y) J^p_\nu(y). \tag{3.109}$$

La matrice de diffusion est donc :

$$S_{fi}^{ep\to ep} = -iq_e \iint d^4x d^4y \bar{\psi}^{(+)}_{p_3,s_3}(x)\gamma_\mu \psi^{(+)}_{p_1,s_1}(x) D_F^{\mu\nu}(x-y) J^p_\nu(y). \tag{3.110}$$

Le même processus peut être également décrit par la diffusion du proton sur un potentiel généré par l'électron. Dans ce cas on obtient :

$$S_{fi}^{ep\to ep} = -iq_p \iint d^4x d^4y \bar{\psi}^{(+)}_{p_4,s_4}(y)\gamma_\mu \psi^{(+)}_{p_2,s_2}(y) D_F^{\mu\nu}(y-x) J^e_\nu(x). \tag{3.111}$$

En identifiant ces deux expressions, on détermine les expressions pour les deux courants de l'électron et du proton :

$$J^e_\nu = q_e \bar{\psi}^{(+)}_{p_3,s_3}\gamma_\nu \psi^{(+)}_{p_1,s_1}, \quad J^p_\nu = q_p \bar{\psi}^{(+)}_{p_4,s_4}\gamma_\nu \psi^{(+)}_{p_2,s_2}, \tag{3.112}$$

soit pour la matrice de diffusion :

$$\begin{aligned} S_{fi}^{ep\to ep} &= -i \iint d^4x d^4y D_F^{\mu\nu}(x-y) J^e_\mu(x) J^p_\nu(y) \qquad (3.113) \\ &= -iq_e q_p \iint d^4x d^4y \bar{\psi}^{(+)}_{p_3,s_3}(x)\gamma_\mu \psi^{(+)}_{p_1,s_1}(x) D_F^{\mu\nu}(x-y) \bar{\psi}^{(+)}_{p_4,s_4}(y)\gamma_\nu \psi^{(+)}_{p_2,s_2}(y). \end{aligned}$$

Cette diffusion peut se représenter schématiquement sous forme du diagramme espace-temps donné en figure 3.6.

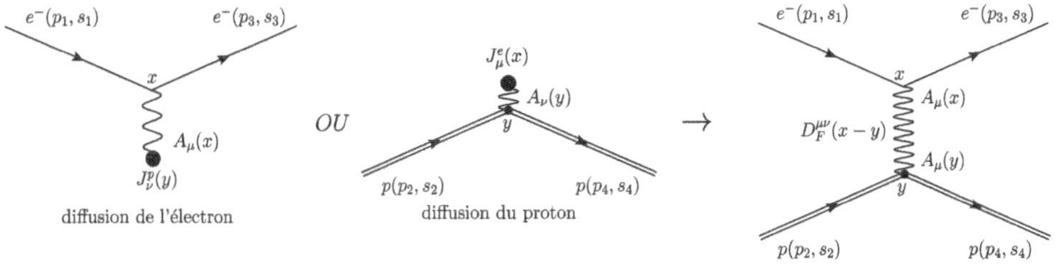

Figure 3.6 – Diagramme espace-temps de la diffusion de l'électron sur le proton.

On peut désormais expliciter chacun des spineurs, on introduit des indices e et p pour différencier les particules :

$$\psi^{(+)}_{p_1,s_1}(x) = \frac{1}{(2\pi)^{\frac{3}{2}}\sqrt{2E_1}} u^e_{p_1,s_1} e^{-ip_1^\mu x_\mu}, \tag{3.114}$$

$$\psi^{(+)}_{p_2,s_2}(y) = \frac{1}{(2\pi)^{\frac{3}{2}}\sqrt{2E_2}} u^p_{p_2,s_2} e^{-ip_2^\mu y_\mu}, \tag{3.115}$$

$$\bar{\psi}^{(+)}_{p_3,s_3}(x) = \frac{1}{(2\pi)^{\frac{3}{2}}\sqrt{2E_3}} \bar{u}^e_{p_3,s_3} e^{ip_3^\mu x_\mu}, \tag{3.116}$$

$$\bar{\psi}^{(+)}_{p_4,s_4}(y) = \frac{1}{(2\pi)^{\frac{3}{2}}\sqrt{2E_4}} \bar{u}^p_{p_4,s_4} e^{ip_4^\mu y_\mu}. \tag{3.117}$$

En prenant le propagateur en espace de Fourier dans la limite $\varepsilon \to 0$, la matrice de diffusion devient :

$$\begin{aligned} S_{fi}^{ep\to ep} &= -iq_e q_p \prod_{i=1}^{4} \frac{1}{(2\pi)^{\frac{3}{2}}\sqrt{2E_i}} \int \frac{d^4p}{(2\pi)^4} \left[\bar{u}^e_{p_3,s_3}\gamma_\mu u^e_{p_1,s_1} \frac{-g^{\mu\nu}}{p^2} \bar{u}^p_{p_4,s_4}\gamma_\nu u^p_{p_2,s_2} \right] \\ &\quad \times \underbrace{\int d^4y e^{-i(p_2-p_4-p)_\mu y^\mu}}_{(2\pi)^4\delta^4(p_2-p_4-p)} \times \underbrace{\int d^4x e^{-i(p_1-p_3+p)_\mu x^\mu}}_{(2\pi)^4\delta^4(p_1-p_3+p)} \\ &= -q_e q_p (2\pi)^4 \delta^4(P_i - P_f) \prod_{i=1}^{4} \frac{1}{(2\pi)^{\frac{3}{2}}\sqrt{2E_i}} \\ &\qquad \left[\bar{u}^e_{p_3,s_3}\gamma_\mu u^e_{p_1,s_1} \frac{-g^{\mu\nu}}{(p_1-p_3)^2} \bar{u}^p_{p_4,s_4}\gamma_\nu u^p_{p_2,s_2} \right], \end{aligned} \tag{3.118}$$

avec $P_i = p_1 + p_2$ et $P_f = p_3 + p_4$ les 4-impulsions initiale et finale. L'amplitude de transition se décompose en différents termes :

$$S_{fi}^{ep\to ep} = i(2\pi)^4 \underbrace{\delta^4(P_i - P_f)}_{\substack{\text{conservation}\\ \text{4-impulsion}\\ \text{totale}}} \underbrace{\overbrace{\prod_i}^{\substack{\text{particules}\\ \text{initiales}\\ \text{et finales}}} \frac{1}{(2\pi)^{\frac{3}{2}}\sqrt{2E_i}}}_{\text{normalisations}} \underbrace{\mathcal{M}_{fi}}_{\substack{\text{amplitude}\\ \text{de Feynman}}} . \tag{3.119}$$

Les normalisations se factorisent, les différentes intégrations successives laissent une distribution de Dirac qui assure la conservation de l'énergie et de l'impulsion totale dans la diffusion et la dynamique de l'interaction se factorise dans l'amplitude de Feynman :

$$i\mathcal{M}_{fi} = \bar{u}^e_{p_3,s_3}(iq_e\gamma_\mu)u^e_{p_1,s_1} \frac{-ig^{\mu\nu}}{q^2} \bar{u}^p_{p_4,s_4}(iq_p\gamma_\nu)u^p_{p_2,s_2}. \tag{3.120}$$

Dans cette expression, on a fait apparaître des facteurs i supplémentaires qui joueront un rôle quand nous tenterons de déterminer une méthode systématique de calcul de l'amplitude de Feynman. Sur la figure 3.7, chaque facteur de cette amplitude peut être associé à un élément du diagramme espace-temps de la diffusion.

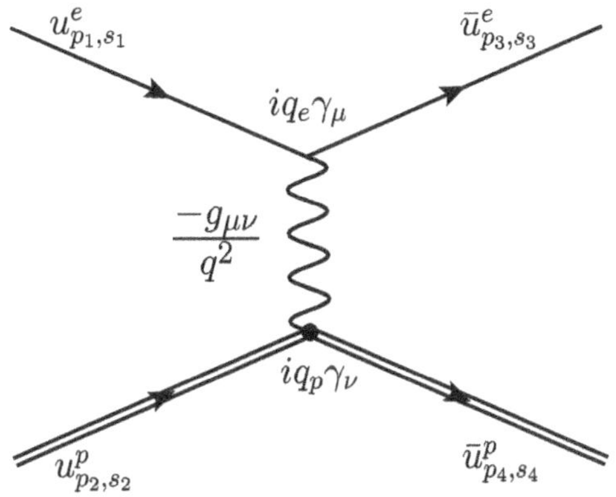

Figure 3.7 – Diagramme espace-temps et amplitude de Feynman.

Pour dériver cette amplitude, on a utilisé deux fois le développement au premier ordre de la matrice de diffusion. Ce processus est donc une diffusion à l'ordre 2 dans le développement perturbatif, comme le montre le facteur $q_e q_p$.

b) Diffusion Compton

La diffusion Compton d'un photon sur un électron est le processus :

$$e^-(p_1, s_1) + \gamma(k_1, \lambda_1) \rightarrow e^-(p_2, s_2) + \gamma(k_2, \lambda_2).$$

C'est un processus de diffusion double pour l'électron qui se couple aux potentiels du photon absorbé et du photon émis, l'ordre de ces deux interactions dans le temps donne lieu à deux diagrammes espace-temps différents (figure 3.8), soit deux contributions à la matrice de diffusion.

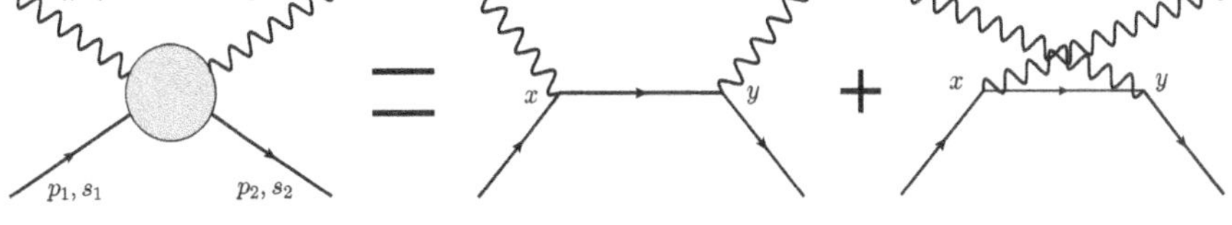

Figure 3.8 – Diagrammes espace-temps pour la diffusion Compton.

Dans le premier cas, l'impulsion de l'électron intermédiaire entre x et y est $q_1 = p_1 + k_1$. Dans le second cas, elle vaut $q_2 = p_1 - k_2$. Pour une double diffusion, l'ordre le plus bas du développement perturbatif est $S_{fi}^{(2)}$.

$$S_{fi}^{e\gamma\to e\gamma} = -iq_e^2 \iint d^4x d^4y \bar{\psi}^{(+)}_{p_2,s_2}(y)\gamma_\rho A^\rho(y) S_F(y-x)\gamma_\nu A^\nu(x)\psi^{(+)}_{p_1,s_1}(x). \quad (3.121)$$

Pour le premier cas, les particules entrantes et sortantes sont :

$$\psi^{(+)}_{p_1,s_1}(x) = \frac{1}{(2\pi)^{\frac{3}{2}}\sqrt{2E_1}} u^e_{p_1,s_1} e^{-ip_1^\mu x_\mu}, \quad (3.122)$$

$$\bar{\psi}^{(+)}_{p_2,s_2}(y) = \frac{1}{(2\pi)^{\frac{3}{2}}\sqrt{2E_2}} \bar{u}^e_{p_2,s_2} e^{ip_2^\mu y_\mu}, \quad (3.123)$$

$$A^\nu_{k_1,\lambda_1}(x) = \frac{1}{(2\pi)^{\frac{3}{2}}\sqrt{2\omega_1}} \epsilon^\nu(\lambda_1)\left[e^{-ik_1^\mu x_\mu} + e^{ik_1^\mu x_\mu}\right], \quad (3.124)$$

$$A^\rho_{k_2,\lambda_2}(y) = \frac{1}{(2\pi)^{\frac{3}{2}}\sqrt{2\omega_1}} \epsilon^\rho(\lambda_2)\left[e^{-ik_2^\mu y_\mu} + e^{ik_2^\mu y_\mu}\right]. \quad (3.125)$$

L'amplitude devient alors :

$$\begin{aligned} S_{fi}^{e\gamma\to e\gamma,(1)} = -iq_e^2 \prod_{i=1}^{2} & \frac{1}{(2\pi)^{\frac{3}{2}}\sqrt{2E_i}} \frac{1}{(2\pi)^{\frac{3}{2}}\sqrt{2\omega_i}} \\ & \int \frac{d^4q}{(2\pi)^4}\left[\bar{u}_{p_2,s_2}\gamma_\rho \varepsilon^\rho(\lambda_2)\frac{q_1^\mu\gamma_\mu + m_e}{q_1^2 - m_e^2}\gamma_\nu \varepsilon^\nu(\lambda_1) u_{p_1,s_1}\right] \\ & \int d^4x e^{-i(p_1-q)^\mu x_\mu}\left(e^{ik_1^\mu x_\mu} + e^{-ik_1^\mu x_\mu}\right) \\ & \int d^4y e^{i(p_2-q)^\mu y_\mu}\left(e^{ik_2^\mu y_\mu} + e^{-ik_2^\mu y_\mu}\right). \end{aligned} \quad (3.126)$$

Comme dans le cas précédent, l'intégration des exponentielles fait apparaître deux distributions de Dirac, dont l'une disparaît dans l'intégration sur q en fixant sa valeur. Il y a quatre termes :

$$\iint d^4x d^4y e^{i(p_2-q+k_2)^\mu y_\mu} e^{-i(p_1-q+k_1)^\mu x_\mu} \Rightarrow \delta^4(\mathbf{p_2} + \mathbf{k_2} - \mathbf{p_1} - \mathbf{k_1}) \text{ et } \mathbf{q} = \mathbf{p_1} + \mathbf{k_1}, \quad (3.127)$$

$$\iint d^4x d^4y e^{i(p_2-q+k_2)^\mu y_\mu} e^{-i(p_1-q-k_1)^\mu x_\mu} \Rightarrow \delta^4(p_2 + k_2 - p_1 + k_1) \text{ et } q = p_1 - k_1, \quad (3.128)$$

$$\iint d^4x d^4y e^{i(p_2-q-k_2)^\mu y_\mu} e^{-i(p_1-q+k_1)^\mu x_\mu} \Rightarrow \delta^4(p_2 - k_2 - p_1 - k_1) \text{ et } q = p_1 + k_1, \quad (3.129)$$

$$\iint d^4x d^4y e^{i(p_2-q-k_2)^\mu y_\mu} e^{-i(p_1-q-k_1)^\mu x_\mu} \Rightarrow \delta^4(p_2 - k_2 - p_1 + k_1) \text{ et } q = p_1 - k_1. \quad (3.130)$$

Seule la première combinaison satisfait aux conditions de conservation de l'énergie et de l'impulsion de processus Compton. On a alors $q = p_1 + k_1 = q_1$ Les trois autres termes correspondent à des états initial et final différents (absorption d'un photon d'impulsion k_2 et émission d'un photon d'impulsion k_1, absorption de deux photons, émission de deux photons). Ces termes ne sont donc pas à prendre en compte dans la diffusion Compton. L'amplitude de diffusion est :

$$S_{fi}^{e\gamma\to e\gamma,(1)} = -iq_e^2(2\pi)^4\delta^4(P_f - P_i)\prod_{i=1}^{4}\frac{1}{(2\pi)^{\frac{3}{2}}\sqrt{2E_i}}$$
$$\left[\bar{u}_{p_2,s_2}\gamma_\rho\varepsilon^\rho(\lambda_2)\frac{q_1^\mu\gamma_\mu + m_e}{q_1^2 - m_e^2}\gamma_\nu\varepsilon^\nu(\lambda_1)u_{p_1,s_1}\right], \tag{3.131}$$

avec $E_3 = \omega_1$ et $E_4 = \omega_2$. Pour le second sous-processus, on inverse les coordonnées x et y entre les champs de photon entrant et sortant, soit :

$$\psi_{p_1,s_1}^{(+)}(x) = \frac{1}{(2\pi)^{\frac{3}{2}}\sqrt{2E_1}}u_{p_1,s_1}^e e^{-ip_1^\mu x_\mu}, \tag{3.132}$$

$$\bar{\psi}_{p_2,s_2}^{(+)}(y) = \frac{1}{(2\pi)^{\frac{3}{2}}\sqrt{2E_2}}\bar{u}_{p_2,s_2}^e e^{ip_2^\mu y_\mu}, \tag{3.133}$$

$$A_{k_1,\lambda_1}^\rho(y) = \frac{1}{(2\pi)^{\frac{3}{2}}\sqrt{2\omega_1}}\epsilon^\rho(\lambda_1)\left[e^{-ik_1^\mu y_\mu} + e^{ik_1^\mu y_\mu}\right], \tag{3.134}$$

$$A_{k_2,\lambda_2}^\nu(x) = \frac{1}{(2\pi)^{\frac{3}{2}}\sqrt{2\omega_1}}\epsilon^\nu(\lambda_2)\left[e^{-ik_2^\mu x_\mu} + e^{ik_2^\mu x_\mu}\right]. \tag{3.135}$$

Les intégrales fixent la condition $q = k_1 - p_2 = q_2$ pour le propagateur.

$$S_{fi}^{e\gamma\to e\gamma,(2)} = -iq_e^2(2\pi)^4\delta^4(P_f - P_i)\prod_{i=1}^{4}\frac{1}{(2\pi)^{\frac{3}{2}}\sqrt{2E_i}}$$
$$\left[\bar{u}_{p_2,s_2}\gamma_\rho\varepsilon^\rho(\lambda_1)\frac{q_2^\mu\gamma_\mu + m_e}{q_2^2 - m_e^2}\gamma_\nu\varepsilon^\nu(\lambda_2)u_{p_1,s_1}\right]. \tag{3.136}$$

Une nouvelle fois, l'amplitude de diffusion se met sous la forme :

$$S_{fi}^{e\gamma\to e\gamma} = i(2\pi)^4\prod_i\frac{1}{(2\pi)^{\frac{3}{2}}\sqrt{2E_i}}\delta^4(P_i - P_f)\mathcal{M}_{fi}, \tag{3.137}$$

avec :

$$\begin{aligned} i\mathcal{M}_{fi} &= i\mathcal{M}_{fi}^{(1)} + i\mathcal{M}_{fi}^{(2)} \\ &= \bar{u}_{p_2,s_2}(iq_e\gamma_\rho)\varepsilon_{\lambda_2}^\rho\frac{i(q_1^\mu\gamma_\mu + m_e)}{q_1^2 - m_e^2}(iq_e\gamma_\nu)\varepsilon_{\lambda_1}^\nu u_{p_1,s_1} \\ &\quad + \bar{u}_{p_2,s_2}(iq_e\gamma_\rho)\varepsilon_{\lambda_1}^\rho\frac{i(q_2^\mu\gamma_\mu + m_e)}{q_2^2 - m_e^2}(iq_e\gamma_\nu)\varepsilon_{\lambda_2}^\nu u_{p_1,s_1}. \end{aligned} \tag{3.138}$$

Une fois encore on peut associer chaque facteur de l'amplitude de Feynman à un élément du diagramme espace-temps (figure 3.9)

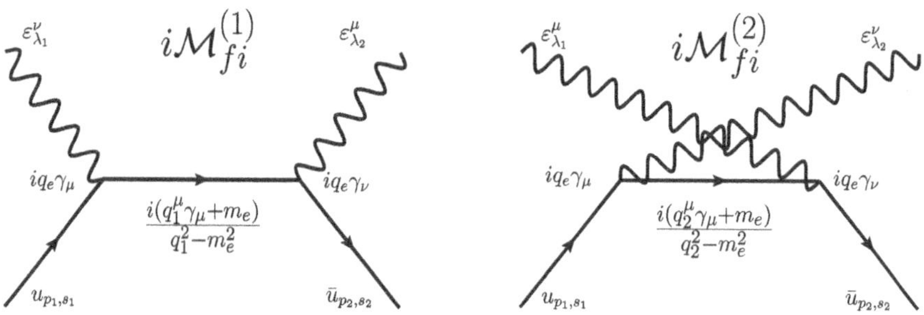

Figure 3.9 – Diagrammes de Feynman de la diffusion Compton et interprétation en termes d'amplitude de Feynman.

c) Interprétation du courant de Dirac

On peut ici revenir sur le terme de courant fermionique qui découle de l'équation de continuité issue de l'équation de Dirac. On a vu au paragraphe 3.2 du chapitre 2 que le courant se décompose en :

$$j^\mu = j^\mu_c + j^\mu_s = \frac{iq}{2m}\left(\bar{\psi}\partial^\mu\psi - \partial^\mu\bar{\psi}\psi\right) + \frac{q}{2m}\partial_\nu\left(\bar{\psi}\sigma^{\mu\nu}\psi\right). \quad (3.139)$$

On va s'intéresser au terme spécifique à l'équation de Dirac, j^μ_s. L'interaction de ce courant avec un champ électromagnétique extérieur est donnée par le diagramme espace-temps de la figure 3.10 (a).

Le courant s'écrit $j^\mu = q\bar{\psi}_{p'}\gamma^\mu\psi_p$. On utilisant des solutions en onde planes pour les spineurs, on a $\partial_\nu\psi = -ip_\nu\psi$ et $\partial_\nu\bar{\psi} = ip'_\nu\bar{\psi}$. La conservation de l'énergie et de l'impulsion fixe l'impulsion du photon. On peut considérer indifféremment un photon entrant ou sortant. Dans le premier cas, l'onde est $A_\mu \propto e^{-ik_\mu x^\mu}$ avec $p + k = p'$, dans

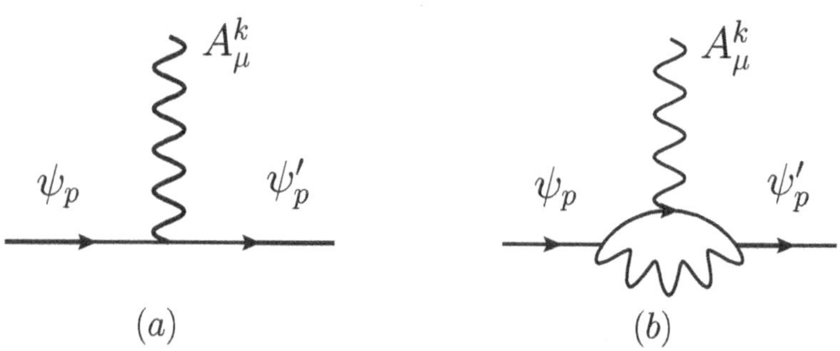

Figure 3.10 – Courant de Dirac couplé au champ EM : (a) à l'ordre le plus bas de la matrice de diffusion, (b) à l'ordre supérieur suivant.

le second $A_\mu \propto e^{ikx}$ avec $p = k + p'$, soit pour tout les cas $A_\mu \propto e^{-i(p'-p)x}$. On a alors $\partial_\nu A_\mu = -i(p'-p)_\nu A_\mu$. L'énergie potentielle due à j_s^μ est :

$$\begin{aligned}
W_s = j_s^\mu A_\mu &= \frac{q}{2m}\partial_\nu\left(\bar{\psi}\sigma^{\mu\nu}\psi\right) \\
&= \frac{q}{2m}(p'-p)_\nu\,\bar{\psi}\sigma^{\mu\nu}\psi A_\mu \\
&= \frac{-q}{2m}\bar{\psi}\sigma^{\mu\nu}\psi\,\partial_\nu A_\mu \\
&= \frac{-q}{2m}\bar{\psi}\left(\sigma^{\mu\nu}\partial_\nu A_\mu\right)\psi \\
&= \frac{-q}{4m}\bar{\psi}\left(\sigma^{\mu\nu}\partial_\nu A_\mu - \sigma^{\nu\mu}\partial_\nu A_\mu\right)\psi \,(\text{antisymétrie de } \sigma^{\mu\nu}) \\
&= \frac{-q}{4m}\bar{\psi}\left(\sigma^{\mu\nu}\partial_\nu A_\mu - \sigma^{\mu\nu}\partial_\mu A_\nu\right)\psi \,(\text{indices muets}) \\
&= \frac{q}{4m}\bar{\psi}\sigma^{\mu\nu}F_{\mu\nu}\psi. \qquad (3.140)
\end{aligned}$$

En représentation standard, on peut expliciter les matrices $\sigma^{\mu\nu}$. On trouve alors que pour $i \neq j$:

$$\sigma^{ij} = i\gamma^i\gamma^j = \begin{pmatrix} -\sigma^i\sigma^j & 0 \\ 0 & -\sigma^i\sigma^j \end{pmatrix} = \varepsilon^{ij}{}_k \begin{pmatrix} \sigma^k & 0 \\ 0 & \sigma^k \end{pmatrix} = \varepsilon^{ij}{}_k \Sigma^k, \qquad (3.141)$$

et :

$$\sigma^{0i} = i\gamma^0\gamma^i = i\begin{pmatrix} 0 & \sigma^i \\ \sigma^i & 0 \end{pmatrix} = i\begin{pmatrix} 0 & 1 \\ 1 & 0 \end{pmatrix}\begin{pmatrix} \sigma^i & 0 \\ 0 & \sigma^i \end{pmatrix} = i\gamma^5\Sigma^i. \qquad (3.142)$$

Finalement, en utilisant l'antisymétrie de $\sigma^{\mu\nu}$ et de $F^{\mu\nu}$:

$$\sigma^{\mu\nu}F_{\mu\nu} = \sigma^{ij}F_{ij} + 2\sigma^{0i}F_{0i}. \qquad (3.143)$$

En utilisant les définitions des champs électriques et magnétiques,

$$F_{0i} = -E^i \text{ et } F_{ij} = -\varepsilon_{ijk}B^k, \qquad (3.144)$$

$$\sigma^{\mu\nu}F_{\mu\nu} = -\varepsilon^{ij}{}_k\varepsilon_{ijl}\Sigma^k B^l - 2i\gamma^5\Sigma^i E^i = -2\left(\vec{\Sigma}.\vec{B} + i\gamma^5\vec{\Sigma}.\vec{E}\right). \qquad (3.145)$$

L'énergie potentielle est :

$$W_s = \frac{q}{4m}\bar{\psi}\sigma^{\mu\nu}F_{\mu\nu}\psi = \frac{-q}{2m}\bar{\psi}\left(\vec{\Sigma}.\vec{B} + i\gamma^5\vec{\Sigma}.\vec{E}\right)\psi. \qquad (3.146)$$

On peut interpréter cette énergie dans la limite non-relativiste $|\vec{p}|, |\vec{p}'| \ll m_e$. Pour un électron, le champ spinoriel est :

$$\begin{pmatrix} \varphi \\ \frac{\vec{p}.\vec{\sigma}}{m+E_p}\varphi \end{pmatrix} \rightarrow \begin{pmatrix} \varphi \\ 0 \end{pmatrix}, \qquad (3.147)$$

soit :

$$\begin{aligned} W_s &= \frac{-q}{2m}\left(\varphi^+,0\right)\gamma^0\left(\vec{\Sigma}.\vec{B}+i\gamma^5\vec{\Sigma}.\vec{E}\right)\begin{pmatrix}\varphi\\0\end{pmatrix} \\ &= \frac{-q}{2m}\varphi^+\vec{\sigma}\varphi.\vec{B} \\ &= -\varphi^+\frac{q}{m}\vec{S}\varphi.\vec{B} \\ &= -\varphi^+\vec{\mu}\varphi.\vec{B}, \end{aligned} \tag{3.148}$$

où $\vec{S}=\frac{\vec{\sigma}}{2}$ est l'opérateur de spin et $\vec{\mu}=\frac{q}{m}\vec{S}$. L'énergie moyenne s'obtient en intégrant sur l'espace :

$$\langle W_s\rangle = -\int \varphi^+\vec{\mu}\varphi.\vec{B}d^3x. \tag{3.149}$$

Dans un champ magnétique statique, $\langle W_s\rangle = -\langle\vec{\mu}\rangle.\vec{B}$. On retrouve alors l'expression classique de l'énergie potentielle d'un moment magnétique. L'opérateur de moment magnétique est donc :

$$\vec{\mu} = \frac{-q}{m}\vec{S} = g\frac{e}{2m}\vec{S}, \tag{3.150}$$

où e est la charge élémentaire et g le facteur de Landé. Pour l'électron, on trouve $g=-2$ qui est une conséquence directe de l'équation de Dirac. Il existe des corrections à ce moment magnétique qui proviennent des ordres supérieurs du développement perturbatif. La première est illustrée sur la figure 3.10 (b). On parle alors de moment magnétique anomal. On montre que :

$$g = 2\left[1+\frac{\alpha}{2\pi}+O(\alpha^2)\right], \tag{3.151}$$

où $\alpha=\frac{1}{137.01}$ est la constante de structure fine. La mesure du moment magnétique anomal de l'électron est le test le plus précis de l'électrodynamique quantique avec :

$$g_{\text{mesure}} = 2(1+0.001159652180730 \pm 0.000000000000260),$$

et

$$g_{\text{théorique}} = 2(1+0.001159652181643 \pm 0.000000000000764).$$

Pour un positron, $\psi^{(-)}=\begin{pmatrix}\frac{\vec{k}.\vec{\sigma}}{m+E_k}\chi\\ \chi\end{pmatrix}\to\begin{pmatrix}0\\ \chi\end{pmatrix}$. On trouve le même résultat avec un signe opposé à cause de la présence de la matrice γ^0 et $g=2$. Dans les deux cas le terme proportionnel à $\vec{E}$ disparaît.

Imaginons un courant de la forme $id\bar{\psi}\gamma^5\sigma^{\mu\nu}\psi$. Un tel terme est absent du courant de Dirac mais peut être générés par des boucles d'ordre supérieur. Un tel terme viole les symétries de parité (présence de la matrice γ^5) et de renversement du temps (facteur i). L'interaction faible peut générer un tel terme à l'ordre 4 (pour le proton ou le neutron) ou 6 (pour l'électron) du développement perturbatif. Dans le calcul de l'énergie, c'est le terme proportionnel au champ électrique qui subsiste. La facteur i assure que l'énergie est réelle. On a alors :

$$W_s = \frac{-qd}{2m}\varphi^+\vec{\sigma}\varphi.\vec{E}, \quad (3.152)$$

qui correspond à un moment dipolaire électrique.

5 Règles et diagrammes de Feynman

Sur la base des deux exemples précédents, on peut dégager quelques principes généraux pour toutes les diffusions. On se rappelle en particulier, que les ondes planes s'écrivent pour tous les champs :

$$\psi(x) = \frac{1}{(2\pi)^{\frac{3}{2}}\sqrt{2E_p}} Z e^{\pm i p_\mu x^\mu}, \quad (3.153)$$

où Z porte la structure mathématique du champ : 1 pour un champ scalaire, spineurs u et v pour un champ spinoriel, vecteur de polarisation ε_μ pour un champ vectoriel. Pour tout diagramme :

- chaque ligne externe, entrante ou sortante amène un facteur $\frac{1}{(2\pi)^{\frac{3}{2}}\sqrt{2E}}$ où E est l'énergie de la particule. Ce facteur vient de la normalisation des fonctions d'ondes libres que nous avons judicieusement choisies identique pour toutes les ondes planes ;
- chaque ligne externe, entrante ou sortante amène un facteur Z qui contribue à l'amplitude de Feynman ;
- chaque vertex au point x fait apparaître une intégration sur d^4x qui résulte en un facteur $(2\pi)^4\delta^4 P$ où P est le bilan des quadri-impulsions entrantes et sortantes du vertex ;
- chaque vertex fait apparaître un couplage $q\gamma^\mu$;
- chaque ligne interne reliant les vertex x et y fait apparaître une intégration sur $\frac{d^4q}{(2\pi)^4}$ et un propagateur en espace de Fourier (S_F pour un fermion, $D_F^{\mu\nu}$ pour un photon) ;
- l'intégration sur tous les d^4q des $\delta^4 P$ de tous les vertex fixent d'une part la conservation de l'énergie et de l'impulsion globale ($\delta^4(P_i - P_f)$), d'autre part la conservation de la 4-impulsion à chaque vertex ;
- pour les diagrammes sans boucles, il y a toujours une ligne interne de moins que de vertex, il reste donc un facteur $(2\pi)^4$.

Finalement, la matrice de diffusion peut toujours s'écrire sous la forme :

$$S_{fi}^{ep\to ep} = i(2\pi)^4\delta^4(P_i - P_f)\prod_i \frac{1}{(2\pi)^{\frac{3}{2}}\sqrt{2E_i}}\mathcal{M}_{fi}, \quad (3.154)$$

où l'amplitude de Feynman ne fait intervenir que les facteurs Z des ondes entrantes et sortantes, un ou plusieurs propagateur en espace de Fourier ainsi que des termes associés à chaque vertex. Chaque élément de l'amplitude peut s'associer de manière unique à une partie du diagramme espace-temps de la diffusion. Un tel diagramme est un diagramme de Feynman et les facteurs de l'amplitude associés à chaque partie du diagramme est une règle de Feynman.

Pour calculer la matrice de diffusion, la méthode des diagrammes de Feynman consiste simplement en :

(1) Déterminer, jusqu'à un ordre n fixé du développement perturbatif l'ensemble des diagrammes topologiquement distincts reliant l'état initial et l'état final. Par topologiquement distinct on entend deux diagrammes qui ne peuvent se transformer l'un dans l'autre par déformation continue dans le plan. Un diagramme d'ordre n possède n vertex.

(2) Traduire chaque diagramme en amplitude de Feynman à partir d'une liste de règles qui sont indépendantes du processus global. Chaque règle de Feynman est un facteur multiplicatif. Les diagrammes se lisent en remontant les lignes fermioniques dans le temps (sens inverse des flèches). Les seuls facteurs qui ne commutent pas sont les termes spinoriels et les matrices de Dirac. Chaque ligne fermionique résulte en un terme de courant J_μ où l'indice μ doit se contracter soit sur un photon externe (vecteur de polarisation ε^μ) soit sur un propagateur de photon ($D_F^{\mu\nu}$) reliant deux courants fermioniques.

(3) Sommer l'amplitude de chaque diagramme pour obtenir l'amplitude de Feynman totale, puis la matrice de diffusion.

L'ensemble des règles de Feynman pour l'électromagnétisme est donné dans la suite.

5.1 Règles pour lignes externes

Les lignes externes correspondent à toutes les particules initiales et finales de la diffusion. Les règles et conventions de diagramme pour chacune sont résumées dans la table 3.1. Pour les photons, on peut toujours choisir des vecteurs de polarisations réels, soit $\varepsilon^{\mu *}(\lambda) = \varepsilon^\mu(\lambda)$. Il n'y a pas de scalaire en électromagnétisme. Cependant, dans le modèle standard de la physique des particules il existe un boson scalaire, le boson de Higgs.

5.2 Règles pour lignes internes

Les lignes internes correspondent aux propagateurs en espace de Fourier et les règles correspondantes figurent dans la table 3.2. La quadri-impulsion est fixée par les impulsions des lignes externes connectées au vertex (conservation de la quadri-impulsion à chaque vertex). En revanche la norme de la quadri-impulsion n'est pas nécessairement (en général jamais) la masse physique de la particule. On parle de particule virtuelle qui n'a d'existence que comme un état transitoire entre l'état initial et l'état final. On parle aussi de particule hors couche de masse. Dans le cas particulier où la condition $p^2 = m^2$ est vérifiée il y a un effet résonnant. Le calcul doit alors prendre en compte

Table 3.1 – Règles de Feynman pour les lignes externes.

Objet physique	Diagramme	Règle de Feynman
fermion initial	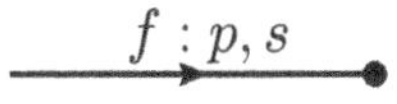 $f : p, s$	$u_{p,s}$
fermion final	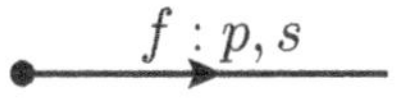 $f : p, s$	$\bar{u}_{p,s}$
antifermion initial	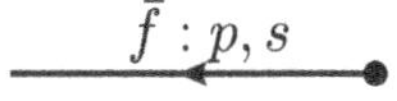 $\bar{f} : p, s$	$\bar{v}_{p,s}$
antifermion final	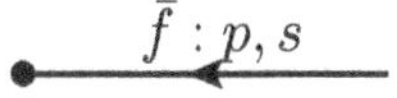 $\bar{f} : p, s$	$v_{p,s}$
photon (vecteur) entrant	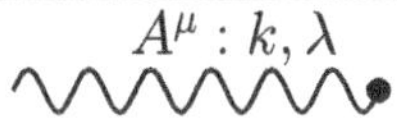 $A^{\mu} : k, \lambda$	$\varepsilon^{\mu}(\lambda)$
photon (vecteur) sortant	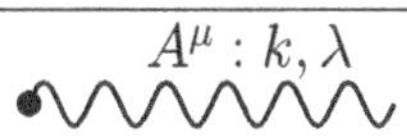 $A^{\mu} : k, \lambda$	$\varepsilon^{\mu *}(\lambda)$
(anti)scalaire entrant	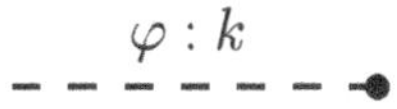 $\varphi : k$	1
(anti)scalaire sortant	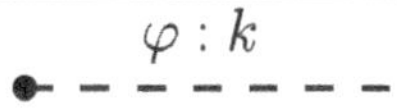 $\varphi : k$	1

les ordres supérieurs (diagrammes à boucles) et le terme $+i\varepsilon$ joue un rôle crucial dans la régularisation de la divergence. Pour les diagrammes sans boucle, à l'ordre le plus bas de la théorie de perturbation, qui nous intéressent ici on peut ignorer ce petit terme imaginaire et prendre immédiatement la limite $\varepsilon \to 0$.

Il faut se rappeler que le propagateur du photon dépend du choix de jauge. Une expression plus générale serait :

$$\frac{-ig_{\mu\nu} + i\xi \frac{q_\mu q_\nu}{q^2}}{q^2 + i\varepsilon} \tag{3.155}$$

Table 3.2 – Règles de Feynman pour les propagateurs.

Objet physique	Diagramme	Règle de Feynman
propagateur scalaire	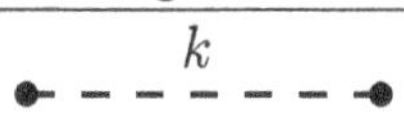 k	$\dfrac{i}{k^2 - m^2 + i\varepsilon}$
propagateur fermionique	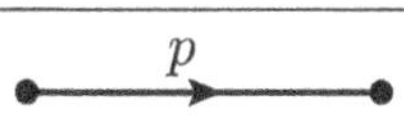 p	$\dfrac{i(p^{\mu}\gamma_{\mu} + m)}{p^2 - m^2 + i\varepsilon}$
propagateur vectoriel (photon)	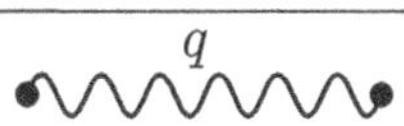 q	$\dfrac{-ig_{\mu\nu}}{q^2 + i\varepsilon}$
propagateur vectoriel massif	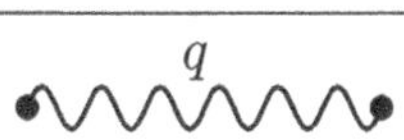 q	$\dfrac{-i\left(g_{\mu\nu} - \frac{q_\mu q_\nu}{M^2}\right)}{q^2 - M^2 + i\varepsilon}$

où $0 \leq \xi \leq 1$. Comme le carré de l'amplitude ne doit pas dépendre du choix de jauge, substituer $q^\mu q^\nu$ à $g^{\mu\nu}$ dans l'expression doit donner 0. C'est un moyen de vérifier la validité de ses calculs.

5.3 Règle de vertex

Il n'existe qu'un unique vertex en électromagnétisme qui couple un courant fermionique au photon (table 3.3). Les vertex des interactions forte et faible seront discutés au chapitre suivant.

Table 3.3 – Règle de Feynman du vertex électromagnétique.

Objet physique	Diagramme	Règle de Feynman
Vertex électromagnétique	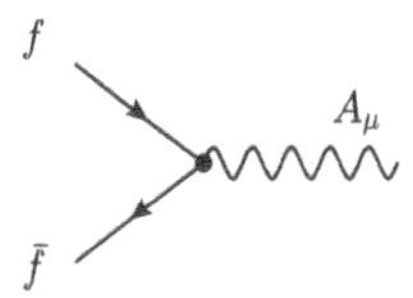	$-ieQ\gamma_\mu$

Ce vertex, avec toutes ses orientations possibles est la brique de base de tous les diagrammes de Feynman en électrodynamique quantique. Dans cette règle, Q désigne la charge électrique du champ fermionique en interaction et e la charge élémentaire. Le signe de la charge n'a pas d'incidence puisque le calcul de la probabilité de diffusion nécessite d'élever l'élément de matrice au carré. Les interactions faible et forte présentent des vertex similaires où le photon est remplacé par un boson $W^\pm$, Z ou un gluon, mais également des vertex impliquant trois ou quatre bosons vecteurs qui ont des règles spécifiques.

5.4 Signe relatif entre diagrammes

Si un seul diagramme existe pour le processus étudié le signe absolu du diagramme n'a pas réellement d'importance puisqu'on va calculer la norme au carré. En revanche, s'il y a plusieurs diagrammes le signe relatif entre deux diagrammes va intervenir dans l'interférence des diagrammes. On a un facteur relatif -1 si deux graphes ne diffèrent que par l'échange de deux lignes fermioniques. Par exemple :

- La diffusion électron-électron,

$$e^-(p_1, s_1) + e^-(p_2, s_2) \to e^-(p_3, s_3) + e^-(p_4, s_4),$$

  admet deux diagrammes donnés sur la figure 3.11. On obtient le premier diagramme en inversant les connexions des deux lignes finales du second.

- La diffusion électron-positron,

$$e^-(p_1, s_1) + e^+(p_2, s_2) \to e^+(p_3, s_3) + e^-(p_4, s_4)$$

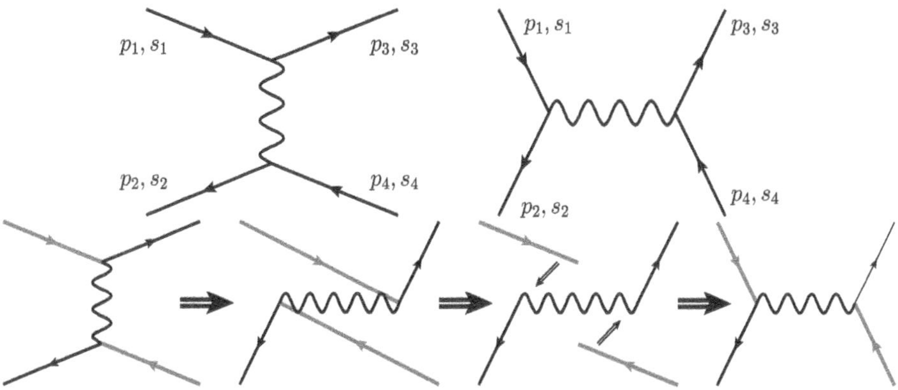

Figure 3.11 – Diagrammes de Feynman de la diffusion $e^-e^+ \to e^-e^+$ (en haut) et transformation discontinue de l'un en l'autre (en bas).

admet également deux diagrammes. On obtient le second diagramme en transformant continûment (diagramme topologiquement équivalent) le premier puis inversant les connexions d'une ligne initiale et d'une ligne finale comme illustré sur la figure 3.12.

Dans ces deux exemples, il faut ajouter un facteur -1 à l'une des amplitudes, ce qui conduira à une interférence négative. À l'inverse dans l'effet Compton, les lignes fermioniques sont identiques dans les deux diagrammes et les amplitudes s'ajoutent.

Il existe d'autres règles pour traiter les boucles dans les diagrammes. Ces boucles n'apparaissent que dans les ordres supérieurs du développement perturbatif et ne seront pas discutées dans cet ouvrage.

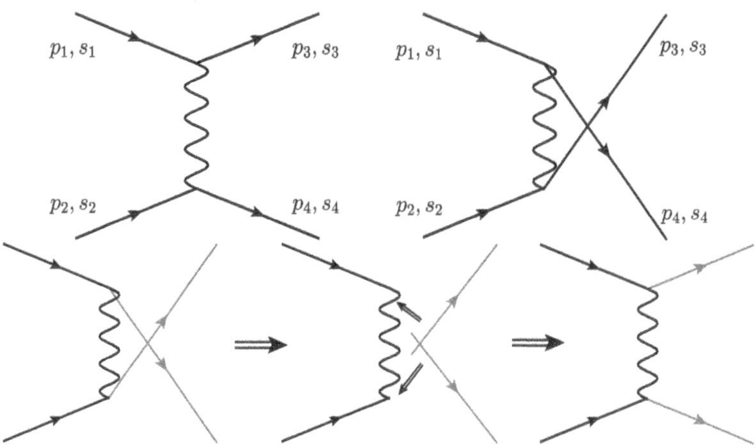

Figure 3.12 – Diagrammes de Feynman de la diffusion $e^-e^- \to e^-e^-$ (en haut) et transformation discontinue de l'un en l'autre (en bas).

L'essentiel

Points clés

1. La diffusion décrit l'interaction dans un volume d'espace-temps fini entre un état initial composé de particules libres à $t \to -\infty$ et un état final, également composé de particules libres, à $t \to +\infty$

2. Le principe de Huygens généralisé permet d'aboutir à l'équation intégrale de Lippmann-Schwinger qui relie l'onde diffusée à l'onde libre initiale. Dans son développement perturbatif, l'onde diffusée ne fait intervenir que les ondes libres, le propagateur libre et le potentiel d'interaction.

3. Le propagateur libre ou fonction de Green est la fonction qui permet de calculer la fonction d'onde au temps t' la connaissant au temps t. En espace réel, le propagateur s'obtient par le recouvrement des fonctions d'onde initiale et finale. En espace de Fourier le propagateur donne la règle de Feynman d'une particule virtuelle.

4. Les diagrammes de Feynman sont une représentation graphique du développement perturbatif de la matrice de diffusion à un ordre donné. Ils permettent de trouver facilement l'expression de la matrice de diffusion, chaque élément du diagramme étant associé à un facteur spécifique, dit règle de Feynman.

Chapitre 4

Calcul de sections efficaces

Introduction

La dernière étape de notre théorie est le calcul des observables que sont les largeurs de désintégration et les sections efficaces à l'amplitude de diffusion. Ce calcul se fait en traitant séparément l'état initial, l'interaction et l'état final. Ce dernier définit l'espace de phase de la diffusion qui traduit la cinématique de la diffusion. La dynamique de l'interaction est encodée dans l'amplitude de Feynman dont le carré va pouvoir s'exprimer en fonction de produits scalaires des quadri-impulsions en jeu dans le processus.

Objectifs

Connaître les formules reliant section efficace et largeur à l'élément de matrice et à l'espace de phase.

Définir les espaces de phase à deux et trois corps.

Définir les variable de Mandelstam pour un processus $2 \to 2$.

Expliquer le calcul de l'élément de matrice au carré moyenné et les règles de trace.

Plan

1 Observables
2 Espace de phase
3 Calcul de $|\mathcal{M}_{fi}|^2$

1 Observables

1.1 Probabilité de diffusion

La probabilité de diffusion est donnée par le carré de l'amplitude de diffusion :

$$P_{fi} = |S_{fi}|^2 = \left[(2\pi)^4\delta^4(P_f - P_i)\right]^2 \prod \frac{1}{(2\pi)^3 2E_i} |\mathcal{M}_{fi}|^2. \tag{4.1}$$

Dans cette expression, le carré d'une distribution de Dirac n'est pas mathématiquement défini. Cependant, comme l'intégration sur l'un des Dirac va imposer $P_f = P_i$, on peut modifier cette expression en :

$$\left[(2\pi)^4\delta^4(P_f - P_i)\right]^2 = (2\pi)^4\delta^4(P_f - P_i)(2\pi)^4\delta^4(0), \tag{4.2}$$

avec :

$$(2\pi)^4\delta^4(q) = \int e^{-iqx}d^4x = \lim_{T,L\to+\infty} \int_{-\frac{T}{2}}^{\frac{T}{2}} \int_{-\frac{L}{2}}^{\frac{L}{2}} \int_{-\frac{L}{2}}^{\frac{L}{2}} \int_{-\frac{L}{2}}^{\frac{L}{2}} e^{-iqx}d^4x. \tag{4.3}$$

Dans cette dernière expression, T et $V = L^3$ peuvent se voir comme la durée et le volume caractéristique de l'interaction. La limite indique que le résultat final (c'est-à-dire les observables) ne doit pas dépendre de ces paramètres indéterminés. Il faut cependant passer par cette étape pour pouvoir déterminer $\delta^4(0)$:

$$(2\pi)^4\delta^4(0) = \lim_{T,L\to+\infty} TL^3 = \lim_{T,V\to+\infty} TV. \tag{4.4}$$

Dans la suite des calculs, cette limite sera omise pour alléger les expressions. Si l'interaction est limitée à un certain volume d'espace, les impulsions sont quantifiées et la normalisation volumique des fonctions d'onde devient ;

$$\psi(x) = \frac{1}{(2\pi)^{\frac{3}{2}}} \frac{1}{\sqrt{2E_i}} Ze^{ik_\mu x^\mu} \to \psi_V(x) = \frac{1}{\sqrt{V}} \frac{1}{\sqrt{2E_i}} Ze^{ik_\mu x^\mu}. \tag{4.5}$$

La probabilité de transition par unité de temps (taux de transition) :

$$\begin{aligned} R_{fi} &= \frac{P_{fi}}{T} \\ &= (2\pi)^4\delta^4(P_f - P_i)V^{1-n_i-n_f} \prod_{i=1}^{n_i+n_f} \frac{1}{2E_i} |\mathcal{M}_{fi}|^2, \end{aligned} \tag{4.6}$$

où n_i est le nombre de particules initiales et n_f le nombre de particules finales. Expérimentalement, dans un processus de diffusion, les états initiaux et finaux ne sont pas strictement équivalents. L'état initial est préparé, c'est-à-dire parfaitement spécifié en termes d'impulsion et de polarisation (état pur ou superposition d'états). Par exemple, dans une collision entre deux faisceaux de particules non polarisées, l'énergie et l'impulsion sont parfaitement définies (énergie et direction du faisceau contrôlées par l'accélérateur), et les deux états de polarisation sont présents à 50%. À l'inverse pour obtenir la probabilité d'observer un état final, il faut multiplier la probabilité de transition par le nombre d'états présents dans un intervalle infinitésimal d'espace impulsionnel $dP_f = \prod_{f=1}^{n_f} d^3p_f$ où le produit porte sur l'ensemble des particules finales. Dans un volume $V = L^3$ fini, la quantification des impulsions pour une particule est :

$$p_{x,y,z} = \frac{2\pi}{L} n_{x,y,z}. \tag{4.7}$$

Dans un élément de volume, le nombre d'états est :

$$d^3n = dn_x dn_y dn_z = \frac{V}{(2\pi)^3} d^3p, \tag{4.8}$$

d'où pour l'ensemble des particules de l'état final :

$$dN = \prod_{f=1}^{n_f} d^3n_f = \prod_{f=1}^{n_f} \frac{V}{(2\pi)^3} d^3p_f = V^{n_f} \prod_{f=1}^{n_f} \frac{d^3p_f}{(2\pi)^3}. \tag{4.9}$$

Le taux d'états finals observé à partir d'un état initial spécifié est :

$$dW_{fi} = R_{fi}dN = (2\pi)^4\delta^4(P_f - P_i)V^{1-n_i}\prod_{i=1}^{n_i+n_f}\frac{1}{2E_i}|\mathcal{M}_{fi}|^2\prod_{f=1}^{n_f}\frac{d^3p_f}{(2\pi)^3}. \quad (4.10)$$

On définit l'espace de phase à n corps, qui permet de décrire un état final à n particules par :

$$d\Phi_n = (2\pi)^4\delta^4(P_f - P_i)\prod_{f=1}^{n}\frac{d^3p_f}{2E_f(2\pi)^3}. \quad (4.11)$$

On vérifie que cet espace de phase est un invariant de Lorentz, tout comme l'amplitude de Feynman. Finalement :

$$dW_{fi} = V^{1-n_i}\prod_{i=1}^{n_i}\frac{1}{2E_i}|\mathcal{M}_{fi}|^2 d\Phi_{n_f} = V^{1-n_i}d\tilde{W}_{fi}. \quad (4.12)$$

1.2 Largeur et section efficace

La grandeur dW_{fi} est le taux d'observation de l'état final f à partir de l'état initial i pour une interaction dans un volume V. Le nombre total d'événement observés $\dot{n}$ par unité de temps s'obtient en intégrant dW_{fi} sur l'espace de phase, soit :

$$\dot{n} = n_0 S_d \int dW_{fi}, \quad (4.13)$$

où n_0 désigne le nombre d'interactions possibles. Il nous reste à faire disparaître les volumes V dont les observables ne doivent pas dépendre. Le facteur S_d permet de prendre en compte la nature discernable ou indiscernable des particules de l'état final. En effet pour n particules indiscernables (deux photons par exemple), on va compter $n!$ fois chaque configuration d'impulsion lors de l'intégration sur l'espace de phase. Pour des particules indiscernables, $S_d = 1$. Pour n particules discernables, $S_d = 1/n!$.

On va se limiter à l'étude des deux types de processus les plus simples :

- processus $1 \to N$: il s'agit de la désintégration d'une particule instable de masse M. La largeur de désintégration est définie par :

$$\dot{n} = n_0\Gamma = n_0 S_d \int dW_{fi}, \quad (4.14)$$

où n est le nombre de désintégrations. La largeur différentielle est alors :

$$d\Gamma = dW_{fi} = d\tilde{W}_{fi} = \frac{1}{2E}|\mathcal{M}_{fi}|^2 d\Phi_N, \quad (4.15)$$

où E est l'énergie de l'unique particule initiale. Dans ce cas le volume de normalisation disparaît automatiquement et la limite $L \to +\infty$ ne modifie rien. Si on se place dans le référentiel du centre de masse, la largeur différentielle devient :

$$d\Gamma_{cdm} = \frac{1}{2M}|\mathcal{M}_{fi}|^2 d\Phi_N. \quad (4.16)$$

Enfin la largeur totale est :

$$\Gamma = S_d \int d\Gamma = \int \frac{1}{2M}|\mathcal{M}_{fi}|^2 d\Phi_N. \qquad (4.17)$$

- $2 \to N$: collisions entre deux particules. On a alors :

$$\dot{n} = n_0 S_d \int dW_{fi} = S_d \frac{n_0}{V} \int d\tilde{W}_{fi}, \qquad (4.18)$$

où n_0 est le nombre d'interactions possibles entre 2 particules. Le terme $\frac{1}{V}$ peut s'interpréter comme l'inverse du volume d'une interaction, c'est-à-dire la densité d'interaction. Macroscopiquement, un processus $2 \to N$ est réalisé par collision d'un faisceau de particules sur une cible fixe ou sur un autre faisceau. Dans ce dernier cas, on se ramène à une cible fixe en se plaçant dans le référentiel au repos d'un des deux faisceaux. Sur cible fixe, les paramètres macroscopiques sont : le flux de particules incidentes Φ, la densité de la cible ρ, son épaisseur ε et la surface de recouvrement ξ entre la cible et le faisceau incident (le faisceau est en général plus fin que la cible et bien centré, alors ξ est la section du faisceau). Ces paramètres sont illustrés sur la figure 4.1.

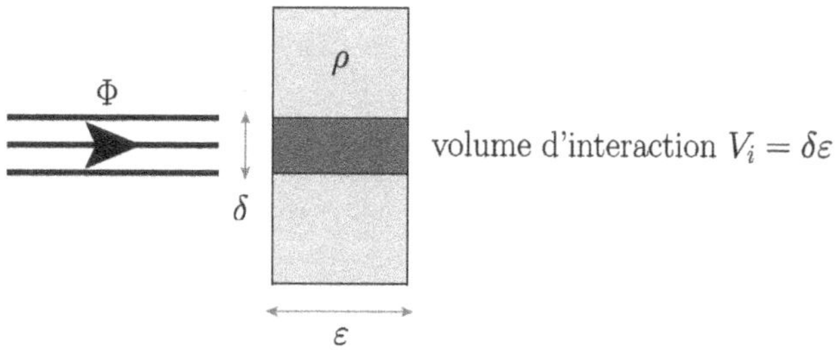

Figure 4.1 – Collision sur cible fixe.

Le nombre total d'interactions observées par unité de temps est, *a priori*, proportionnel :

- au flux de particules incidentes ;
- à la densité de la cible ;
- au volume de recouvrement $V_i = \varepsilon\xi$.

On définit la luminosité instantanée $\mathcal{L}$ par :

$$\mathcal{L} = \Phi\rho\varepsilon\xi. \qquad (4.19)$$

Dimensionnellement, la luminosité est une surface par unité de temps. Le coefficient de proportionnalité qui relie la luminosité au nombre total d'interaction observé par unité de temps est la section efficace σ qui est homogène à une surface :

$$\dot{n} = \mathcal{L}\sigma = \Phi\rho\varepsilon\xi\sigma. \qquad (4.20)$$

La luminosité contient les paramètres macroscopiques de l'expérience alors que la section efficace décrit l'interaction élémentaire entre deux particules. Pendant l'interaction il y a N_A particules de faisceau et N_B particules de cible dans le volume de recouvrement V_i. Ces nombres s'expriment en fonction des paramètres macroscopiques par :

$$\rho = \frac{N_B}{\varepsilon\xi}, \qquad \Phi = \frac{N_A}{\frac{\varepsilon}{\beta}\xi} = \frac{\beta N_A}{\varepsilon\xi}, \tag{4.21}$$

où β est la norme de la vitesse des particules incidentes (en unités naturelles). Par ailleurs, la densité d'interactions (nombre d'interactions par unité de volume) est :

$$\eta = \frac{n_0}{V_i} = \frac{1}{V}. \tag{4.22}$$

On peut également calculer le carré de cette densité à partir des densités de particules de faisceau et de cible :

$$\eta^2 = \frac{N_A}{\varepsilon\xi}\frac{N_B}{\varepsilon\xi} = \frac{n_0}{VV_i}, \tag{4.23}$$

soit en combinant ces deux relations :

$$\frac{\dot{n}}{\varepsilon\xi} = S_d \frac{n_0}{V\varepsilon\xi}\int d\tilde{W}_{fi} = S_d \frac{N_A N_B}{(\varepsilon\xi)^2}\int d\tilde{W}_{fi}, \tag{4.24}$$

d'où l'expression de la section efficace totale :

$$\sigma = S_d \frac{\dot{n}}{\Phi\rho\varepsilon\xi} = S_d \frac{\varepsilon\xi}{\beta N_A}\frac{\varepsilon\xi}{N_B}\frac{N_A N_B}{(\varepsilon\xi)^2}\int d\tilde{W}_{fi} = S_d \frac{1}{\beta}\int d\tilde{W}_{fi}. \tag{4.25}$$

Comme attendu, cette expression ne dépend plus du volume V. La section efficace différentielle est alors :

$$d\sigma = \frac{1}{\beta} d\tilde{W}_{fi} = \frac{1}{4E_1E_2\beta}|\mathcal{M}_{fi}|^2 d\Phi_N, \tag{4.26}$$

Pour que la section efficace ne dépende pas du référentiel, le facteur $4E_1E_2\beta$ doit être invariant de Lorentz. C'est un cas particulier d'une relation plus générale. Calculons dans un référentiel quelconque l'expression :

$$\begin{aligned}(p_{1\mu}p_2^{\mu})^2 - (m_1m_2)^2 &= (E_1E_2 - \vec{p}_1\cdot\vec{p}_2)^2 - (E_1^2 - \vec{p}_1^{\,2})(E_2^2 - \vec{p}_2^{\,2}) \\ &= -2E_1E_2\vec{p}_1\cdot\vec{p}_2 + E_1^2\vec{p}_2^{\,2} + E_2^2\vec{p}_1^{\,2} \\ &= (E_1\vec{p}_2 - E_2\vec{p}_1)^2 \\ &= (E_1E_2)^2\left(\frac{\vec{p}_1}{E_1} - \frac{\vec{p}_2}{E_2}\right)^2 \\ &= (E_1E_2)^2(\vec{\beta}_1 - \vec{\beta}_2)^2,\end{aligned} \tag{4.27}$$

où $\vec{\beta}_1$ et $\vec{\beta}_2$ sont les vitesses des deux particules et $\vec{\beta}_1 - \vec{\beta}_2$ est la vitesse relative des particules dans le référentiel. Dans la dernière égalité, on a utilisé :

$$p = (E, \vec{p}) = (\gamma m, \gamma m\vec{\beta}) \Rightarrow \vec{p} = E\vec{\beta}. \tag{4.28}$$

Dans le cas particulier de la cible fixe, $\beta_2 = 0$. Le dénominateur dans la section efficace différentielle est :

$$4E_1E_2\beta_1 = 4\sqrt{E_1^2E_2^2\left(\vec{\beta}_1 + \vec{0}\right)^2} = 4\sqrt{(p_{1\mu}p_2^{\mu})^2 - (m_1m_2)^2}. \quad (4.29)$$

Cette expression est bien invariante de Lorentz. Dans un référentiel quelconque on a donc :

$$d\sigma = \frac{1}{F}|\mathcal{M}_{fi}|^2 d\Phi_N \text{ avec } F = 4\sqrt{(p_{1\mu}p_2^{\mu})^2 - (m_1m_2)^2}. \quad (4.30)$$

Le dénominateur F s'appelle le flux de Møller.

2 Espace de phase

2.1 Propriété de la distribution de Dirac

Commençons par rappeler quelques propriétés des distributions de Dirac. Pour une fonction f dérivable, on peut relier $\delta(f(x))$ et $\delta(x)$ par :

$$\delta(f(x)) = \sum_i \frac{\delta(x - x_i)}{|f'(x_i)|}, \quad (4.31)$$

où les x_i sont les zéros de la fonction f. Un cas particulier de cette relation est la multiplication par une constante qui donne :

$$\delta(\alpha x) = \frac{1}{\alpha}\delta(x). \quad (4.32)$$

On peut utiliser ce résultat pour transformer une intégrale sur d^3p en intégrale sur d^4p :

$$\begin{aligned}
\int d^4p\delta(p^2 - m^2)\Theta(p_0) &= \int d^3p \int dp_0\delta(p_\mu p^\mu - m^2)\Theta(p_0) \\
&= \int d^3p \int dp_0\delta(p_0^2 - \vec{p}^2 - m^2)\Theta(p_0) \\
&= \int d^3p \int dp_0\delta(p_0^2 - E_p^2)\Theta(p_0) \quad (4.33) \\
&= \int d^3p \int dp_0 \left[\frac{\delta(p_0 - E_p)}{2E_p}\Theta(p_0) + \underbrace{\frac{\delta(p_0 + E_p)}{2E_p}\Theta(p_0)}_{=0 \text{ car } \Theta(p_0) \Rightarrow p_0 > 0}\right].
\end{aligned}$$

Finalement en intégrant sur p_0 :

$$\int \frac{d^3p}{2E_p} = \int d^4p\delta(p_\mu p^\mu - m^2)\Theta(p_0). \quad (4.34)$$

Ce résultat va être de première importance pour intégrer le $\delta^4(P_f - P_i)$ sur l'espace de phase qui ne contient que des éléments différentiels d^3p.

2.2 Espace de phase à deux corps

Considérons un état final à deux particules de quadri-impulsions respectives p_1 et p_2. L'état initial n'est pas spécifié, on se contentera de connaître l'impulsion initiale totale P_i. On veut transformer l'espace de phase pour exprimer une section efficace différentielle en fonction de l'énergie où en fonction de l'angle solide des particules finales dans un référentiel donné. Pour cela on modifie l'intégration de l'espace de phase :

$$\begin{aligned}\int d\Phi_2 &= \int (2\pi)^4 \frac{d^3p_1}{2E_1}\frac{d^3p_2}{2E_2}\frac{1}{(2\pi)^6}\delta^4(P_i - p_1 - p_2) \\ &= \frac{1}{4\pi^2}\int \frac{d^3p_1}{2E_1}\int d^4p_2\delta^4(P_i - p_1 - p_2)\delta(p_2^2 - m_2^2)\Theta(p_2^0) \\ &= \frac{1}{4\pi^2}\int \frac{d^3p_1}{2E_1}\delta\left((P_i - p_1))^2 - m_2^2\right)\Theta(E_i - E_1). \end{aligned} \tag{4.35}$$

L'élément différentiel en coordonnées sphériques devient :

$$d^3p_1 = |\vec{p}_1|^2 d|\vec{p}_1| \, d\cos\theta d\varphi = |\vec{p}_1|^2 d|\vec{p}_1| \, d\Omega. \tag{4.36}$$

En différenciant la relation masse énergie pour une quadri-impulsion quelconque $m^2 = E^2 - |\vec{p}|^2$, il vient :

$$d(m^2) = 0 = 2EdE - 2|\vec{p}|\, d|\vec{p}| \Rightarrow |\vec{p}|\, d|\vec{p}| = EdE, \tag{4.37}$$

soit :

$$d^3p_1 = |p_1|E_1 dE_1 d\Omega. \tag{4.38}$$

Si on se place dans le référentiel du centre de masse de la collision, par définition :

$$\vec{p}_1^{\,*} + \vec{p}_2^{\,*} = 0, \qquad E_1^* + E_2^* = \sqrt{s}, \qquad P_i = (\sqrt{s}, \vec{0}), \tag{4.39}$$

alors :

$$\begin{aligned}\int d\Phi_2 &= \frac{1}{8\pi^2}\int dE_1^* d\Omega^* \left|\vec{p}_1^{\,*}\right| \delta\left(s - 2\sqrt{s}E_1^* + m_1^2 - m_2^2\right)\Theta(\sqrt{s} - E_1^*) \\ &= \frac{1}{8\pi^2}\int dE_1^* d\Omega^* \frac{1}{2\sqrt{s}}\left|\vec{p}_1^{\,*}\right| \delta\left(E_1^* - \frac{s + m_1^2 - m_2^2}{2\sqrt{s}}\right)\Theta(\sqrt{s} - E_1^*) \\ &= \frac{1}{8\pi^2}\int_0^{\sqrt{s}} dE_1^* \int d\Omega^* \frac{1}{2\sqrt{s}}\left|\vec{p}_1^{\,*}\right| \delta\left(E_1^* - \frac{s + m_1^2 - m_2^2}{2\sqrt{s}}\right) \\ &= \frac{1}{16\pi^2\sqrt{s}}\int_0^{\sqrt{s}} dE_1^* \int d\Omega^* \left|\vec{p}_1^{\,*}\right| \delta\left(E_1^* - \frac{s + m_1^2 - m_2^2}{2\sqrt{s}}\right). \end{aligned} \tag{4.40}$$

L'intégration de la distribution de Dirac sur E_1 fixe la condition cinématique :

$$E_1^* = \frac{s + m_1^2 - m_2^2}{2\sqrt{s}}. \tag{4.41}$$

Cette relation avait été démontrée au chapitre 1. On obtient pour l'impulsion :

$$|\vec{p}_1^*| = |\vec{p}_2^*| = \sqrt{E_1^{*2} - m_1^2} = \sqrt{\frac{(s + m_1^2 - m_2^2)^2 - 4sm_1^2}{4s}}$$
$$= \sqrt{\frac{s^2 + m_1^4 + m_2^4 - 2sm_1^2 - 2sm_2^2 - 2m_1^2m_2^2}{4s}}$$
$$= \sqrt{\frac{\Delta(s, m_1^2, m_2^2)}{4s}}, \quad (4.42)$$

où on définit la fonction triangle ou fonction de Källén, Δ, par :

$$\Delta(a, b, c) = a^2 + b^2 + c^2 - 2ab - 2bc - 2ca. \quad (4.43)$$

Finalement, l'intégrale sur l'espace de phase donne :

$$\int d\Phi_2 = \frac{1}{16\pi^2\sqrt{s}}|\vec{p}_1^{\,*}| \int d\Omega^* = \frac{1}{32\pi^2 s}\sqrt{\Delta(s, m_1^2, m_2^2)} \int d\Omega^*. \quad (4.44)$$

2.3 Désintégration 1 → 2

La largeur de désintégration différentielle est, dans le référentiel au repos de la particule initiale ($s = M^2$) :

$$\frac{d\Gamma}{d\Omega^*} = \frac{1}{32\pi^2 M^2}|\vec{p}_1^{\,*}||\mathcal{M}_{fi}|^2 = \frac{1}{64\pi^2 M^3}\sqrt{\Delta(M^2, m_1^2, m_2^2)}|\mathcal{M}_{fi}|^2. \quad (4.45)$$

En l'absence de polarisation, l'élément de matrice ne dépend pas de l'angle φ et $d\Omega^* = 2\pi d\cos\theta^*$ et la largeur devient :

$$\frac{d\Gamma}{d\cos\theta^*} = \frac{1}{16\pi M^2}|\vec{p}_1^{\,*}||\mathcal{M}_{fi}|^2 = \frac{1}{32\pi M^3}\sqrt{\Delta(M^2, m_1^2, m_2^2)}|\mathcal{M}_{fi}|^2. \quad (4.46)$$

2.4 Diffusion 2 → 2

Une diffusion 2 → 2 est un processus $a(p_1) + b(p_2) \to c(p_3) + d(p_4)$. On définit trois invariants de Lorentz, les variables de Mandelstam :

$$s = (p_1 + p_2)^2 = (p_3 + p_4)^2, \quad (4.47)$$
$$t = (p_3 - p_1)^2 = (p_4 - p_2)^2, \quad (4.48)$$
$$u = (p_4 - p_1)^2 = (p_3 - p_2)^2. \quad (4.49)$$

La variable s est le carré de l'énergie dans le centre de masse que nous avons déjà défini. La définition de t et u peut être sujette à ambiguïté puisqu'elle dépend de l'affectation des labels aux particules. Si des particules de l'état initial et final sont similaires, on définira t entre particules similaires et u entre particules de nature différente : par exemple pour l'effet Compton, t sera le carré de la norme de la différence des quadri-impulsions des deux photons (ou des deux électrons) alors que u sera le carré de la norme de la différence des quadri-impulsions entre un photon et un électron. Pour chaque diagramme de Feynman d'un processus 2 → 2, le carré de la norme de la quadri-impulsion du propagateur est soit s, soit t, soit u. On parle alors de diagramme en voie s, voie t ou voie u respectivement. La diffusion Compton présente deux diagrammes, un en voie s, un en voie u, alors que la diffusion électron proton possède un unique diagramme en voie t. Dans un diagramme en voie s, le propagateur est généralement représenté à l'horizontale alors qu'il sera vertical en voie t et u (éventuellement horizontal, avec des lignes qui se croisent). Ces trois variables ne sont pas indépendantes, en effet :

$$\begin{aligned}
2(t+u) &= (p_3-p_1)^2+(p_4-p_2)^2+(p_4-p_1)^2+(p_3-p_2)^2 \\
&= 2m_1^2+2m_2^2+2m_3^2+2m_4^2-2(p_1p_3+p_2p_4+p_3p_2+p_4p_1) \\
&= 2\sum_{i=1}^{4} m_i^2-2(p_1+p_2)(p_3+p_4) \\
&= 2\sum_{i=1}^{4} m_i^2-2s, \qquad (4.50)
\end{aligned}$$

soit :

$$s+t+u=\sum_{i=1}^{4} m_i^2. \qquad (4.51)$$

Dans le référentiel du centre de masse on définit :

$$p_i^*=|\vec{p}_1|=|\vec{p}_2|\,, \quad p_f^*=|\vec{p}_3|=|\vec{p}_4|\,. \qquad (4.52)$$

On a vu au paragraphe précédent que :

$$p_f^*=\sqrt{\frac{\Delta(s,m_3^2,m_4^2)}{4s}}. \qquad (4.53)$$

Par un calcul analogue, on trouve :

$$p_i^*=\sqrt{\frac{\Delta(s,m_1^2,m_2^2)}{4s}}. \qquad (4.54)$$

Le flux de Møller vaut :

$$\begin{aligned}
F &= 4\sqrt{(p_1.p_2)^2-(m_1m_2)^2} \\
&= 4\sqrt{(E_1^*E_2^*+p_i^{*2})^2-(m_1m_2)^2} \\
&= 4\sqrt{(m_1^2+p_i^{*2})(m_2^2+p_i^{*2})+2p_i^{*2}E_1^*E_2^*+p_i^{*4}-(m_1m_2)^2} \\
&= 4p_i^*\sqrt{m_1^2+m_2^2+2E_1^*E_2^*+2p_i^{*2}} \\
&= 4p_i^*\sqrt{(p_1+p_2)^2} \\
&= 4p_i^*\sqrt{s}, \qquad (4.55)
\end{aligned}$$

soit :

$$F = 4p_i^* \sqrt{s} = 2\sqrt{\Delta(s, m_1^2, m_2^2)}. \quad (4.56)$$

La section efficace différentielle dans le centre de masse est alors :

$$\frac{d\sigma}{d\Omega^*} = \frac{1}{64\pi^2 s} \frac{p_f^*}{p_i^*} |\mathcal{M}_{fi}|^2 = \frac{1}{64\pi^2 s} \sqrt{\frac{\Delta(s, m_3^2, m_4^2)}{\Delta(s, m_1^2, m_2^2)}} |\mathcal{M}_{fi}|^2. \quad (4.57)$$

Pour des particules non polarisées, l'amplitude Feynman ne dépend pas de φ et :

$$\frac{d\sigma}{d\text{cos}\theta^*} = \frac{1}{32\pi s} \frac{p_f^*}{p_i^*} |\mathcal{M}_{fi}|^2 = \frac{1}{32\pi s} \sqrt{\frac{\Delta(s, m_3^2, m_4^2)}{\Delta(s, m_1^2, m_2^2)}} |\mathcal{M}_{fi}|^2. \quad (4.58)$$

Il y a généralement au moins deux référentiels dans lesquels on veut déterminer la section efficace différentielle : le référentiel du centre de masse et le référentiel du laboratoire. Ils sont en général distincts. Plutôt que de passer d'un référentiel à l'autre on préfère donner une section efficace différentielle invariante de Lorentz. Pour un processus non polarisé, il n'y a qu'un unique paramètre libre, l'angle θ entre $\vec{p}_1$ et $\vec{p}_3$. Cet angle apparaît dans le développement de la variable de Mandelstam t. On va ainsi pouvoir relier t à l'angle solide dans n'importe quel référentiel :

$$t = m_1^2 + m_3^2 - 2E_1E_3 + 2\,|\vec{p}_1|\,|\vec{p}_3|\,\text{cos}\theta \Rightarrow dt = 2\,|\vec{p}_1|\,|\vec{p}_3|\,d\text{cos}\theta. \quad (4.59)$$

Dans le centre de masse :

$$t = 2p_i^* p_f^* d\text{cos}\theta^*, \quad (4.60)$$

soit pour la section efficace non polarisée :

$$\frac{d\sigma}{dt} = \frac{d\sigma}{d\text{cos}\theta^*} \frac{d\text{cos}\theta^*}{dt} = \frac{1}{32\pi s} \frac{1}{2p_i^{*2}} |\mathcal{M}_{fi}|^2 = \frac{1}{16\pi} \frac{1}{\Delta(s, m_1^2, m_2^2)} |\mathcal{M}_{fi}|^2. \quad (4.61)$$

Dans ce type de processus, on détermine d'abord $\frac{d\sigma}{dt}$ puis éventuellement $\frac{d\sigma}{d\Omega}$ dans un référentiel donné. Pour calculer la section efficace totale, qui est indépendante du référentiel, on pourra intégrer l'une ou l'autre expression. En générale l'expression de $\frac{d\sigma}{d\Omega}$ est plus complexe que $\frac{d\sigma}{dt}$ mais les bornes d'intégration sont triviales ($0 \ldots 2\pi$ pour φ, $-1 \ldots 1$ pour $\text{cos}\theta$). À l'inverse les bornes d'intégration pour t peuvent être plus compliquées à établir. La condition $|\text{cos}\theta| \leq 1$ se traduit par :

$$m_1^2 + m_3^2 - 2E_1E_3 - 2\,|\vec{p}_1|\,|\vec{p}_3| \leq t \leq m_1^2 + m_3^2 - 2E_1E_3 + 2\,|\vec{p}_1|\,|\vec{p}_3|\,. \quad (4.62)$$

2.5 Espace de phase à trois corps

Pour un état final à trois particules, l'espace de phase devient :

$$d\Phi^{(3)} = \frac{d^3p_1 d^3p_2 d^3p_3}{(2\pi)^5 8E_1E_2E_3} \delta^{(4)}(p_1 + p_2 + p_3 - p_i), \quad (4.63)$$

où p_i désigne la quadri-impulsion totale dans l'état initial.

Comme dans le cas à deux corps, on transforme l'intégrale sur d^3p_3 en intégrale sur d^4p_3 puis on intègre :

$$\begin{aligned}\int d\Phi_3 &= \int \frac{d^3p_1d^3p_2d^4p_3}{(2\pi)^5 4E_1E_2}\delta^4(p_1+p_2+p_3-p_i)\delta(p_3^2-m_3^2)\Theta(E_3) \\ &= \int \frac{d^3p_1d^3p_2}{(2\pi)^5 4E_1E_2}\frac{d^3k_2}{2E_2}\Delta\Theta(\sqrt{s}-E_1-E_2). \end{aligned} \quad (4.64)$$

avec $\Delta = \delta((p_i-p_1-p_2)^2-m_3^2)$. Dans le référentiel du centre de masse, l'impulsion initiale est $p_i = (\sqrt{s}, \vec{0})$. L'argument de la distribution de Dirac est alors :

$$\begin{aligned}(p_i-p_1-p_2)^2-m_3^2 &= s+m_1^2+m_2^2-m_3^2 \\ &\quad -2\sqrt{s}(E_1+E_2)+2E_1E_2-2|p_1||p_2|\cos\theta_{12}. \end{aligned} \quad (4.65)$$

En factorisant les normes des impulsions :

$$\begin{aligned}\Delta &= \delta((p_i-p_1-p_2)^2-m_3^2) \\ &= \frac{1}{2|p_1||p_2|}\delta\left(\frac{s+m_1^2+m_2^2-m_3^2-2\sqrt{s}(E_1+E_2)+2E_1E_2}{2|p_1||p_2|}-\cos\theta_{12}\right), \end{aligned} \quad (4.66)$$

où θ_{12} désigne l'angle formé par les deux particules 1 et 2. On explicite les éléments différentiels :

$$d^3p = |\vec{p}|^2 d|\vec{p}|d\Omega = |p|EdEd\Omega \quad (4.67)$$

$$\int d\Phi_3 = \int \frac{\Theta(\sqrt{s}-E_1-E_2)}{8(2\pi)^5}\delta\left(k\left(E_1,E_2\right)-\cos\theta_{12}\right)dE_1dE_2d\Omega_1d\Omega_2, \quad (4.68)$$

avec, en utilisant la relation de dispersion $p^2 = E^2 - m^2$:

$$k(E_1,E_2) = \frac{s+m_1^2+m_2^2-m_3^2-2\sqrt{s}(E_1+E_2)+2E_1E_2}{2\sqrt{E_1^2-m_1^2}\sqrt{(E_2^2-m_2^2}}. \quad (4.69)$$

Pour pouvoir pousser plus loin le calcul, on considère uniquement le cas d'une désintégration à trois corps d'une particule de masse M ($\sqrt{s} = M$) non polarisée. Dans ce cas, il n'y a pas de direction privilégiée et on peut intégrer sur l'un des angles solides (orientation globale du système) ce qui donne un facteur 4π. L'angle solide restant, en choisissant judicieusement l'axe z s'écrit alors : $\int d\Omega = \int d\varphi d\cos\theta_{12} = 2\pi \int d\cos\theta_{12}$,

$$\int d\Phi_3 = \int \frac{\Theta(m_\mu-E_1-E_2)}{32\pi^3}\delta\left(k\left(E_1,E_2\right)-\cos\theta_{12}\right)dE_1dE_2d\cos\theta_{12}. \quad (4.70)$$

En intégrant sur $d\cos\theta_{12}$ de -1 à 1, la condition du Dirac permet de dériver une contrainte sur E_1 et E_2, de même que le Heaviside :

$$-1 \leq \frac{M^2+m_1^2+m_2^2-m_3^2-2M(E_1+E_2)+2E_1E_2}{2\sqrt{E_1^2-m_1^2}\sqrt{(E_2^2-m_2^2}} \leq 1, \quad (4.71)$$

et

$$E_1+E_2 \leq M. \quad (4.72)$$

Ces contraintes définissent une surface dans le plan (E_1, E_2) qui est le support de l'intégration à mener sur les énergies. Dans le plan (E_1, E_2), la section largeur de désintégration différentielle est proportionnelle au carré de l'amplitude de Feynman non polarisée (voir paragraphe suivant) :

$$\frac{d\Gamma}{dE_1 dE_2} = \frac{1}{64\pi^3 M}\overline{|\mathcal{M}_{fi}|^2}. \tag{4.73}$$

Expérimentalement, si on mesure les énergies de deux des trois particules on peut avoir accès à l'amplitude de Feynman en construisant l'histogramme du taux de désintégrations dans le plan (E_1, E_2). Un tel graphique constitue un diagramme de Dalitz. C'est un outil puissant pour déterminer la production de nouvelles particule se désintégrant en trois corps : tout excès dans le diagramme de Dalitz sera la signature d'une résonance.

Dans le cas particulier où toutes les particules finales sont de masse nulle ou négligeable devant la masse de la particule initiale, on peut déterminer simplement les bornes d'intégration. La condition dans la distribution de Dirac se réduit à :

$$-1 \leq \frac{M^2 - 2M(E_1 + E_2) + 2E_1 E_2}{2E_1 E_2} \leq 1. \tag{4.74}$$

La première contrainte donne :

$$\begin{aligned} \frac{M^2 - M(E_1 + E_2)}{2E_1 E_2} \leq 0 &\Rightarrow M^2 - 2M(E_1 + E_2) \leq 0 \\ &\Rightarrow E_2 \geq \frac{M}{2} - E_1, \end{aligned} \tag{4.75}$$

et la seconde :

$$\begin{aligned} \frac{M^2 - 2M(E_1 + E_2)}{2E_1 E_2} \geq -2 &\Rightarrow M^2 - 2M(E_1 + E_2) \geq -4E_1 E_2 \\ &\Rightarrow E_2 \leq \frac{M^2 - 2ME_1}{2M - 4E_1} = \frac{M}{2}. \end{aligned} \tag{4.76}$$

Enfin le Heaviside impose pour la valeur maximale de E_2 :

$$E_1 + E_2^{max} \leq M \Rightarrow E_1 + \frac{M}{2} \leq M \Rightarrow E_1 \leq \frac{M}{2}, \tag{4.77}$$

et $E_1 > 0$ par définition. Les bornes d'intégration sont donc :

$$\frac{M}{2} - E_1 \leq E_2 \leq \frac{M}{2} \text{ et } 0 \leq E_1 \leq \frac{M}{2}, \tag{4.78}$$

soit pour la largeur totale :

$$\Gamma = \int_0^{\frac{M}{2}} dE_1 \int_{\frac{M}{2}-E_1}^{\frac{M}{2}} dE_2 \frac{1}{64\pi^3 M}\overline{|\mathcal{M}_{fi}|^2}. \tag{4.79}$$

Alternativement, le diagramme de Dalitz peut se représenter en posant :

$$m_{13}^2 = (p_1 + p_3)^2 = (p_i - p_2)^2 = M^2 + m_2^2 - 2ME_2, \tag{4.80}$$

$$m_{23}^2 = (p_2 + p_3)^2 = (p_i - p_1)^2 = M^2 + m_1^2 - 2ME_1, \tag{4.81}$$

soit :

$$E_1 = \frac{M^2 + m_1^2 - m_{23}^2}{2M} \Rightarrow dE_1 = \frac{-1}{2M} dm_{23}^2, \tag{4.82}$$

et

$$E_2 = \frac{M^2 + m_2^2 - m_{13}^2}{2M} \Rightarrow dE_2 = \frac{-1}{2M} dm_{13}^2, \tag{4.83}$$

et donc pour la largeur de désintégration :

$$\frac{d\Gamma}{dm_{13}^2 dm_{23}^2} = \frac{M}{8\pi^3} \overline{|\mathcal{M}_{fi}|^2}. \tag{4.84}$$

3 Calcul de $|\mathcal{M}_{fi}|^2$

3.1 Section efficace non polarisée

Expérimentalement, il arrive souvent que la polarisation initiale des particules ne soit pas contrôlée. De même on est rarement capable de mesurer l'hélicité des particules sortantes. Dans ce cas on calcule une section efficace non polarisée. On note $\overline{|\mathcal{M}_{fi}|^2}$ l'amplitude carrée non polarisée. Pour la calculer, on considère :

- un état initial non polarisé : tous les états d'hélicité des spineurs et des vecteurs initiaux sont équiprobables et on moyenne sur les polarisations initiale : $\frac{1}{2}\sum_s$ pour les fermions, $\frac{1}{2}\sum_\lambda$ pour les photons. Dans le cas de bosons massifs, la moyenne porte sur les trois polarisations : $\frac{1}{3}\sum_\lambda$;
- un état final non polarisé : chaque combinaison d'états d'hélicité des spineurs et des vecteurs finaux constitue un état final distinct et on somme les amplitudes carrées.

Ainsi :

$$\overline{|\mathcal{M}_{fi}|^2} = \sum_{\text{final}} \frac{1}{K} \sum_{\text{initial}} |\mathcal{M}_{fi}|^2. \tag{4.85}$$

On peut alors utiliser les relations de fermetures des spineurs :

$$\sum_{s=1,2} u_{ps}\bar{u}_{ps} = p_\mu \gamma^\mu + m \text{ et } \sum_{s=1,2} v_{ps}\bar{v}_{ps} = p_\mu \gamma^\mu - m, \tag{4.86}$$

et des vecteurs de polarisation :

$$\sum_\lambda \varepsilon_{k,\lambda}^\mu \varepsilon_{k,\lambda}^\nu = -g^{\mu\nu} - \frac{k^\mu k^\nu}{\vec{k}^2} + \frac{k^\mu \eta^\nu + \eta^\mu k^\nu}{k^0}. \tag{4.87}$$

Dans ce dernier cas, on peut sensiblement simplifier l'expression car tous les termes impliquant des spineurs sont assimilables à des courants. Les quatre termes de courant les plus simples sont représentés sur la figure 4.2.

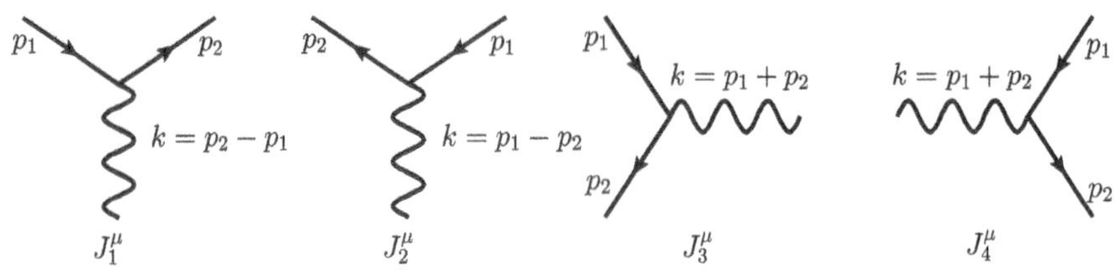

Figure 4.2 – Courants fermioniques couplés au champ électromagnétique.

Le premier courant donne :

$$J_1^\mu = q\bar{\psi}_2(x)^{(+)}\gamma^\mu\psi_1(x)^{(+)} = Nq\bar{u}_2\gamma^\mu u_1 e^{-i(p_1-p_2)x} = Nqj_1^\mu e^{ikx}, \tag{4.88}$$

où N est juste un facteur de normalisation. De la même manière, on a $J_i^\mu = Nqj_i^\mu e^{\pm ikx}$ où j_i^μ fait intervenir une matrice γ^μ et des spineurs u ou v. La relation de continuité appliquée à chacun de ces courants donne alors :

$$0 = \partial_\mu J_i^\mu = k_\mu j_i^\mu. \tag{4.89}$$

Pour chaque photon, la contraction de l'impulsion sur un des courants annule le terme. Ceci se vérifie aussi sur des courants plus compliqués impliquant un ou plusieurs propagateurs de Feynman. Le seul terme de la relation de fermeture des vecteurs de polarisation qui ne s'annule pas est le tenseur métrique. Dans le cadre d'un calcul de diagramme de Feynman, on utilise donc :

$$\sum_\lambda \varepsilon_{k,\lambda}^\mu \varepsilon_{k,\lambda}^\nu = -g^{\mu\nu}. \tag{4.90}$$

Le même phénomène est à l'œuvre pour annuler un éventuel terme en $\frac{q^\mu q^\nu}{q^2}$ dans le propagateur du photon et qui dépend de la jauge. L'amplitude de Feynman est indépendante du choix de jauge.

Quand il y a deux diagrammes, un terme d'interférence supplémentaire est à prendre en compte. Le signe relatif entre les deux diagrammes définit le signe de l'interférence qui peut être constructive ou destructive :

$$\begin{aligned} |\mathcal{M}_{fi}|^2 = |\mathcal{M}_{fi}^{(1)} \pm \mathcal{M}_{fi}^{(2)}|^2 &= |\mathcal{M}_{fi}^{(1)}|^2 + |\mathcal{M}_{fi}^{(2)}|^2 \pm 2\,\mathrm{Re}\,\mathcal{M}_{fi}^{(1)}\mathcal{M}_{fi}^{(2)*} \\ &= |\mathcal{M}_{fi}^{(1)}|^2 + |\mathcal{M}_{fi}^{(2)}|^2 \pm \mathcal{I}_{fi}. \end{aligned} \tag{4.91}$$

Le signe relatif entre deux diagrammes à l'arbre (sans boucle) a été discuté en même temps que les règles de Feynman.

3.2 Règles de traces

L'amplitude de Feynman $\mathcal{M}_{fi}$ est un produit de nombres complexes. Une partie de ces nombres font intervenir des produits de spineurs et de matrices de Dirac. Ils prennent toujours la forme $\kappa = \bar{\psi}_1 O \psi_2$ où les ψ_i sont des spineurs u ou v et O une matrice 4×4 composée de spineurs u et v et de matrices γ. On a alors :

$$\kappa^* = (\psi_1^+ \gamma^0 O \psi_2)^* = \psi_2^+ O^+ \gamma^0 \psi_1 = \psi_2^+ \gamma^0 \gamma^0 O^+ \gamma^0 \psi_1 = \bar{\psi}_2 \bar{O} \psi_1. \tag{4.92}$$

On obtient alors $\mathcal{M}_{fi}^*$ en inversant l'ordre des spineurs et des matrices de Dirac puis en appliquant la conjugaison de Dirac à chaque spineur. Il est inutile de transformer les matrices de Dirac car $\bar{\gamma}^\mu = \gamma^\mu$:

$$\bar{\gamma}^0 = \gamma^0 \gamma^0 \gamma^0 = \gamma^0 \text{ et } \bar{\gamma}^i = \gamma^0 \gamma^{i+} \gamma^0 = -\gamma^0 \gamma^i \gamma^0 = \gamma^i. \tag{4.93}$$

Chaque ligne fermionique, ou courant, donne lieu à une trace de matrices γ dans le calcul de l'amplitude carrée. En effet pour une telle ligne, l'amplitude est :

$$\kappa\kappa^* = \bar{\psi}_{ps} O \psi_{p's'} \bar{\psi}_{p's'} \bar{O} \psi_{ps} = \bar{\psi}_{ps} K \psi_{ps}. \tag{4.94}$$

En explicitant les indices dans l'espace des spineurs :

$$\begin{aligned}
\kappa\kappa^* &= \sum_{i,j} \bar{\psi}_{i,ps} K_{ij} \psi_{j,ps} \\
&= \sum_{i,j} \psi_{j,ps} \bar{\psi}_{i,ps} K_{ij} \\
&= \sum_{i,j} (\psi_{ps} \bar{\psi}_{ps})_{ji} K_{ij} \\
&= \sum_{j} (\psi_{ps} \bar{\psi}_{ps} K)_{jj} \\
&= Tr[\psi_{ps} \bar{\psi}_{ps} K].
\end{aligned} \tag{4.95}$$

Par exemple, supposons que $i\mathcal{M}_{fi} = \bar{u}_{ps} O u_{p's'}$. L'amplitude carrée non polarisée est :

$$\begin{aligned}
\overline{|\mathcal{M}_{fi}|^2} &= \frac{1}{2} \sum_s \sum_{s'} \bar{u}_{ps} O \underbrace{u_{p's'} \bar{u}_{p's'}}_{\sum_{s'} = p'_\mu \gamma^\mu + m'} \bar{O} u_{ps} \\
&= \frac{1}{2} \sum_s \underbrace{\bar{u}_{ps} O (p'_\mu \gamma^\mu + m') \bar{O} u_{ps}}_{\sum_s = Tr[(p_\nu \gamma^\nu + m) \ldots]} \\
&= \frac{1}{2} Tr\left[(p_\nu \gamma^\nu + m) O (p'_\mu \gamma^\mu + m') \bar{O}\right].
\end{aligned} \tag{4.96}$$

Nous disposons désormais de tous les éléments pour calculer complètement une largeur ou une section efficace par la méthode des diagrammes de Feynman à l'ordre le plus bas du développement perturbatif. Nous allons maintenant détailler quelques exemples.

L'essentiel

Points clés

1. Le carré de l'élément de matrice de diffusion donne la probabilité de transition entre l'état initial et l'état final. Le taux de transition par unité de temps s'obtient en multipliant cette probabilité par le volume d'espace de phase de l'état final. Ce taux se sépare en trois parties : l'amplitude de Feynman qui caractérise la dynamique, l'espace de phase qui caractérise l'état final et un facteur décrivant l'état initial que l'on explicite pour le cas d'une (largeur de désintégration) ou deux (section efficace) particules dans l'état initial. Chacun de ces facteurs est un invariant de Lorentz.

2. La largeur de désintégration est l'inverse de la durée de vie. C'est la grandeur que caractérise un processus de désintégration $1 \to N$. La section efficace caractérise un processus de diffusion $2 \to N$. On détermine en général une largeur ou une section efficace différentielle. La largeur ou la section efficace totale s'obtiennent en intégrant sur l'espace de phase.

3. Pour calculer une section efficace non polarisée, les carrés des amplitudes de Feynman sont moyennés sur les hélicités de l'état initial et sommés sur celles de l'état final. On fait ainsi apparaître les relations de fermeture pour les différents champs. Chaque ligne fermionique se traduit par une trace de matrice de Dirac.

Chapitre 5

Théories de jauge et modèle standard

Introduction

Dans les chapitres précédents, nous avons travaillé essentiellement sur les équations du mouvement. Dans le paragraphe 5 du chapitre 2 nous sommes remonté au lagrangien dont dérivent ces équations pour inclure les termes d'interaction. L'objectif de ce chapitre est de généraliser le lagrangien d'interaction décrit précédemment pour inclure les interactions nucléaires faible et forte et en déduire (sans toutes les justifications nécessaires) les règles de Feynman associées. Ainsi nous pourrons étendre les calculs de section efficace à de multiples processus du modèle standard.

Objectifs

Construire la théorie de Yang-Mills liant symétrie de jauge et interactions.

Connaître la structure de jauge du modèle standard de la physique des particules.

Expliquer le mécanisme de Higgs et la masse des particules.

Définir les règles de Feynman des interactions forte et faible.

Plan

1. Physique des particules et interactions fondamentales
2. Théorie de Yang-Mills
3. Interaction forte
4. Interaction faible

1 Physique des particules et interactions fondamentales

Nous avons construit, à partir des principes fondamentaux, une théorie décrivant la diffusion de particules relativistes interagissant par couplage électromagnétique. Ce modèle ne contient jusqu'à présent qu'un unique type de fermion. On connaît, aujourd'hui, douze fermions massifs qui participent à tout ou partie des trois interactions fondamentales : l'électromagnétisme, l'interaction faible et l'interaction forte. L'interaction gravitationnelle est négligeable aux échelles d'énergie et de distances considérées et peut être totalement négligée. Les quarks *up*, *down*, *strange*, *charm*, *bottom* et *top* (u, d, s, c, b et t) participent à toutes les interactions. Les leptons chargés, électron, muon et tau (e^-, μ^- et τ^-) sont couplés aux interactions faible et électromagnétique. Enfin les trois neutrinos (ν_e, ν_μ et ν_τ) ne sont sensibles qu'à l'interaction faible. Tous ont un spin $\frac{1}{2}$ et la propagation libre de chacun est décrite par une équation de Dirac.

L'interaction forte, responsable de l'interaction entre quarks et entre hadrons, assure la stabilité du noyau. L'interaction faible se manifeste dans les désintégrations nucléaires β. Ces deux autres interactions sont de courte portée et n'ont pas d'effets macroscopiques. Véhiculant ces interactions, de nouvelles particules analogues au photon viendront compléter notre modèle : les bosons $W^\pm$ et Z pour l'interaction faible et les huit gluons pour l'interaction forte. La courte portée de ces deux interactions (environ 10^{-15} m pour l'interaction forte et 10^{-18} m pour l'interaction faible) ont deux causes très différentes, d'une part la nature non abélienne de l'interaction forte, d'autre part la masse des bosons $W^\pm$ et Z en interaction faible. Ce sont toutes des particules de spin 1, décrites par les équations de Maxwell ou de Proca.

1.1 Multiplets faibles et forts

L'étude qualitative des interactions faible et forte suggère l'existence de fermions distincts qui ont des propriétés équivalentes pour une interaction donnée. Par exemple le neutron et le proton sont identiques du point de vue de l'interaction forte mais différents pour les interactions faible (qui transforme l'un en l'autre) et électromagnétique. Cette structure s'étend aux quarks u et d qui composent neutron et proton. L'interaction faible est la seule à permettre la transformation d'un quark u et quark d ou d'un électron en neutrino électronique. On a alors des doublets de particules (p, n), (u,d) et (ν,e) qui sont identiques pour l'interaction forte. L'interaction faible transforme les particules d'un même doublet l'une en l'autre.

Par ailleurs, le comportement de l'interaction forte motive l'existence de trois charges de couleur pour les quarks, traditionnellement notées rouge, vert et bleue. Un quark rouge et un quark vert sont identiques du point de vue des interactions faible et électromagnétique. On a alors un triplet de quarks, qui constitue un unique objet pour toutes les interactions sauf l'interaction forte qui peut transformer l'un en l'autre.

De telles transformations sont des symétries du système. L'ensemble des transformations d'une symétrie forme une structures algébrique de groupe (voir annexe A). Un multiplet est un vecteur de n champs (scalaire, spinoriel ou vectoriel) sur lequel s'applique une représentation de dimension n du groupe de symétrie. Ces transformations doivent conserver la norme et le produit scalaire, ce qui est la définition d'une représentation unitaire. Le cas le plus simple consiste en l'ensemble des opérateurs unitaires s'appliquant sur un espace de dimension n qui forme le groupe $SU(n)$ (ou simplement $U(1)$ pour $n = 1$).

$$SU(n) = \left\{\text{matrices } n \times n \mid M^\dagger M = 1,\ \det M = 1\right\}, \tag{5.1}$$

$$U(1) = \left\{e^{i\phi} | \phi \in [0, 2\pi]\right\}. \tag{5.2}$$

Les états qui composent un multiplet doivent avoir le même spin et la même masse. On remarquera que ce n'est pas le cas pour les doublets d'interaction faible. On dit alors que la symétrie est brisée. Le mécanisme de brisure de symétrie sera décrit ultérieurement. Une transformation du groupe transforme les particules d'un multiplets les unes dans les autres. Cette action peut être caractérisée en étudiant uniquement l'action des générateurs du groupe sur un multiplet. Pour un générateur diagonal, chaque élément d'un multiplet est vecteur propre et la valeur propre associée est une charge de l'interaction.

2 Théorie de Yang-Mills

2.1 Invariance de jauge locale

La théorie de Yang et Mills permet de décrire les interactions entre fermions via l'imposition d'une symétrie locale dite symétrie de jauge. Pour formaliser ce concept de symétrie, considérons une théorie décrivant k fermions libres formant un multiplet :

$$\Psi(x) = \begin{pmatrix} \psi_1 \\ \vdots \\ \psi_k \end{pmatrix}. \tag{5.3}$$

Le lagrangien de cette théorie est la somme des lagrangiens de Dirac pour chaque fermion.

$$\mathcal{L} = \sum_i^k \bar{\psi}_i(i\gamma_\mu \partial\mu - m)\psi_i = \bar{\Psi}(i\gamma_\mu \partial\mu - m)\Psi. \tag{5.4}$$

Soit G un groupe de Lie de dimension n (typiquement $G = SU(n)$, mais on peut envisager des cas plus compliqués) et D une représentation unitaire de dimension k s'appliquant sur un espace vectoriel de spineurs. Un élément de la représentation est décrit par une matrice $k \times k$ s'appliquant sur un multiplet $\Psi(x)$ dont chaque composante est un champ spinoriel.

Pour tout élément $g \in G$ décrit par des n paramètres continus $\omega^a = 1 \ldots n$, on peut écrire $D(g) = D(\omega^a) = e^{i\omega^a T_a}$ où les T_a sont les n générateurs du groupe. Ils vérifient l'algèbre de Lie du groupe :

$$[T_a, T_b] = if_{ab}{}^c T_c. \tag{5.5}$$

On souhaite que les équations du mouvement et par extension le lagrangien reste invariant sous la symétrie G, c'est-à-dire que si $\Psi \to \Psi' = D(\omega^a)\Psi$ alors $\mathcal{L}(\Psi, \partial_\mu \Psi) = \mathcal{L}(\Psi', \partial_\mu \Psi')$. Comme il existe une vitesse de propagation limite, la relativité restreinte est une théorie locale, invariance doit être vérifiés pour des transformations locales, en particulier qui peuvent être différentes en des point de l'espace-temps qui ne sont pas en relation causale. La transformation est dite locale si ω_a est une fonction de l'espace-temps $\omega_a(t)$. Une transformation générale s'obtenant par exponentiation des générateurs, on peut limiter l'étude à une transformation infinitésimale :

$$D(\omega^a) = \mathbb{1}_k + i\omega^a T_a, \tag{5.6}$$

soit :

$$\begin{aligned}\mathcal{L}' &= \bar{\Psi}'(i\gamma_\mu\partial^\mu - m)\Psi' \\ &= \bar{\Psi}(\mathbb{1}_k - i\omega^a T_a)(i\gamma_\mu\partial^\mu - m)(\mathbb{1}_k + i\omega^a T_a)\Psi \\ &= \bar{\Psi}(\mathbb{1}_k - i\omega^a T_a)(\mathbb{1}_k - i\omega^a T_a)(i\gamma_\mu\partial^\mu - \gamma_\mu\partial^\mu\omega^a T_a - m)\Psi \\ &= \bar{\Psi}(i\gamma_\mu\partial^\mu - \gamma_\mu\partial^\mu\omega^a T_a - m)\Psi.\end{aligned} \tag{5.7}$$

L'exponentielle ne commute pas avec l'opérateur de dérivation du fait de la nature locale de la transformation. Le lagrangien n'est pas invariant. Pour restaurer l'invariance, il faut alors remplacer l'opérateur de dérivation (c'est-à-dire l'opérateur quantique pour la quadri-impulsion) par un nouvel opérateur D^μ tel que $[D^\mu, e^{-i\omega^a T_a}] = 0$. Cet opérateur s'appelle la dérivée covariante et doit compenser le terme $-\gamma_\mu\partial^\mu\omega^a T_a$. On pose alors :

$$D_\mu = \partial_\mu - igA^a_\mu T_a, \tag{5.8}$$

où g est une constante numérique et A^a_μ est un multiplet de champs vectoriels de masse nulle. Il y a autant de champs A^a_μ que de générateurs, le multiplet doit donc se transformer selon la représentation adjointe du groupe G. On peut alors déterminer la transformation des champs vectoriels lorsqu'on applique un élément du groupe de symétrie. Par construction :

$$(D_\mu\Psi)' = \left(\partial_\mu - igA'^a_\mu T_a\right) e^{i\omega_a T^a}\Psi = e^{i\omega_a T^a}\left(\partial_\mu - igA^a_\mu T_a\right)\Psi, \tag{5.9}$$

d'où :

$$A'^a_\mu T_a = e^{i\omega^a T_a}\left(A^a_\mu + \frac{1}{g}\partial_\mu\omega^a\right) T_a e^{-i\omega^a T_a}. \tag{5.10}$$

Ou encore pour un transformation infinitésimale :

$$\begin{aligned}A'^a_\mu T_a &= (1 + i\omega^a T_a)\left(A^a_\mu - \frac{1}{g}\partial_\mu\omega^a\right) T_a\,(1 - i\omega^a T_a) + o(\omega) \\ &= A^a_\mu T_a + \frac{1}{g}\partial_\mu\omega^a T_a - i\omega^b A^c_\mu[T_b, T_c] + o(\omega) \\ &= A^a_\mu T_a + \frac{1}{g}\partial_\mu\omega^a T_a + f_{bc}{}^a\omega^b A^c_\mu T_a + o(\omega).\end{aligned} \tag{5.11}$$

Soit finalement :

$$A'^a_\mu = A^a_\mu + \frac{1}{g}\partial_\mu\omega^a + f_{bc}{}^a\omega^b A^c_\mu. \tag{5.12}$$

Deux termes apparaissent dans la transformation du champ. Le premier, $\frac{1}{g}\partial_\mu\omega^a$, est la généralisation de la transformation de jauge discutée en électromagnétisme et qui n'affecte ni lagrangien des fermions (par construction) ni celui des vecteurs qui sera décrit dans le paragraphe suivant. Le second, $f_{bc}{}^{a}\omega^{b}A^{c}_{\mu}$ qui est le terme attendu pour un transformation d'un multiplet de la représentation adjointe. En effet, une telle transformation est :

$$A'^{a}_{\mu} = \left(1 + i\omega^{b}X_{b}\right)_{ac} A^{c}_{\mu} = A^{a}_{\mu} - \omega^{b}f_{bc}{}^{a}A^{c}_{\mu}. \tag{5.13}$$

2.2 Dynamique des champs de jauge

L'ajout de ce nouveaux champ nécessite également d'inclure leur dynamique dans le lagrangien. L'invariance de Lorentz contraint la représentation mathématiques en fonction du spin (scalaire, spineur, vecteur...). On montre qu'un champ de spin 1 est en fait caractérisé par un tenseur antisymétrique. C'est le tenseur $F^{\mu\nu}$ que nous avons défini en électromagnétisme. Le tenseur antisymétrique le plus simple que l'on peut construire avec les éléments de base de la théorie est un commutateur entre deux opérateurs quadrivectoriels. Or le seul opérateur de ce type faisant intervenir les champs de jauge est la dérivée covariante. Considérons :

$$\begin{aligned}[D_{\mu}, D_{\nu}] &= ig\partial_{\mu}A^{a}_{\nu}T_{a} - ig\partial_{\nu}A^{a}_{\mu}T_{a} + g^{2}A^{b}_{\mu}A^{c}_{\nu}[T^{b}, T^{c}] \\ &= ig\left(\partial_{\mu}A^{a}_{\nu}T_{a} - \partial_{\nu}A^{a}_{\mu}T_{a} - \frac{1}{g}A^{b}_{\mu}A^{c}_{\nu}f_{abc}\right)T_{a} \\ &= K^{a}_{\mu\nu}T_{a}.\end{aligned} \tag{5.14}$$

Dans le cas du groupe $U(1)$, les constantes de structures sont nulles et on retrouve au facteur ig près le tenseur $F_{\mu\nu}$ de l'électromagnétisme.

On pose alors de manière générale le tenseur de jauge :

$$K^{a}_{\mu\nu}T_{a} = \frac{1}{ig}[D_{\mu}, D_{\nu}] = \left(\partial_{\mu}A^{a}_{\nu} - \partial_{\nu}A^{a}_{\mu} - \frac{1}{g}A_{m}u^{b}A^{c}_{\nu}f_{abc}\right)T^{a}, \tag{5.15}$$

et le lagrangien associé $\mathcal{L}_{jauge} = \frac{-1}{4}F^{a}_{\mu\nu}F^{\mu\nu}_{a}$.

Ce lagrangien est par construction invariant de Lorentz, de jauge et sous les transformations du groupe de jauge. Comme dans le cas de l'électromagnétisme, les termes de masse $-\frac{M_a^2}{2}A^{a}_{\mu}A^{\mu}_{a}$ ne sont pas invariant de jauge. Les champs de jauges sont de masse nulle. La théorie de Yang-Mills permet d'introduire une interaction en ajoutant une symétrie, dite symétrie de jauge au système. Les champs vectoriels A^{a}_{μ} permettent, entre autres, de compenser la transformation des champs spinoriels sous une transformation de jauge locale. Dans le cas général d'un groupe de jauge non abélien, le lagrangien contient des termes d'interaction entre les bosons de jauge eux-mêmes, de la forme $f_{abc}A^{a}_{\mu}A^{b}_{\nu}\partial^{\mu}A^{\nu}_{c}$ et $f^{abc}f_{dec}A^{a}_{\mu}A^{b}_{\nu}A^{\mu c}A^{\nu d}$. Ces couplages à trois et quatre bosons ont leurs règles de Feynman spécifiques qui ne seront pas démontrées ici.

Le lagrangien d'une théorie de Yang-Mills prend finalement la forme :

$$\mathcal{L}_{YM} = \bar{\Psi}(i\gamma^{\mu}\partial_{\mu} - m)\Psi + g\bar{\Psi}A^{a}_{\mu}T_{a}\Psi - \frac{1}{4}F^{a}_{\mu\nu}F^{\mu\nu}_{a}, \tag{5.16}$$

ou encore en explicitant les composantes du multiplet :

$$\mathcal{L}_{YM} = \bar{\psi}_j(i\gamma^\mu\partial_\mu - m)\delta^{ij}\psi_i + g\bar{\psi}_jA^b_\mu[T_b]^{ji}\psi_i. \tag{5.17}$$

On retrouve l'équation de Dirac et des équations analogues aux équations de Maxwell à partir de ce lagrangien. Les couplages (et donc les vertex) autorisés dans la théorie apparaissent naturellement comme les différents termes d'interaction du Lagrangien.

Dans le cas d'un groupe $U(1)$, chaque particule forme un singlet de charge q (valeur du générateur) et on retrouve pour une particule chargée le lagrangien de l'électromagnétisme.

$$\mathcal{L}_{QED} = \bar{\psi}_j(i\gamma^\mu\partial_\mu - m)\delta^{ij}\psi_i + gq\bar{\psi}_jA^b_\mu\psi_i. \tag{5.18}$$

La grandeur g est la constante de couplage de l'interaction, alors que le générateur définit la charge. Pour un groupe $U(1)$ seul le produit gq intervient, on peut donc redéfinir la constante de couplage et toutes les charges par un facteur multiplicatif. Par convention, on pose en électromagnétisme $q_e = -1$ et $g = |e|$ la constante de couplage, avec $\alpha = \frac{g^2}{4\pi} \approx \frac{1}{137}$ (constante de structure fine). Les constantes de couplage sont des paramètres libres de la théorie et doivent être mesurées.

3 Interaction forte

3.1 Chromodynamique quantique

L'étude des hadrons (particules produites par interaction forte dans des collisions proton-proton, par exemple) dans les années 1950 et 1960 conduit à la conclusion que ces objets était composites. Pour constituer un proton, qui est un fermion de spin $\frac{1}{2}$, les composant doivent être un nombre impair de spin demi-entiers. La solution la plus simple consiste à considérer trois fermions de spin $\frac{1}{2}$. Avec deux quarks, notés u et d, de charge électrique $q_u = \frac{2}{3}$ et $q_d = \frac{-1}{3}$, on décrit les hadrons les plus légers composent la matière ordinaire. Le proton est un état lié *uud* et un neutron correspond à *udd*. Expérimentalement, on produit de multiples hadrons, notamment Δ^{++}, qui dans ce modèle des quarks s'interprète comme un état *uuu*. Cette particule possède un spin $\frac{3}{2}$, ce qui indique que pour $J_3 = \frac{3}{2}$, chaque quark composant a la même projection de spin $J_3 = \frac{1}{2}$, soit trois fermions dans le même état quantique. Ceci est en contradiction avec le principe d'exclusion de Pauli et a conduit à proposer l'ajout d'une charge supplémentaire qui distingue les trois quarks, la charge de couleur.

Cette structure triple suggère l'existence d'un triplet de quarks. Le groupe de jauge le plus simple à considérer est donc $SU(3)$. Chaque quark est en fait un triplet $q^{a=1..3}$ où l'indice a forme la charge de couleur (parfois on remplace 1, 2, 3 par r, v, b pour *red*, *green* et *blue*). Le groupe $SU(3)$ possède huit générateurs, il faut donc autant de champs de jauge de masse nulle qui sont les huit gluons. La chromodynamique quantique (QCD, pour *Quantum ChromoDynamics*) est la théorie de Yang-Mills $SU(3)$ décrivant l'interaction forte entre quarks. La constante de couplage g_s est relativement grande à basse énergie mais diminue quand l'énergie en jeu dans les processus augmente. On entre dans le régime perturbatif, où les diagrammes de Feynman deviennent pertinents, quand $\alpha_s = \frac{g_s^2}{4\pi} \sim 0.1$, c'est-à-dire pour $\sqrt{s} \gtrsim 10$ GeV.

3.2 Règles de Feynman et facteurs de couleur

Les règles de Feynman pour lignes externe et les propagateurs des quarks et des gluons sont analogues à celles de l'électron et du photon en QED, à la différence qu'ils portent en plus un indice de couleur courant de 1 à 3 pour les quarks et les antiquarks et de 1 à 8 pour les gluons. La convention veut que les gluons soient représentés par un « ressort » plutôt que par une « vaguelette » comme les autres bosons vecteurs, ce qui sera illustré dans les vertex de QCD.

Dans le calcul de l'amplitude au carré, les couleurs de l'état initial et de l'état final n'étant pas distinguables expérimentalement, on moyenne sur les couleurs initiales et on somme sur les couleurs finales. En l'absence d'un couplage avec un gluon, l'indice de couleur est conservé le long d'une ligne fermionique. La structure de couleur qui fait intervenir les générateurs du groupe et les constantes de structure se factorise et donne *in fine* un nombre appelé facteur de couleur, qui se calcule à partir des propriétés du groupe $SU(3)$. Des exemples de tels facteurs seront donnés dans le chapitre suivant. Les règles pour les lignes externes sont les mêmes que celles dérivées au chapitre précédent.

Table 5.1 – Règles de Feynman des vertex de chromodynamique quantique. Les indices a, b,c et d correspondent aux indices couleurs des quarks et des gluons.

Objet physique	Diagramme	Règle de Feynman
Vertex quarks-gluon	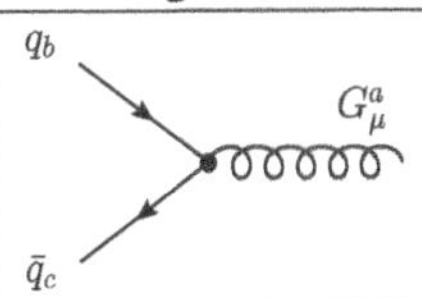	$-i\frac{g_s}{2}\gamma^\mu[\lambda_a]_{cb}$
Vertex 3 gluons	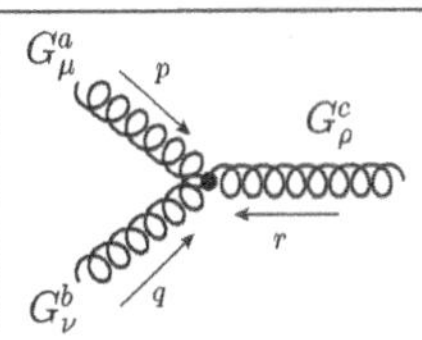	$-g_s f_{abc} \quad (g^{\rho\mu}(p-q)^\nu + g^{\mu\nu}(q-r)^\rho + g^{\nu\rho}(r-p)^\mu)$
Vertex 4 gluons	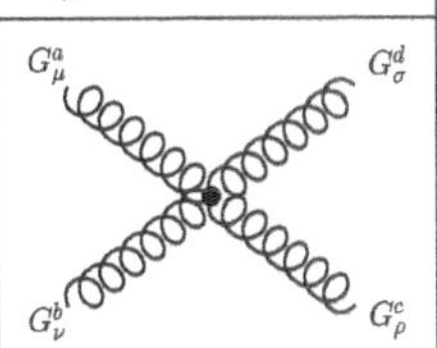	$-ig_s^2\Big[f^{abe}f^{ecd}(g_{\mu\rho}g_{\nu\sigma} - g_{\mu\sigma}g_{\nu\rho}) + f^{ace}f^{bde}(g_{\mu\nu}g_{\rho\sigma} - g_{\mu\sigma}g_{\nu\rho}) + f^{bce}f^{ade}(g_{\mu\nu}g_{\rho\sigma} - g_{\mu\rho}g_{\nu\sigma})\Big]$

Les vertex de l'interaction forte sont donnés dans la table 5.1. Le vertex d'interaction quark-gluons est analogue au vertex QED mais fait apparaître les générateurs du groupe dont l'indice est contracté sur l'indice de couleur. Il s'y ajoute deux nouveaux processus d'interaction à plusieurs gluons. Le processus à trois gluons dépend des quadri-impulsions des gluons, p, q et r toutes pointant vers le vertex ($p+q+r=0$). Le vertex à quatre gluons est proportionnel au carré de la constante de couplage, il compte donc uniquement dans les ordres supérieurs du développement perturbatif.

4 Interaction faible

4.1 Violation de parité et courants chargés

Expérimentalement, on observe une violation maximale de la symétrie de parité dans l'interaction faible par courants chargés. Cette interaction qui intervient dans la désintégration β des noyaux. Pour modéliser ceci, on va regrouper dans des doublets $SU(2)$ les particules de chiralité gauche et dans des singlets les fermions de chiralité droite. On utilise les projecteurs de chiralités pour séparer les composantes des spineurs. Par convention on note le groupe de jauge $SU(2)_L$. Si on considère le couple électron et neutrino, on obtient :

$$\Psi_L = \begin{pmatrix} \psi_{\nu,L} \\ \psi_{e,L} \end{pmatrix} = \begin{pmatrix} \frac{1-\gamma_5}{2}\psi_\nu \\ \frac{1-\gamma_5}{2}\psi_e \end{pmatrix}, \tag{5.19}$$

et

$$\psi_{\nu,R} = \frac{1+\gamma_5}{2}\psi_\nu, \qquad \psi_{e,R} = \frac{1+\gamma_5}{2}\psi_e. \tag{5.20}$$

On peut tout de suite noter que pour un spineur ψ quelconque en représentation de Weyl,

$$\psi_L = \begin{pmatrix} \phi \\ 0 \end{pmatrix}, \quad \psi_R = \begin{pmatrix} 0 \\ \chi \end{pmatrix}, \quad \gamma^0 = \begin{pmatrix} 0 & \mathbb{1}_2 \\ \mathbb{1}_2 & 0 \end{pmatrix}, \tag{5.21}$$

soit

$$\bar{\psi}\psi = \phi^+\chi + \chi^+\phi = \bar{\psi}_L\psi_R + \bar{\psi}_R\psi_L. \tag{5.22}$$

Le terme de masse du lagrangien de Dirac est $m\bar{\psi}\psi$. Ce terme couple les composantes gauche et droite d'un spineur. Si ces dernières se transforment différemment sous une symétrie du système, le terme de masse ne sera manifestement pas invariant. Aussi une théorie de Yang-Mills incluant la violation de parité ne peux décrire que des fermions de masse nulle. Ce n'est manifestement pas le cas pour la plupart des particules du modèle standard. De plus, le neutrino et l'électron sont deux objets de masses différentes même s'ils composent un même doublet. La symétrie est donc brisée, comme cela sera abordé au paragraphe 4.3. Pour différencier neutrino et électron nous allons les expliciter dans le lagrangien. Le traitement diffère ici de celui de QCD ou les trois couleurs de quarks était parfaitement équivalentes.

Les trois générateurs sont donnés par $T_a = \frac{1}{2}\sigma_a$ où les σ_a sont les matrices de Pauli. Un autre jeu de générateurs est obtenu en substituant $T^\pm = \frac{1}{\sqrt{2}}(T_1 \pm iT_2)$ à T_1 et T_2.

Par construction, l'application sur un doublet de ces opérateurs donne :

$$T^+ \begin{pmatrix} \psi_{\nu,L} \\ \psi_{e,L} \end{pmatrix} = \frac{1}{\sqrt{2}} \begin{pmatrix} \psi_{e,L} \\ 0 \end{pmatrix}, \quad T^- \begin{pmatrix} \psi_{\nu,L} \\ \psi_{e,L} \end{pmatrix} = \frac{1}{\sqrt{2}} \begin{pmatrix} 0 \\ \psi_{\nu,L} \end{pmatrix}. \tag{5.23}$$

Pour les singlets, qui correspondent à une représentation triviale du groupe, tous les générateurs sont la matrice nulle. La théorie de Yang-Mill introduit trois champs vectoriels, W_μ^+, W_μ^- et W_μ^3, la dérivée covariante est alors :

$$D_\mu = \partial_\mu - ig\left(W_\mu^+ T^+ + W_\mu^- T^- + W_\mu^3 T^3\right), \tag{5.24}$$

où g est la constante de couplage de cette théorie de Yang-Mills. Le lagrangien de Dirac correspondant est :

$$\begin{aligned}
\mathcal{L} &= \bar{\Psi}_L i\gamma^\mu D_\mu \Psi_L + \bar{\psi}_{\nu,R} i\gamma^\mu \partial_\mu \psi_{\nu,R} + \bar{\psi}_{e,R} i\gamma^\mu \partial_\mu \psi_{e,R} \\
&= \bar{\psi}_\nu i\gamma^\mu \partial_\mu \psi_\nu + \bar{\psi}_e i\gamma^\mu \partial_\mu \psi_e \\
&\quad + \frac{1}{\sqrt{2}} g \bar{\psi}_{\nu,L} \gamma^\mu W_\mu^+ \psi_{e,L} + \frac{1}{\sqrt{2}} g \bar{\psi}_{e,L} \gamma^\mu W_\mu^- \psi_{\nu,L} \\
&\quad + \frac{1}{2} g \bar{\psi}_{e,L} \gamma^\mu W_\mu^3 \psi_{e,L} - \frac{1}{2} g \bar{\psi}_{\nu,L} \gamma^\mu W_\mu^3 \psi_{\nu,L}.
\end{aligned} \tag{5.25}$$

Dans ce lagrangien, on voit apparaître les termes usuels de propagation libre du lagrangien de Dirac et les termes de couplage avec les champs de jauge. Les termes responsables de la désintégration β qui transforme un neutrino en électron et inversement sont ceux contenant les champs W_μ^+ et W_μ^- qui correspondent effectivement aux particules W^+ et W^-. Ces particules portent une charge électrique et on parle alors de courants chargés. L'interaction électromagnétique semble donc être liée à l'interaction faible. Les termes en W^3 correspondent à des courants neutres, qui ne modifient pas la nature des particules. Cependant le couplage étant différent pour les fermions gauche et droit on ne peut pas identifier le W^3 au photon.

4.2 Théorie électrofaible et courants neutres

Pour faire apparaître l'électromagnétisme dans l'interaction, on ajoute un groupe de jauge $U(1)$ supplémentaire dont la charge est appelé hypercharge. On note Y le générateur. Les charges d'un groupe $U(1)$ étant arbitraires, on ajoute comme contrainte que la structure des multiplets $SU(2)$ doit être respectée, soit :

$$Y\psi_{\nu,L} = y_L \psi_{\nu,L}\,, \quad Y\psi_{e,L} = y_L \psi_{e,L}, \tag{5.26}$$

$$Y\psi_{\nu,R} = y_\nu \psi_{\nu,R}\,, \quad Y\psi_{e,R} = y_e \psi_{e,R}. \tag{5.27}$$

La dérivée covariante devient :

$$D_\mu = \partial_\mu - igW_\mu^a T_a - i\frac{g'}{2} B_\mu Y, \tag{5.28}$$

où par convention la constante de couplage est notée $g'/2$.

Le lagrangien pour les courants neutres (termes en W_μ^3 et B_μ uniquement) devient alors :

$$\begin{aligned}\mathcal{L} = &+\frac{g'}{2}y_e\bar{\psi}_{e,R}\gamma^\mu B_\mu\psi_{e,R} + \frac{g'}{2}y_\nu\bar{\psi}_{\nu,R}\gamma^\mu B_\mu\psi_{\nu,R}\\ &+\bar{\psi}_{e,L}\gamma^\mu\left(\frac{g}{2}W_\mu^3 + \frac{g'}{2}y_L B_\mu\right)\psi_{e,L}\\ &+\bar{\psi}_{\nu,L}\gamma^\mu\left(\frac{g}{2}W_\mu^3 - \frac{g'}{2}y_L B_\mu\right)\psi_{\nu,L}. \end{aligned} \tag{5.29}$$

Comme les champs de jauges B_μ et W_μ^3 sont associés à des générateurs diagonaux, on peut en construire des combinaisons linéaires, soit :

$$A_\mu = c_W W_\mu^3 + s_W B_\mu, \qquad Z_\mu = -s_W W_\mu^3 + c_W B_\mu, \tag{5.30}$$

qui correspondent à une rotation d'angle θ_W dans l'espace des champs avec $c_W = \cos\theta_W$ et $s_W = \sin\theta_W$. L'angle de mélange θ_W est appelé angle de Weinberg. Il va être fixé par la contrainte que A_μ correspondent au photon de l'électromagnétisme, c'est-à-dire de tel sorte que :

- le couplage de A_μ aux neutrinos gauche et droit soit nul : $y_\nu = 0$ et $y_L = \frac{-g}{g'}\tan\theta$;
- le couplage A_μ aux électrons gauche et droit soit identique (pas de violation de parité) : $y_e = 2y_L$;
- la constante de couplage soit celle de l'électromagnétisme : $e = -\frac{g'}{2}y_e c_W = g s_W$, où e désigne la charge élémentaire ;
- il reste une hypercharge qui doit être fixée arbitrairement (puisqu'il s'agit d'une symétrie $U(1)$). On pose par convention $y_L = -1$. Il en découle que l'opérateur de charge Q est une combinaison linéaire de T^3 et Y donnée par une formule connue dans un autre contexte sous le nom de formule de Gell-Mann et Nishijima : $Q = T^3 + \frac{Y}{2}$.

Par conséquent, l'hypercharge du neutrino droit est nulle. De fait, la composante droite du neutrino n'est couplée à aucune autre particule par interaction faible. Cette particule ne peut donc être ni produite ni diffusée dans les processus d'interaction faible. Elle ne participe ni à l'interaction forte ni à l'électromagnétisme et peut être supprimée du modèle tant que les neutrinos sont considérés comme des particules sans masse. La dérivée covariante en fonction des champs physiques $W^\pm$, Z et photon est ainsi :

$$D_\mu = \partial_\mu - igW_\mu^+T^+ - igW_\mu^-T^- - i(gc_WT^3 - \frac{g'}{2}s_WY)Z_\mu - ieQA_\mu. \tag{5.31}$$

La théorie ainsi obtenue, dite théorie de Glashow, Salam et Weinberg, décrit de manière unifiée les interactions faibles et électromagnétiques. Il s'agit d'une théorie de Yang-Mills $SU(2)_L \times U(1)$ incluant une violation de la symétrie de parité. En conséquence cette théorie ne peut décrire que des particules de masse nulle que ce soient les bosons de jauge (théorie de Yang-Mills) ou les fermions (violation de parité). Les particules en question étant effectivement massives, il va falloir un mécanisme supplémentaire pour faire apparaître des termes de masses, sans perdre l'invariance de jauge du lagrangien.

4.3 Brisure spontanée de symétrie et mécanisme de Higgs

On ajoute au modèle un doublet $SU(2)_L$ de champs scalaires complexes d'hypercharge $y = -1$:

$$\Phi = \frac{1}{\sqrt{2}} \begin{pmatrix} \phi_1 \\ \phi_2 \end{pmatrix}, \tag{5.32}$$

que l'on nomme champ de Higgs. Ces nouveaux champs sont décrits par l'équation de Klein-Gordon avec un terme source obtenu en substituant la dérivée covariante D_μ à la dérivée usuelle. Le lagrangien est donc un lagrangien de Klein-Gordon également modifié avec les dérivées covariantes. À ce lagrangien, on peut ajouter un unique terme faisant intervenir exclusivement les champs scalaires qui soit à la fois invariant de jauge et invariant de Lorentz. C'est un terme $\lambda|\Phi|^4$, qui introduit donc des couplages entre les champs scalaires eux-mêmes de manière analogue à ce que nous avons observé pour les bosons de jauge d'une théorie non abélienne. On pourrait considérer des termes d'ordres supérieurs en $|\Phi|^6$, $|\Phi|^8$, ... mais ils sont exclus par d'autres arguments qui dépassent le cadre de cet ouvrage. On pose ainsi le lagrangien de ce doublet :

$$\mathcal{L}_\Phi = D_\mu \Phi^+ D^\mu \Phi - \left(m^2 \Phi^+ \Phi - \lambda \left|\Phi^+ \Phi\right|^2\right). \tag{5.33}$$

On remarquera que le facteur $\frac{1}{2}$ qui apparaît normalement dans le lagrangien de Klein-Gordon a été absorbé dans la normalisation du doublet Φ.

Classiquement, la situation d'équilibre stable d'un système est définie par le minimum du potentiel. Pour un système quantique cela constitue son niveau fondamental. Quand le potentiel est juste le terme de masse (ce qui est le cas pour tous les champs étudiés jusqu'à présent), le minimum du potentiel correspond à une valeur nulle du champ. Ce n'est plus le cas ici, si $m^2 < 0$ et $\lambda > 0$, en effet :

$$V(\Phi) = m^2 \Phi^+ \Phi - \lambda \left|\Phi^+ \Phi\right|^2, \tag{5.34}$$

$$\frac{\partial V}{\partial |\Phi|} = 2m^2 |\Phi| - 4\lambda |\Phi|^3 \rightarrow |\Phi| = 0, \tag{5.35}$$

$$\frac{\partial^2 V}{\partial |\Phi|^2} = 2m^2 - 12\lambda |\Phi|^2 > 0, \tag{5.36}$$

qui admet une solution non nulle $|\Phi|^2 = \frac{-m^2}{2\lambda} = v$ pour $m^2 < 0$ et $\lambda > 0$. v est la valeur dans le vide du champ de Higgs. Le signe de λ est naturel sinon le potentiel diverge vers $-\infty$ et n'a pas de minimum. En revanche $m^2 < 0$, soit une masse imaginaire, est plus difficile à interpréter. Cependant il s'agit de celle du champ dans son ensemble qui ne correspond pas à une particule physique, qui elles ont toutes des masses réelles.

Le potentiel possède la symétrie $SU(2)$. Il existe une infinité de valeurs du champ qui minimisent le potentiel, toutes satisfaisant :

$$|\Phi|^2 = |\phi_1|^2 + |\phi_2|^2 = v. \tag{5.37}$$

Cependant une seule des ces valeurs du champ dans le vide est effectivement réalisé. Ainsi, le lagrangien possède la symétrie $SU(2)_L \times U(1)_Y$ alors que la valeur dans le vide du champ (« équilibre » stable du système) brise la symétrie. On parle de brisure spontanée de symétrie. Le doublet de champs Φ peut se réécrire :

$$\Phi = \frac{1}{\sqrt{2}}\begin{pmatrix} \phi_1 \\ \phi_2 \end{pmatrix} = \frac{1}{\sqrt{2}}\begin{pmatrix} \phi_1^R + i\phi_1^I \\ \phi_2^R + i\phi_2^I \end{pmatrix} = \frac{1}{\sqrt{2}} e^{i\theta_a T^a}\begin{pmatrix} 0 \\ v + h(x) \end{pmatrix}, \tag{5.38}$$

où apparaît une transformation $SU(2)_L$ appliquée à un vecteur contenant un unique degré de liberté réel $H(x)$. Les trois autres degrés de liberté du doublet Φ sont les trois champs réels $\theta_a(x) = 1 \ldots 3$, appelés bosons de Goldstone. Si on applique la transformation $e^{-i\theta_a T^a} \in SU(2)$ au multiplet, on se place dans une jauge où ces champs disparaissent des équations. Du fait de l'invariance de jauge ils n'ont donc aucun effet physique. Cette jauge particulière est la jauge unitaire. Le champ $h(x)$ est un champ scalaire réel de valeur moyenne dans le vide nulle. Ce dernier champ se comporte comme le champ scalaire usuel discuté au chapitre 2. Comme on a fixé $y = 1$ pour le doublet, la charge électrique de h est nulle. On aurait pu faire le choix $y = -1$, il aurait alors fallu paramétriser le champ de Higgs avec $v + h$ sur la composante du haut. Les deux approches sont parfaitement équivalentes.

$$\begin{aligned} D_\mu \Phi^+ D^\mu \Phi = {} & \frac{1}{2}\partial_\mu h \partial^\mu h + \frac{g^2 v^2}{4} W_\mu^- W^{\mu+} + \frac{g^2 v^2}{8\cos^2\theta_W} Z_\mu Z^\mu \\ & + \frac{g^2 v}{2} W_\mu^- W^{\mu+} h + \frac{g^2 v}{4\cos^2\theta_W} Z_\mu Z^\mu h \\ & + \frac{g^2}{4} W_\mu^- W^{\mu+} hh + \frac{g^2}{8\cos^2\theta_W} Z_\mu Z^\mu hh. \end{aligned} \tag{5.39}$$

Dans le terme cinématique du lagrangien de Klein-Gordon, on voit apparaître des termes de couplages entre les bosons de jauges, la valeur dans le vide du champ de Higgs v et le boson de Higgs h. En particulier les termes en v^2 sont analogues à des termes de masses $\frac{1}{2}M^2 A_\mu A^\mu$ et donnent les masses des bosons électrofaibles W et Z qui ne dépendent que des constantes de couplage g et g' (ou alternativement g et c_W) et de v :

$$m_W = \frac{gv}{2}, \quad m_Z = \frac{gv}{2c_W}. \tag{5.40}$$

Les autres termes décrivent l'interaction entre deux bosons de jauge et un ou deux bosons de Higgs.

L'énergie potentielle du champ de Higgs devient :

$$V(|\Phi|) = m^2(v+h)^2 + \lambda(v+h)^4 = -m^2h^2 + \lambda v h^3 + \frac{\lambda}{4}h^4 + K. \tag{5.41}$$

Le premier terme correspond à la masse du boson de Higgs qui est bien réelle $m_h^2 = -2m^2 > 0$, le second et le troisième à des interactions entre trois ou quatre bosons de Higgs. Enfin K est une constante qui n'a pas d'effet physique et peut donc être oubliée.

Les constantes de couplage et l'angle de Weinberg doivent être déterminés expérimentalement :

$$\sin_W^\theta = s_W^2 \approx 0,231. \tag{5.42}$$

Pour la constante de couplage, les grandeurs mesurées expérimentalement sont le couplage des courants chargés à basse énergie (voir exercice 8 du chapitre 6), ou constante de Fermi, qui est reliée à g^2 et à la masse du boson $W^\pm$, ainsi que les masses des bosons $W^\pm$ et Z.

$$G_F = \frac{\sqrt{2}g^2}{8m_W^2} = \frac{\sqrt{2}g^2}{8c_W^2 m_W^2} \approx 1,166 \times 10^{-5}\,\text{GeV}^{-2},\ m_W \approx 80,4\,\text{GeV}\ m_W \approx 91,2\,\text{GeV}. \tag{5.43}$$

La constante de Fermi est également directement reliée à la valeur dans le vide du champ de Higgs :

$$G_F = \frac{\sqrt{2}}{2v^2} \Rightarrow v = \sqrt{\frac{1}{G_F\sqrt{2}}} \approx 246,2\,\text{GeV}. \tag{5.44}$$

Enfin la masse du boson de Higgs est également un paramètre libre et vaut $m_h \approx 125,3$ GeV. C'est le dernier paramètre du modèle standard à avoir été mesuré, en 2012, avec la découverte du boson de Higgs au LHC.

4.4 Masses des fermions

Les masses des fermions, interdites par la violation de parité, peuvent également être générées par un couplage au champ de Higgs. Le terme de couplage invariant de Lorentz le plus simple entre fermions et champ scalaire, dit couplage de Yukawa, est de la forme $-\xi\varphi\bar{\psi}\psi$. *A priori* rien n'interdit d'inclure de tels termes dans notre théorie. On a vu que le terme $\bar{\psi}\psi$ couples les spineurs gauche et droit, le seul terme de Yukawa que l'on peut construire à partir des singlets et doublets du modèle électrofaible et qui respecte toutes les symétries est de la forme :

$$\mathcal{L}_{Yukawa} = -\xi\left(\bar{\psi}_R\Phi^+\Psi_L + \bar{\Psi}_L\Phi\psi_R\right). \tag{5.45}$$

Pour l'électron, on obtient en jauge unitaire :

$$\begin{aligned}\mathcal{L}_{Yukawa} &= -\frac{\xi}{\sqrt{2}}(v+h)\left[\bar{\psi}_{e,R}\psi_{e,L} + \bar{\psi}_{e,L}\psi_{e,R}\right] \\ &= -\frac{\xi v}{\sqrt{2}}\bar{\psi}_e\psi_e - \frac{\lambda_f}{\sqrt{2}}h\bar{\psi}_e\psi_e.\end{aligned} \tag{5.46}$$

Table 5.2 – Règles de Feynman pour les vertex entre bosons et fermions en interaction faible.

Objet physique	Diagramme	Règle de Feynman
Vertex $W^{\pm}\ell\nu_\ell$	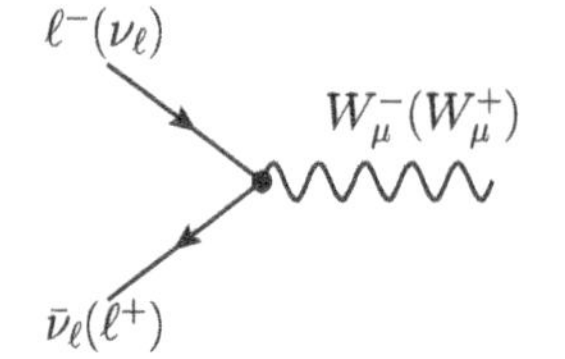	$-i\frac{g}{\sqrt{2}}\gamma_\mu(1-\gamma^5)$
Vertex $Zf\bar{f}$	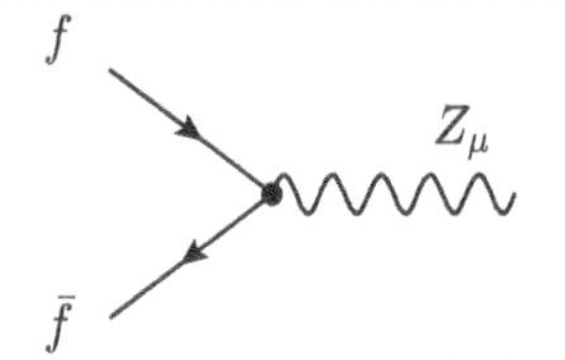	$-i\frac{g}{4c_W}\gamma_\mu(c_V - c_A\gamma^4)$
Vertex $hf\bar{f}$	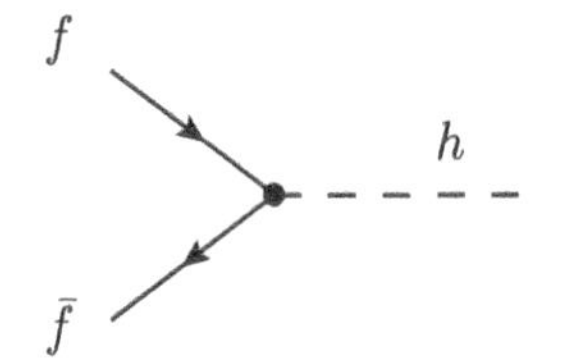	$-im_f\frac{g}{2m_W}$

Le premier terme est analogue à un terme de masse dans le lagrangien de Dirac. Il résulte du couplage entre. La masse d'un fermion m_f est reliée à son couplage de Yukawa ξ_f par :

$$m_f = \frac{\xi_f v}{\sqrt{2}} = \frac{\xi_f m_W \sqrt{2}}{g}. \tag{5.47}$$

Les autres fermions du modèle standard acquièrent une masse de la même manière. Le constante de couplage de Yukawa ξ est spécifique à chaque fermion. Il y en a donc autant que de fermions massifs dans la théorie constituant autant de paramètres libres du modèle. Le second terme décrit le couplage du boson de Higgs au fermion. L'intensité du couplage est :

$$\xi_f = \frac{m_f\sqrt{2}}{v} = \frac{m_f g}{2m_W}. \tag{5.48}$$

4.5 Règles de Feynman

Dans la mesure où les composantes des doublets $SU(2)$ sont explicitées (contrairement au cas de QCD), les lignes externes en théorie électrofaible ne portent pas d'indice supplémentaire, celui-ci correspondant effectivement à la nature de la particule (lepton chargé, neutrino, quarks de type *up* ou *down*). Les propagateurs des bosons W et Z sont ceux de vecteurs massifs. Les règles de Feynman pour les couplages des bosons de jauges et du boson de Higgs aux fermions sont données dans la table 5.2. Les coefficients

Table 5.3 – Isospin, charges électriques et couplages au boson Z des fermions.

Particule(s)	T^3	Q	c_V	c_A
Neutrinos : ν_e, ν_μ, ν_τ	$\frac{1}{2}$	0	$\frac{1}{2}$	$\frac{1}{2}$
Leptons chargés : e, μ, τ	$\frac{-1}{2}$	-1	$\frac{1}{2}(1+4s_W)$	$\frac{-1}{2}$
Quarks « *up* » : u, c, t	$\frac{1}{2}$	$\frac{2}{3}$	$\frac{1}{2}(1-\frac{8}{3}s_W)$	$\frac{1}{2}$
Quarks « *down* » : d, s, b	$\frac{-1}{2}$	$\frac{-1}{3}$	$\frac{1}{2}(1+\frac{4}{3}s_W)$	$\frac{-1}{2}$

c_V et c_A qui apparaissent dans le couplage du boson Z dépendent des valeurs propres de T^3 (isospin) et de Q (charge électrique) selon :

$$c_V = t^3 - 2qs_W, \qquad c_A = t^3. \tag{5.49}$$

et sont listées dans la table 5.3.

Dans le secteur des quarks, il existe en plus un mélange de saveur, c'est-à-dire que l'on observe que l'interaction faible par courants chargés ne transforme pas les particules qu'à l'intérieur de chacun des trois doublets $\begin{pmatrix} u \\ d \end{pmatrix}, \begin{pmatrix} c \\ s \end{pmatrix}, \begin{pmatrix} t \\ b \end{pmatrix}$, mais aussi entre composante haute et basse de doublets différents. Par exemple, on observe la décroissance des quarks b et s, analogue à une désintégration β, via $b \to Wc \to \ell^+\nu_\ell c$ et $s \to Wu \to \ell^+\nu_\ell u$ respectivement. Pour modéliser cet effet, on considère que les états propres de propagation des quarks sont différents de ceux d'interaction. On introduit donc une matrice de mélange, dite matrice de Cabibbo-Kobayashi-Maskawa (CKM), telle que les « vrais » doublets d'interaction soient :

$$\begin{pmatrix} u \\ d' \end{pmatrix}, \begin{pmatrix} c \\ s' \end{pmatrix}, \begin{pmatrix} t \\ b' \end{pmatrix}, \tag{5.50}$$

avec :

$$\begin{pmatrix} d' \\ s' \\ b' \end{pmatrix} = V_{CKM} \begin{pmatrix} d \\ s \\ b \end{pmatrix} = \begin{pmatrix} V_{ud} & V_{us} & V_{ub} \\ V_{cd} & V_{cs} & V_{cb} \\ V_{td} & V_{ts} & V_{tb} \end{pmatrix} \begin{pmatrix} d \\ s \\ b \end{pmatrix}. \tag{5.51}$$

Cette matrice de mélange est une matrice 3×3 complexe unitaire. La matrice est grossièrement diagonale, donc les interactions se font principalement au sein d'une même famille, mais des mélanges sont autorisés par les termes non diagonaux.

$$|V_{ud} \approx |V_{cs}| \approx 0{,}974, \quad |V_{tb}| \approx 0{,}999, \quad |V_{us}| \approx |V_{cd}| \approx 0{,}225, \tag{5.52}$$

$$|V_{cb}| \approx |V_{st}| \approx 0{,}041, \quad |V_{ub}| \approx 0{,}004, \quad |V_{td}| \approx 0{,}009. \tag{5.53}$$

L'existence d'une phase complexe dans la matrice CKM a pour conséquence l'existence d'une (faible) violation de la symétrie CP dans les interactions faibles. Par convention on définit cette matrice sur les quarks de type *down*, on pourrait tout aussi bien la définir sur les quarks de type *up*, voir sur les deux types de quarks. Dans tous les cas c'est le mélange relatif qui compte. Les vertex $W^+q_u\bar{q}_d$ et $W^-q_d\bar{q}_u$ incluent un élément de la matrice CKM et deviennent :

$$V_{W^+q_u\bar{q}_d} = -i\frac{g}{\sqrt{2}}V_{q_uq_d}\gamma_\mu(1-\gamma^5), \quad (5.54)$$

$$V_{W^-q_d\bar{q}_u} = -i\frac{g}{\sqrt{2}}V^*_{q_uq_d}\gamma_\mu(1-\gamma^5). \quad (5.55)$$

On peut vérifier que ce mélange n'affecte pas les vertex des bosons neutres (Z, photon, gluons et boson de Higgs). Seuls les courants chargés peuvent modifier la saveur des quarks.

Un phénomène similaire existe aussi dans le secteur des leptons mais n'a d'effet que sur des échelles de temps beaucoup plus longue que les durées caractéristiques d'interaction. Il est responsable des oscillations de saveur des neutrinos. On peut donc ignorer ce mélange de saveur dans les calculs de diagrammes.

Comme en QCD, il apparaît également des vertex à trois et quatre bosons de jauges. Leur structure est analogue à celle des vertex à trois et quatre gluons en adaptant les constantes de couplages et les constantes de structures. Toutes les combinaisons de vertex ne sont pas possibles : d'une part la charge électrique doit être conservée donc les bosons $W^\pm$ apparaissent toujours par paire, d'autre part il n'y a pas de couplage entre photons et bosons Z seuls. Il existe également de multiples vertex à trois ou quatre bosons impliquant le boson de Higgs seul et les bosons faibles et le boson de Higgs. Les règles de Feynman de ces vertex sont données dans l'annexe C.

Points clés

1. La théorie de Yang-Mills introduit les interactions en partant d'un lagrangien de Dirac pour des fermions libres auquel on impose une invariance locale sous un groupe de symétrie. Pour maintenir l'invariance, il faut ajouter à la théorie des champs vectoriels de masse nulle, se transformant sous la représentation adjointe du groupe de jauge. L'invariance sous le groupe $U(1)$ donne le lagrangien de la QED vu précédemment.

2. L'interaction forte est décrite par une théorie de Yang-Mills sous le groupe $SU(3)$, qui est non abélienne. Par conséquent il apparaît de nouveaux couplages entre les bosons de jauges (les huit gluons) eux-mêmes qui n'ont pas d'équivalent en électromagnétisme.

3. L'interaction faible par courants chargés est décrite par une théorie de Yang-Mills $SU(2)$ qui viole la symétrie de parité en ne se couplant qu'aux composantes gauches des spineurs.

4. L'interaction faible par courants chargés et par courants neutres ainsi que l'électromagnétisme sont décrits par une théorie de Yang-Mills $SU(2)_L \times U(1)_Y$, où la charge du groupe $U(1)$ dite hypercharge, respecte les multiplets $SU(2)$. Dans ce modèle de Glashow, Salam et Weinberg, du fait de la violation de parités, les fermions ne peuvent pas être massifs.

5. Le mécanisme de brisure spontanée de symétrie, ou mécanisme de Higgs, consiste en l'ajout à la théorie d'un champ scalaire dont la valeur dans le vide est non nulle et dégénérée. Ainsi la valeur dans le vide brise la symétrie de jauge alors que le lagrangien reste globalement invariant. Une nouvelle particule couplée aux bosons faibles et aux fermions, le boson de Higgs, résulte de ce mécanisme. Les couplages de la valeur dans le vide du champ de Higgs aux bosons de jauge $W^{\pm}$ et Z et aux fermions fait apparaître des termes analogues aux masses dans le lagrangien.

Chapitre 6

Exercices : calculs de processus

Introduction

Dans cette section, on se propose de calculer quelques processus à partir des règles de Feynman. Certains calculs seront traités entièrement jusqu'à l'expression de la section efficace ou de la largeur de désintégration, tandis que d'autres ne seront abordés que partiellement pour mettre en avant certains aspect, particulier, de ce type de calcul. Le lecteur est invité à refaire et à compléter les calculs à titre d'exercice.

Plan

1 Effet Compton
2 Effet Compton en QCD
3 Création de paires de muons
4 Création de paires de muons massifs
5 Production du boson de Higgs dans un collisionneur leptonique
6 Désintégration du boson de Higgs en deux fermions
7 Désintégration du boson de Higgs en deux bosons W
8 Largeur de désintégration du quark top
9 Désintégration du muon
10 Largeur de désintégration des bosons électrofaibles
11 Production associée d'un boson de Higgs chargé et d'un quark top

1 Effet Compton

Présentation

Objectif Faire le calcul complet de la section efficace dans le référentiel du centre de masse et du laboratoire, en unité du système international.

Processus

$$\gamma(k_1, \lambda_1) + e^-(p_1, s_1) \to \gamma(k_2, \lambda_2) + e^-(p_2, s_2).$$

Diagrammes de Feynman Il y a deux diagrammes, en voie s et u.

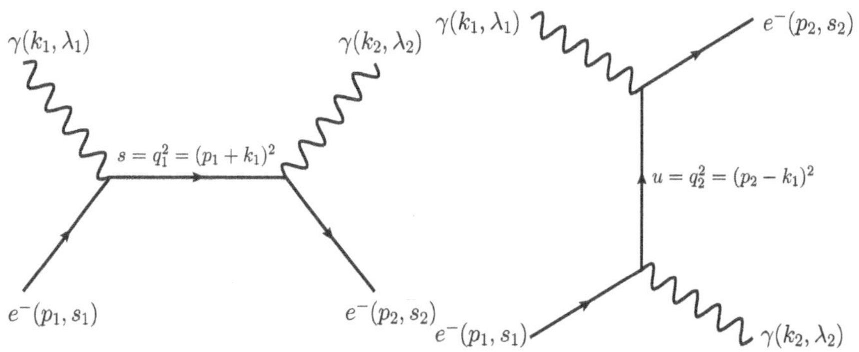

Contexte La diffusion Compton, comme déjà évoquée précédemment, est la diffusion élastique d'un photon sur un électron. La masse de l'électron est notée m. C'est un processus standard de QED qui a servi d'exemple à plusieurs reprises au cours de l'ouvrage.

On commence par le calcul de l'amplitude au carré. Pour le diagramme en voie s :

$$\begin{aligned} i\mathcal{M}_{fi}^{s} &= \bar{u}_{p_2,s_2}(-ie\gamma^{\mu})\varepsilon_{\mu}(\lambda_2)\frac{i(q_1^{\alpha}\gamma_{\alpha} + m)}{q_1^2 - m^2}\varepsilon_{\nu}(\lambda_1)(-ie\gamma^{\nu})u_{p_1,s_1} \\ &= \frac{-ie^2}{s - m^2}\varepsilon_{\mu}(\lambda_2)\varepsilon_{\nu}(\lambda_1)\bar{u}_2\gamma^{\mu}(q_{1\alpha}\gamma^{\alpha} + m)\gamma^{\nu}u_1. \end{aligned} \tag{6.1}$$

De même, pour le diagramme en voie u :

$$\begin{aligned} i\mathcal{M}_{fi}^{u} &= \bar{u}_{p_2,s_2}(-ie\gamma^{\nu})\varepsilon_{\nu}(\lambda_1)\frac{i(q_2^{\alpha}\gamma_{\alpha} + m)}{q_2^2 - m^2}\varepsilon_{\mu}(\lambda_2)(-ie\gamma^{\mu})u_{p_1,s_1} \\ &= \frac{-ie^2}{u - m^2}\varepsilon_{\mu}(\lambda_2)\varepsilon_{\nu}(\lambda_1)\bar{u}_2\gamma^{\nu}(q_{2\alpha}\gamma^{\alpha} + m)\gamma^{\mu}u_1. \end{aligned} \tag{6.2}$$

L'amplitude carrée non polarisée est alors :

$$\overline{|\mathcal{M}_{fi}|^2} = \frac{1}{2}\frac{1}{2}\sum_{s_1,s_2,\lambda_1,\lambda_2} |\mathcal{M}^s_{fi} + \mathcal{M}^u_{fi}|^2 \tag{6.3}$$
$$= \frac{1}{4}\sum_{s_1,s_2,\lambda_1,\lambda_2} |\mathcal{M}^s_{fi}|^2 + |\mathcal{M}^u_{fi}|^2 + \mathcal{I}_{fi},$$

avec le terme d'interférence :

$$\mathcal{I}_{fi} = 2Re(\mathcal{M}^s_{fi}\overline{\mathcal{M}^u_{fi}}), \tag{6.4}$$

soit :

$$\overline{|\mathcal{M}_{fi}|^2} = \overline{\left|\mathcal{M}^s_{fi}\right|^2} + \overline{\left|\mathcal{M}^u_{fi}\right|^2} + \overline{\mathcal{I}_{fi}}. \tag{6.5}$$

Le calcul de $\overline{\left|\mathcal{M}^s_{fi}\right|^2}$ en termes de traces de matrices de Dirac, puis en termes de produits scalaires des quadri-impulsions du problème donne :

$$\overline{\left|\mathcal{M}^s_{fi}\right|^2} = \frac{e^4}{4(s-m^2)^2}\sum_{s_1,s_2,\lambda_1,\lambda_2} \overbrace{\varepsilon_\mu(\lambda_2)\underbrace{\varepsilon_\nu(\lambda_1)\varepsilon_\rho(\lambda_1)}_{-g_{\nu\rho}}\varepsilon_\sigma(\lambda_2)}^{-g_{\mu\sigma}}$$
$$\times \underbrace{\bar{u}_2\gamma^\mu(q_{1\alpha}\gamma^\alpha + m)\gamma^\nu \overbrace{u_1\bar{u}_1}^{p_{1\delta}\gamma^\delta+m} \gamma^\rho(q_{1\beta}\gamma^\beta + m)\gamma^\sigma u_2}_{Tr\left[(p_{2\theta}\gamma^\theta+m)\ldots\right]}$$
$$= \frac{e^4}{4(s-m^2)^2} g_{\mu\sigma}g_{\nu\rho}Tr\left[(p_{2\theta}\gamma^\theta + m)\gamma^\mu(q_{1\alpha}\gamma^\alpha + m)\gamma^\nu\right.$$
$$\left.(p_{1\delta}\gamma^\delta + m)\gamma^\rho(q_{1\beta}\gamma^\beta + m)\gamma^\sigma\right]$$
$$= \frac{e^4}{4(s-m^2)^2} Tr\left[(p_{2\theta}\gamma^\theta + m)\gamma^\mu(q_{1\alpha}\gamma^\alpha + m)\gamma^\nu\right.$$
$$\left.(p_{1\delta}\gamma^\delta + m)\gamma_\nu(q_{1\beta}\gamma^\beta + m)\gamma_\mu\right]. \tag{6.6}$$

Il y a *a priori* seize traces à calculer. Les traces en m^3 et m font apparaître un nombre impair de matrices γ ; elle sont donc nulles. Il reste une trace en m^4, six traces en m^2 et une trace ne faisant pas apparaître la masse.

- Trace en m^4 :

$$T_1 = m^4 Tr\left[\gamma^\mu\gamma^\nu\gamma_\nu\gamma_\mu\right] = 16m^4 Tr[\mathbb{1}_4] = 64m^4. \tag{6.7}$$

- Traces en m^2 :

$$\begin{aligned}
T_2 &= m^2 p_{1\delta} p_{2\theta} Tr[\gamma^\theta \gamma^\mu \underbrace{\gamma^\nu \gamma^\delta \gamma_\nu}_{-2\gamma^\delta} \gamma_\mu] \\
&= -2m^2 p_{1\delta} p_{2\theta} Tr[\gamma^\theta \underbrace{\gamma^\mu \gamma^\delta \gamma_\mu}_{-2\gamma^\delta}] \\
&= 4m^2 p_{1\delta} p_{2\theta} \underbrace{Tr[\gamma^\theta \gamma^\delta]}_{4g^{\theta\delta}} \\
&= 16m^2 (p_1 \cdot p_2),
\end{aligned} \tag{6.8}$$

$$T_3 = m^2 q_{1\alpha} q_{1\beta} Tr[\overbrace{\gamma^\mu \gamma^\alpha \underbrace{\gamma^\nu \gamma_\nu}_{4\mathbb{1}_4} \gamma^\beta \gamma_\mu}^{4\mathbb{1}_4 \text{ (cyclicité)}}] \tag{6.9}$$

$$= 16m^2 q_{1\alpha} q_{1\beta} Tr[\gamma^\alpha \gamma^\beta] = 64m^2 q_1^2, \tag{6.10}$$

$$T_4 = m^2 p_{2\theta} q_{1\alpha} Tr[\gamma^\theta \overbrace{\gamma^\mu \gamma^\alpha \underbrace{\gamma^\nu \gamma_\nu}_{4\mathbb{1}_4} \gamma_\mu}^{-2\gamma^\alpha}] \tag{6.11}$$

$$= -8m^2 p_{2\theta} q_{1\alpha} Tr[\gamma^\theta \gamma^\alpha] = -32m^2 (p_2 \cdot q_1), \tag{6.12}$$

$$T_5 = m^2 p_{2\theta} q_{1\beta} Tr[\gamma^\theta \overbrace{\gamma^\mu \underbrace{\gamma^\nu \gamma_\nu}_{4\mathbb{1}_4} \gamma^\beta \gamma_\mu}^{-2\gamma^\beta}] \tag{6.13}$$

$$= -8m^2 p_{2\theta} q_{1\beta} Tr[\gamma^\theta \gamma^\beta] = -32m^2 (p_2 \cdot q_1), \tag{6.14}$$

$$T_6 = m^2 p_{1\delta} q_{1\alpha} Tr[\overbrace{\gamma^\mu \gamma^\alpha \underbrace{\gamma^\nu \gamma^\delta \gamma_\nu}_{-2\gamma^\delta} \gamma_\mu}^{4\mathbb{1}_4 \text{ (cyclicité)}}] \tag{6.15}$$

$$= -8m^2 p_{1\delta} q_{1\alpha} Tr[\gamma^\alpha \gamma^\delta] = -32m^2 (p_1 \cdot q_1), \tag{6.16}$$

$$T_7 = m^2 p_{1\delta} q_{1\beta} Tr[\overbrace{\gamma^\mu \underbrace{\gamma^\nu \gamma^\delta \gamma_\nu}_{-2\gamma^\delta} \gamma^\beta \gamma_\mu}^{4\mathbb{1}_4 \text{ (cyclicité)}}] \tag{6.17}$$

$$= -8m^2 p_{1\delta} q_{1\beta} Tr[\gamma^\delta \gamma^\beta] = -32m^2 (p_1 \cdot q_1). \tag{6.18}$$

- Trace sans masse :

$$
\begin{aligned}
T_8 &= p_{1\delta}p_{2\theta}q_{1\alpha}q_{1\beta}Tr[\gamma^\theta\gamma^\mu\gamma^\alpha\gamma^\nu\gamma^\delta\gamma_\nu\gamma^\beta\gamma_\mu] \\
&= p_{1\delta}p_{2\theta}q_{1\alpha}q_{1\beta}Tr[\underbrace{\gamma_\mu\gamma^\theta\gamma^\mu}_{-2\gamma^\theta}\gamma^\alpha\underbrace{\gamma^\nu\gamma^\delta\gamma_\nu}_{-2\gamma^\delta}\gamma^\beta] \\
&= 4p_{1\delta}p_{2\theta}q_{1\alpha}q_{1\beta}Tr[\gamma^\theta\gamma^\alpha\gamma^\delta\gamma^\beta] \\
&= 16p_{1\delta}p_{2\theta}q_{1\alpha}q_{1\beta}\left(g^{\theta\alpha}g^{\delta\beta} - g^{\theta\delta}g^{\alpha\beta} + g^{\theta\beta}g^{\alpha\delta}\right) \\
&= 16\left((p_2\cdot q_1)(p_1\cdot q_1) - (p_1\cdot p_2)q_1^2 + (p_1\cdot q_1)(p_2\cdot q_1)\right) \\
&= 32(p_1\cdot q_1)(p_2\cdot q_1) - 16(p_1\cdot p_2)q_1^2. \qquad (6.19)
\end{aligned}
$$

Le développement des deux autres termes suit le même modèle. Les traces obtenues pour $\overline{\left|\mathcal{M}^u_{fi}\right|^2}$ sont identiques à la substitution de q_1 par q_2 près et sont données dans la table 6.1.

On pose les variables de Mandelstam :

$$s = (p_1 + k_1)^2 = (p_2 + k_2)^2, \qquad (6.20)$$

$$t = (p_2 - p_1)^2 = (k_2 - k_1)^2, \qquad (6.21)$$

$$u = (k_2 - p_1)^2 = (p_2 - k_1)^2, \qquad (6.22)$$

avec $s + t + u = 2m^2$. On en déduit :

$$s = (p_1 + k_1)^2 = m^2 + 2p_1\cdot k_1 \Rightarrow p_1\cdot k_1 = \frac{s - m^2}{2}, \qquad (6.23)$$

$$u = (p_2 - k_1)^2 = m^2 - 2p_2\cdot k_1 \Rightarrow p_2\cdot k_1 = \frac{m^2 - u}{2}, \qquad (6.24)$$

$$t = (p_2 - p_1)^2 = 2m^2 - 2p_1\cdot p_2 = s + t + u - 2p_1\cdot p_2 \Rightarrow p_1\cdot p_2 = \frac{s + u}{2}. \qquad (6.25)$$

De plus :

$$q_1 = p_1 + k_1 \qquad q_2 = p_2 - k_1. \qquad (6.26)$$

On en déduit alors les différents produits scalaires qui apparaissent dans les traces en fonction des variables de Mandelstam :

$$q_1^2 = s, \qquad (6.27)$$

$$q_2^2 = u, \qquad (6.28)$$

$$q_1\cdot q_2 = p_2.k_1 - p_1.k_1 + p_1p_2 = m^2, \qquad (6.29)$$

$$p_1\cdot p_2 = \frac{s + u}{2}, \qquad (6.30)$$

$$p_1\cdot q_1 = p_1^2 + p_1\cdot k_1 = m^2 + \frac{s - m^2}{2} = \frac{s + m^2}{2}, \qquad (6.31)$$

$$p_2\cdot q_1 = p_1\cdot p_2 + p_2\cdot k_1 = \frac{s + u}{2} + \frac{m^2 - u}{2} = \frac{s + m^2}{2}, \qquad (6.32)$$

Table 6.1 – Valeurs des traces apparaissant dans le calcul des éléments de matrices de la diffusion Compton.

	$\overline{\left\|\mathcal{M}_{fi}^s\right\|^2}$	$\overline{\left\|\mathcal{M}_{fi}^u\right\|^2}$	$\overline{\mathcal{I}_{fi}}$
Préfacteur	$\frac{e^4}{4(s-m^2)^2}$	$\frac{e^4}{4(u-m^2)^2}$	$\frac{e^4}{2(s-m^2)(u-m^2)}$
T_1	$64m^4$	$64m^4$	$-32m^4$
T_2	$16m^2(p_1 \cdot p_2)$	$16m^2(p_1 \cdot p_2)$	$16m^2(p_1 \cdot p_2)$
T_3	$64m^2q_1^2$	$64m^2q_2^2$	$16m^2(q_1 \cdot q_2)$
T_4	$-32m^2(p_2 \cdot q_1)$	$-32m^2(p_2 \cdot q_2)$	$16m^2(p_2 \cdot q_1)$
T_5	$-32m^2(p_2 \cdot q_1)$	$-32m^2(p_2 \cdot q_2)$	$16m^2(p_2 \cdot q_2)$
T_6	$-32m^2(p_1 \cdot q_1)$	$-32m^2(p_1 \cdot q_2)$	$16m^2(p_1 \cdot q_1)$
T_7	$-32m^2(p_1 \cdot q_1)$	$-32m^2(p_1 \cdot q_2)$	$16m^2(p_1 \cdot q_2)$
T_8	$32(p_1 \cdot q)(p_2 \cdot q_1)$ $-16(p_1 \cdot p_2)q_1^2$	$32(p_1 \cdot q_2)(p_2 \cdot q_2)$ $-16(p_1 \cdot p_2)q_2^2$	$-32(p_1p_2)(q_1 \cdot q_2)$

$$p_1 \cdot q_2 = p_1 \cdot p_2 - p_1 \cdot k_1 = \frac{s+u}{2} - \frac{s-m^2}{2} = \frac{u+m^2}{2}, \tag{6.33}$$

$$p_2 \cdot q_2 = p_2^2 - p_2 \cdot k_1 = m^2 - \frac{m^2-u}{2} = \frac{u+m^2}{2}. \tag{6.34}$$

Finalement, on peut simplifier les éléments de matrice en :

$$\begin{aligned}
\overline{\left|\mathcal{M}_{fi}^s\right|^2} &= \frac{e^4}{4(s-m^2)^2}\left[64m^4 + 8m^2(s+u) + 64m^2s\right.\\
&\qquad \left.-64m^2(s+m^2) + 8(s+m^2)^2 - 8s(s+u)\right]\\
&= \frac{2e^4}{(s-m^2)^2}\left[m^4 + 3m^2s + um^2 - us\right]\\
&= \frac{2e^4}{(s-m^2)^2}\left[-u(s-m^2) + m^2(s-m^2) + 2m^2s + 2m^4\right]\\
&= \frac{2e^4}{(s-m^2)^2}\left[4m^4 + 2m^2(s-m^2) - (u-m^2)(s-m^2)\right]\\
&= 2e^4\left[\frac{4m^4}{(s-m^2)^2} + \frac{2m^2}{s-m^2} - \frac{u-m^2}{s-m^2}\right], \qquad (6.35)\\
\overline{\left|\mathcal{M}_{fi}^u\right|^2} &= 2e^4\left[\frac{4m^4}{(u-m^2)^2} + \frac{2m^2}{u-m^2} - \frac{s-m^2}{u-m^2}\right], \qquad (6.36)\\
\overline{\mathcal{I}_{fi}} &= 2e^4\left[\frac{8m^4}{(u-m^2)(s-m^2)} + \frac{2m^2}{s-m^2} + \frac{2m^2}{u-m^2}\right]. \qquad (6.37)
\end{aligned}$$

L'amplitude carrée finales est alors :

$$\overline{|\mathcal{M}_{fi}|^2} = 2e^4 \left[\frac{m^2 - u}{s - m^2} + \frac{m^2 - s}{u - m^2} + 4m^2 \left(\frac{1}{s - m^2} + \frac{1}{u - m^2} \right) + 4m^4 \left(\frac{1}{s - m^2} + \frac{1}{u - m^2} \right)^2 \right]. \tag{6.38}$$

Pour obtenir la section efficace, il faut désormais calculer l'espace de phase. Dans le référentiel du laboratoire (voir figure A), l'électron est au repos. On pose :

$$p_1 = (m, \vec{0}), \qquad k_1 = (\omega_1, \vec{k}_1), \qquad k_2 = (\omega_2, \vec{k}_2), \tag{6.39}$$

avec :

$$|\vec{k}_1| = \omega_1, \qquad |\vec{k}_2| = \omega_2, \qquad k_1 \cdot k_2 = \omega_1 \omega_2 (1 - \cos\theta), \tag{6.40}$$

où θ est l'angle de diffusion. La cinématique dans le référentiel du laboratoire donne :

$$s - m^2 = 2p_1 \cdot k_1 = 2m\omega_1, \tag{6.41}$$

$$u - m^2 = -2p_1 \cdot k_2 = -2m\omega_2, \tag{6.42}$$

$$t = -2k_1 \cdot k_2 = -2\omega_1\omega_2(1 - \cos\theta). \tag{6.43}$$

En utilisant $s + t + u = 2m^2$, on a également :

$$t = 2m^2 - s - u = 2m(\omega_2 - \omega_1), \tag{6.44}$$

en égalisant les deux équations précédentes, on dérive la relation entre l'angle de diffusion θ et l'énergie diffusée ω_2 :

$$m(\omega_2 - \omega_1) = -\omega_1\omega_2(1 - \cos\theta) \Rightarrow \omega_2 = \frac{\omega_1}{1 + \frac{\omega_1}{m}(1 - \cos\theta)}. \tag{6.45}$$

L'énergie initiale ω_1 étant fixée, on a :

$$dt = 2m d\omega_2 \text{ et } d\Omega = d\varphi d\cos\theta = 2\pi d\cos\theta, \tag{6.46}$$

soit :

$$\frac{dt}{d\Omega} = \frac{m}{\pi} \frac{d\omega_2}{d\cos\theta} = \frac{m}{\pi} \frac{\frac{\omega_1^2}{m}}{\left(1 + \frac{\omega_1}{m}(1 - \cos\theta)\right)^2} = \frac{\omega_2^2}{\pi}. \tag{6.47}$$

Le section efficace différentielle invariante de Lorentz est :

$$\frac{d\sigma}{dt} = \frac{1}{16\pi} \frac{\overline{|\mathcal{M}_{fi}|^2}}{\lambda(s, m^2, 0)} = \frac{1}{16\pi} \frac{\overline{|\mathcal{M}_{fi}|^2}}{(s - m^2)^2} = \frac{1}{64\pi m^2 \omega_1^2} \overline{|\mathcal{M}_{fi}|^2}. \tag{6.48}$$

La section efficace différentielle dans le laboratoire est :

$$\frac{d\sigma}{d\Omega} = \frac{d\sigma}{dt} \frac{dt}{d\Omega} = \frac{1}{64\pi^2 m^2} \frac{\omega_2^2}{\omega_1^2} \overline{|\mathcal{M}_{fi}|^2}, \tag{6.49}$$

avec :

$$\overline{|\mathcal{M}_{fi}|^2} = 2e^4 \left[\frac{\omega_2}{\omega_1} + \frac{\omega_1}{\omega_2} + 2m \left(\frac{1}{\omega_1} - \frac{1}{\omega_2} \right) + m^2 \left(\frac{1}{\omega_1} - \frac{1}{\omega_2} \right)^2 \right], \tag{6.50}$$

or :

$$m(\omega_2 - \omega_1) = -\omega_1\omega_2(1 - \cos\theta), \tag{6.51}$$

$$\Rightarrow m\left(\frac{1}{\omega_1} - \frac{1}{\omega_2}\right) = \frac{m(\omega_2 - \omega_1)}{\omega_1\omega_2} = \cos\theta - 1. \tag{6.52}$$

On en déduit :

$$\begin{aligned}\overline{|\mathcal{M}_{fi}|^2} &= 2e^4\left[\frac{\omega_2}{\omega_1} + \frac{\omega_1}{\omega_2} + 2(\cos\theta - 1) + (\cos\theta - 1)^2\right] \\ &= 2e^4\left[\frac{\omega_2}{\omega_1} + \frac{\omega_1}{\omega_2} - 1 + \cos^2\theta\right].\end{aligned} \tag{6.53}$$

Enfin la section efficace différentielle est :

$$\frac{d\sigma}{d\Omega} = \frac{e^4}{32\pi^2 m^2}\frac{\omega_2^2}{\omega_1^2}\left[\frac{\omega_2}{\omega_1} + \frac{\omega_1}{\omega_2} - 1 + \cos^2\theta\right]. \tag{6.54}$$

En utilisant la constante de structure fine (sans dimension) $\alpha = \frac{q^2}{4\pi}$ et en posant :

$$\xi = \frac{\omega_2}{\omega_1} = \frac{1}{1 + \frac{\omega_1}{m}(1 - \cos\theta)}, \tag{6.55}$$

on obtient finalement :

$$\frac{d\sigma}{d\Omega} = \frac{\alpha^2}{2m^2}\xi^2\left[\xi + \frac{1}{\xi} - 1 + \cos^2\theta\right]. \tag{6.56}$$

Pour passer dans le système international, il faut rétablir les facteurs c et $\hbar$ manquants. La section efficace est homogène à une surface. La formule obtenue est homogène à l'inverse d'une masse au carré. En remplaçant m par mc^2 on obtient l'inverse d'une énergie au carré. Sachant que $\hbar c$ est une longueur fois une énergie, il suffit de multiplier par $(\hbar c)^2$, soit :

$$\frac{d\sigma^{SI}}{d\Omega} = \frac{\alpha^2\hbar^2}{2m^2c^2}\xi^2\left[\xi + \frac{1}{\xi} - 1 + \cos^2\theta\right]. \tag{6.57}$$

Enfin, dans le système international, l'expression de la constante de structure fine est :

$$\alpha = \frac{e^2}{4\pi\hbar c\varepsilon_0}, \tag{6.58}$$

ce qui donne finalement la formule de Klein-Nishina :

$$\frac{d\sigma^{SI}}{d\Omega} = \frac{e^4}{32\pi^2\varepsilon_0^2 m^2 c^4}\xi^2\left[\xi + \frac{1}{\xi} - 1 + \cos^2\theta\right]. \tag{6.59}$$

2 Effet Compton en QCD

Présentation

Objectif Utiliser le vertex à trois gluons et calculer les facteurs de couleurs.

Processus

$$g(k_1, \lambda_1, c) + q(p_1, s_1, a) \to g(k_2, \lambda_2, d) + q(p_2, s_2, b).$$

Diagrammes de Feynman On a fait figurer la structure de couleur des lignes externes et des vertex sur les diagrammes

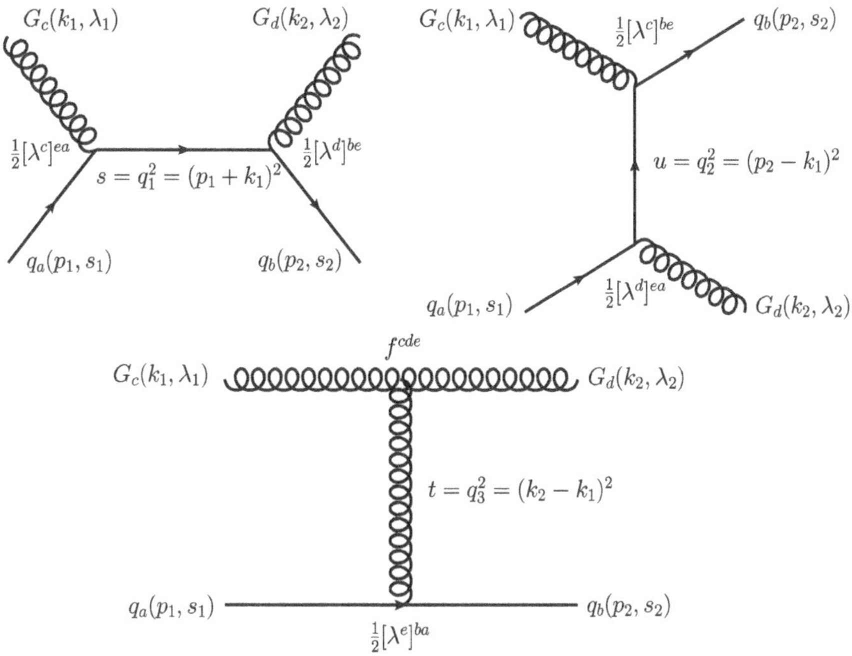

Contexte Le processus analogue à la diffusion Compton pour l'interaction forte est la diffusion du gluon sur le quark. Le calcul est similaire à celui de QED mais il s'y ajoute les facteurs de couleurs et un troisième diagramme en voie t avec le vertex à trois gluons.

L'ensemble du calcul (long) ne sera pas présenté. Nous allons nous concentrer sur le calcul de l'amplitude de Feynman en voie t et des facteurs de couleurs. Les autres calculs, en particulier les termes d'interférences sont laissés en exercice au lecteur curieux. L'espace de phase est identique au cas QED. Les amplitudes de Feynman en voie s et u sont analogues :

$$i\mathcal{M}_{fi}^{s} = \frac{-ig_s^2}{s-m^2}\sum_e \frac{[\lambda^c]^{ea}}{2}\frac{[\lambda^d]^{be}}{2}\varepsilon_\mu(\lambda_2)\varepsilon_\nu(\lambda_1)\bar{u}_2\gamma^\mu(q_{1\alpha}\gamma^\alpha + m)\gamma^\nu u_1$$

$$= \frac{-ig_s^2}{s-m^2}\frac{[\lambda^c\lambda^d]^{ba}}{4}\varepsilon_\mu(\lambda_2)\varepsilon_\nu(\lambda_1)\bar{u}_2\gamma^\mu(q_{1\alpha}\gamma^\alpha + m)\gamma^\nu u_1, \qquad (6.60)$$

$$i\mathcal{M}_{fi}^{u} = \frac{-ig_s^2}{u-m^2}\frac{[\lambda^d\lambda^c]^{ba}}{4}\varepsilon_\mu(\lambda_2)\varepsilon_\nu(\lambda_1)\bar{u}_2\gamma^\nu(q_{2\alpha}\gamma^\alpha + m)\gamma^\mu u_1. \qquad (6.61)$$

Le diagramme en voie t, en posant $q_3 = k_2 - k_1$, $t = q_3^2$, donne :

$$i\mathcal{M}_{fi}^{t} = \frac{-g_s^2}{t}g_{\rho\sigma}f_{ced}\frac{[\lambda^e]^{ba}}{2}$$
$$\{g^{\nu\rho}(k_1+q_3)^\mu) + g^{\rho\mu}(k_2-q_3)^\nu - g^{\mu\nu}(k_2+k_1)^\rho\} \qquad (6.62)$$
$$\varepsilon_\mu(\lambda_2)\varepsilon_\nu(\lambda_1)\bar{u}_2\gamma^\sigma u_1.$$

L'amplitude carrée non polarisée est alors :

$$\overline{|\mathcal{M}_{fi}|^2} = \frac{1}{2\times 2}\sum_{s_1,s_2,\lambda_1,\lambda_2}\frac{1}{3\times 8}\sum_{a,b,c,d}|\mathcal{M}_{fi}^s + \mathcal{M}_{fi}^u + \mathcal{M}_{fi}^u|^2. \qquad (6.63)$$

La structure de couleur se factorise, on obtient alors des facteurs de couleur pour chaque terme. En utilisant l'hermiticité des générateurs, on obtient $\lambda_{ab}^* = \lambda_{ab}^T = \lambda_{ba}$. Pour la voie s, on obtient :

$$C_s = \frac{1}{3\times 8}\sum_{a,b,c,d}\frac{[\lambda^c\lambda^d]^{ba}}{4}\frac{[\lambda^c\lambda^d]^{ba*}}{4}$$
$$= \frac{1}{24}\sum_{a,b,c,d}\frac{[\lambda^c\lambda^d]^{ba}}{4}\frac{[\lambda^c\lambda^d]^{ab}}{4}$$
$$= \frac{1}{24}\sum_{c,d} Tr\left[\frac{\lambda^c\lambda^d\lambda^c\lambda^d}{16}\right]$$
$$= -\frac{1}{24}\sum_d \frac{\delta_{dd}}{12}$$
$$C_s = -\frac{1}{36}. \qquad (6.64)$$

Pour la voie u, on obtient le même résultat $C_u = C_s$. Le terme d'interférence su a pour facteur de couleur :

$$\begin{aligned}
C_{su} &= \frac{1}{3\times 8}\sum_{a,b,c,d}\frac{[\lambda^c\lambda^d]^{ba}}{4}\frac{[\lambda^d\lambda^c]^{ab}}{4}\\
&= \frac{1}{24}\sum_{c,d}\frac{Tr[\lambda^c\lambda^d\lambda^d\lambda^c]}{16}\\
&= \frac{1}{24}\sum_{d}\frac{2\delta_{dd}}{3}\\
C_{su} &= \frac{8}{36}.
\end{aligned} \tag{6.65}$$

En voie t, on obtient :

$$\begin{aligned}
C_t &= \frac{1}{3\times 8}\sum_{a,b,c,d,e,f} f_{ced}\frac{[\lambda^e]^{ba}}{2}f_{cfd}\frac{[\lambda^f]^{ab}}{2}\\
&= \frac{1}{24}\sum_{c,d,e,f}\frac{f_{ced}f_{cfd}}{4}Tr[\lambda^e\lambda^f]\\
&= \frac{1}{24}\sum_{c,d,e,f}\frac{f_{ced}f_{cfd}}{4}2\delta^{ef}\\
&= \frac{1}{48}\sum_{c,d,e} f_{ced}f_{ced}\\
&= \frac{1}{16}\sum_{c}\delta_{cc}\\
C_t &= \frac{1}{2}.
\end{aligned} \tag{6.66}$$

Enfin les deux termes d'interférence ut et st ont le même facteur de couleur. On donne C_{st} :

$$\begin{aligned}
C_{st} &= \frac{1}{3\times 8}\sum_{a,b,c,d,f}\frac{[\lambda^c\lambda^d]^{ba}}{4}f_{cfd}\frac{[\lambda^f]^{ab}}{2}\\
&= \frac{1}{24}\sum_{c,d,f}\frac{f_{cfd}}{8}Tr[\lambda^c\lambda^d\lambda^f]\\
&= \frac{-i}{24}\sum_{c}\frac{6}{8}\delta^{cc}\\
C_{st} &= \frac{-i}{4}.
\end{aligned} \tag{6.67}$$

3 Création de paires de muons

Présentation

Objectif Faire le calcul complet de la section efficace dans le référentiel du centre de masse, dans l'approximation de particules de masse nulle.

Processus

$$e^-(p_1, s_1) + e^+(p_2, s_2) \to \mu^-(p_3, s_3) + \mu^+(p_4, s_4).$$

Diagramme de Feynman

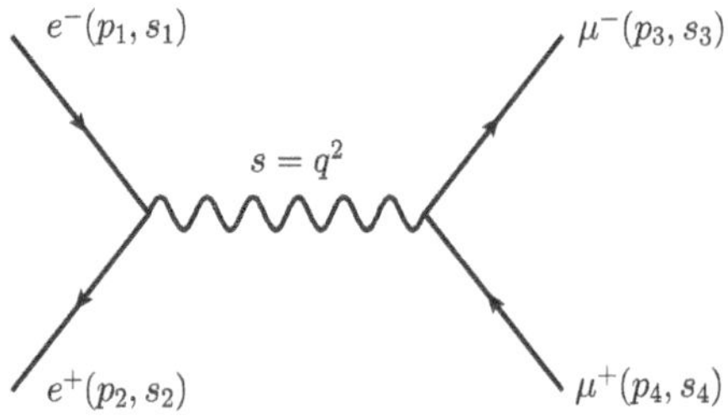

Contexte Le muon est un fermion de spin $\frac{1}{2}$ et de masse $m_\mu = 105$ MeV, analogue à l'électron. Un paire muon-antimuon peut être produite dans une collision électron-positron dès que $\sqrt{s} > 2m_\mu$. Pour des énergies dans le centre de masse allant du GeV à quelques dizaines de GeV, on peut négliger les masses de l'électron et du muon. Dans un second temps on reprendra le calcul avec la masse du muon. De plus, en se plaçant à $\sqrt{s} \ll m_Z$, seule la contribution électromagnétique est significative. Il n'y a donc qu'un seul diagramme, en voie s.

Les variables de Mandelstam, en négligeant les masses sont :

$$s = (p_1 + p_2)^2 = 2(p_1 \cdot p_2) = 2(p_3 \cdot p_4), \tag{6.68}$$

$$t = (p_3 - p_1)^2 = -2(p_1 \cdot p_3) = -2(p_2 \cdot p_4), \tag{6.69}$$

$$u = (p_4 - p_1)^2 = -2(p_1 \cdot p_4) = -2(p_2 \cdot p_3). \tag{6.70}$$

L'amplitude de Feynman est :

$$i\mathcal{M}_{fi} = \bar{v}_2(-ie\gamma^\mu)u_1 \frac{-ig_{\mu\nu}}{s} \bar{u}_3(-ie\gamma^\nu)v_4 = \frac{iq^2}{s} g_{\mu\nu} \left[\bar{v}_2\gamma^\mu u_1 \bar{u}_3 \gamma^\nu v_4\right]. \tag{6.71}$$

L'amplitude carrée non polarisée est :

$$\begin{aligned}\overline{|\mathcal{M}_{fi}|^2} &= \frac{1}{2}\frac{1}{2}\sum_{s_1,s_2,s_3,s_4}\frac{e^4}{s^2}g_{\mu\nu}g_{\rho\sigma}\left[\bar{v}_2\gamma^\mu u_1\,\overbrace{\bar{u}_3\gamma^\nu\,\underbrace{v_4\bar{v}_4}_{p_4^\alpha\gamma_\alpha}\gamma^\sigma u_3}^{Tr\left[p_3^\beta\gamma_\beta\ldots\right]}\,\bar{u}_1\gamma^\rho v_2\right]\\
&= \frac{e^4}{4s^2}g_{\mu\nu}g_{\rho\sigma}Tr\left[p_3^\beta\gamma_\beta\gamma^\nu p_4^\alpha\gamma_\alpha\gamma^\sigma\right]\sum_{s_1,s_2}\left[\bar{v}_2\gamma^\mu u_1\bar{u}_1\gamma^\rho v_2\right]\\
&= \frac{e^4}{4s^2}g_{\mu\nu}g_{\rho\sigma}Tr\left[p_3^\beta\gamma_\beta\gamma^\nu p_4^\alpha\gamma_\alpha\gamma^\sigma\right]Tr\left[p_{2\xi}\gamma^\xi\gamma^\mu p_{1\zeta}\gamma^\zeta\gamma^\rho\right]\\
&= \frac{e^4}{4s^2}p_{1\zeta}p_{2\xi}p_3^\beta p_4^\alpha Tr\left[\gamma_\beta\gamma_\mu\gamma_\alpha\gamma_\rho\right]Tr\left[\gamma^\xi\gamma^\mu\gamma^\zeta\gamma^\rho\right]\\
&= \frac{e^4}{4s^2}E^{\mu\rho}M_{\mu\rho},\end{aligned} \tag{6.72}$$

avec :

$$\begin{aligned}E^{\mu\rho} &= p_{1\zeta}p_{2\xi}Tr\left[\gamma^\xi\gamma^\mu\gamma^\zeta\gamma^\rho\right]\\
&= 4p_{1\zeta}p_{2\xi}\left(g_{\xi\mu}g_{\zeta\rho} - g_{\xi\zeta}g_{\mu\rho} + g_{\xi\rho}g_{\mu\zeta}\right)\\
&= 4\left(p_2^\mu p_1^\rho + p_1^\mu p_2^\rho - (p_1.p_2)g^{\mu\rho}\right),\end{aligned} \tag{6.73}$$

et :

$$\begin{aligned}M_{\mu\rho} &= p_3^\beta p_4^\alpha Tr\left[\gamma_\beta\gamma_\mu\gamma_\alpha\gamma_\rho\right]\\
&= 4p_3^\beta p_4^\alpha\left(g_{\beta\mu}g_{\alpha\rho} - g_{\beta\alpha}g_{\mu\rho} + g_{\beta\rho}g_{\mu\alpha}\right)\\
&= 4\left(p_{3\mu}p_{4\rho} + p_{3\rho}p_{4\mu} - (p_3.p_4)g_{\mu\rho}\right),\end{aligned} \tag{6.74}$$

soit :

$$\begin{aligned}\overline{|\mathcal{M}_{fi}|^2} &= \frac{e^4}{4s^2}E^{\mu\rho}M_{\mu\rho}\\
&= \frac{4e^4}{s^2}\left[p_1^\rho p_2^\mu p_{3\mu}p_{4\rho} + p_1^\mu p_2^\rho p_{3\mu}p_{4\rho} - (p_1\cdot p_2)g^{\mu\rho}p_{3\mu}p_{4\rho}\right.\\
&\quad + p_1^\rho p_2^\mu p_{3\rho}p_{4\mu} + p_1^\mu p_2^\rho p_{3\rho}p_{4\mu} - (p_1\cdot p_2)g^{\mu\rho}p_{3\rho}p_{4\mu}\\
&\quad \left.- p_1^\rho p_2^\mu(p_3\cdot p_4)g_{\mu\rho} - p_1^\mu p_2^\rho(p_3\cdot p_4)g_{\mu\rho} + (p_1\cdot p_2)(p_3\cdot p_4)g^{\mu\rho}g_{\mu\rho}\right]\\
&= \frac{4q^4}{s^2}\left[2(p_1\cdot p_4)(p_2\cdot p_3) + 2(p_1\cdot p_3)(p_2\cdot p_4)\right]\\
&= \frac{2q^4}{s^2}\left(t^2 + u^2\right).\end{aligned} \tag{6.75}$$

Dans le référentiel du centre de masse, les quadri-impulsions sont :

$$p_1^* = (E^*, \vec{p}),\quad p_2^* = (E^*, -\vec{p}),\quad p_3^* = (E^*, \vec{p}\,'),\quad p_4^* = (E^*, -\vec{p}\,'). \tag{6.76}$$

Dans l'approximation de masse nulle, $E^* = |\vec{p}| = |\vec{p}\,'|$. Les variables de Mandelstam sont alors :

$$s = 2p_1 \cdot p_2 = 2(E^{*2} + |\vec{p}|^2) = 4E^{*2}, \tag{6.77}$$

$$t = -2p_1 \cdot p_3 = -2(E^{*2} - |\vec{p}||\vec{p}\,'|\cos\theta^*) = -\frac{s}{2}(1 - \cos\theta^*), \tag{6.78}$$

$$u = -s - t = -\frac{s}{2}(1 + \cos\theta^*), \tag{6.79}$$

d'où :

$$\frac{d\sigma}{d\cos\theta^*} = \frac{e^4}{64\pi s}\left((1 - \cos\theta^*)^2 + (1 + \cos\theta^*)^2\right) = \frac{e^4}{32\pi s}\left(1 + \cos^2\theta^*\right), \tag{6.80}$$

ou encore, en utilisant la constante de structure fine, $\alpha = \frac{e^2}{4\pi}$:

$$\frac{d\sigma}{d\cos\theta^*} = \frac{\alpha^2\pi}{2s}\left(1 + \cos^2\theta^*\right). \tag{6.81}$$

La section efficace totale est obtenue en intégrant sur l'angle solide :

$$\sigma_0(s) = \int_{-1}^{1} \frac{d\sigma}{d\cos\theta^*} d\cos\theta^* = \frac{\pi\alpha^2}{2s}\int_{-1}^{1} 1 + x^2 dx = \frac{4\pi\alpha^2}{3s}. \tag{6.82}$$

Dans le système international :

$$\sigma(s) = \frac{4\pi\alpha^2\beta(s)(\hbar c)^2}{3s}. \tag{6.83}$$

4 Création de paires de muons massifs

Présentation

Objectif Compléter le calcul précédent et illustrer l'utilité et la pertinence de négliger certaines masses dans les calculs.

Processus

$$e^-(p_1, s_1) + e^+(p_2, s_2) \to \mu^-(p_3, s_3) + \mu^+(p_4, s_4).$$

Contexte Nous reprenons le processus précédent, mais sans négliger la masse du muon que l'on notera m. La masse de l'électron reste négligeable car $m_e \ll m < \sqrt{s}$. On pourrait montrer que la correction due à la masse de l'électron est plus faible que l'ordre supérieur du développement perturbatif. Le résultat obtenu devient valide pour $2m_\mu < \sqrt{s} \ll m_Z$.

Les variables de Mandelstam sont maintenant :

$$s = (p_1 + p_2)^2 = 2p_1 \cdot p_2 = 2m^2 + 2p_3 \cdot p_4), \tag{6.84}$$

$$t = (p_3 - p_1)^2 = m^2 - 2p_1 \cdot p_3 = m^2 - 2p_2 \cdot p_4, \tag{6.85}$$

$$u = (p_4 - p_1)^2 = m^2 - 2p_1 \cdot p_4 = m^2 - 2p_2 \cdot p_3, \tag{6.86}$$

et $s + t + u = 2m^2$. La trace associée au courant muonique est modifiée et devient :

$$M'_{\mu\rho} = Tr\left[(p_3^\beta \gamma_\beta - m)\gamma_\mu (p_4^\alpha \gamma_\alpha + m)\gamma_\rho\right]. \tag{6.87}$$

Quand on développe cette expression il y a quatre traces : une trace proportionnelle à m^2, deux traces proportionnelles à m qui contienne trois matrices de Dirac et sont donc nulles et enfin une trace sans masse identique à celle calculée précédemment :

$$M'_{\mu\rho} = M_{\mu\rho} - m^2 Tr\left[\gamma_\mu \gamma_\rho\right] = M_{\mu\rho} - 4m^2 g_{\mu\rho}. \tag{6.88}$$

La trace du courant électronique est inchangée et l'amplitude carrée est :

$$\begin{aligned}
\overline{|\mathcal{M}_{fi}|^2} &= \frac{q^4}{4s^2}\left(E^{\mu\rho}M_{\mu\rho} - 4m^2 E^{\mu\rho} g_{\mu\rho}\right) \\
&= \frac{4e^4}{s^2}\left(2(p_1 \cdot p_4)(p_2 \cdot p_3) + 2(p_1 \cdot p_3)(p_2 \cdot p_4) + 2m^2(p_1 \cdot p_2)\right) \\
&= \frac{2e^4}{s^2}\left((t - m^2)^2 + (u - m^2)^2 + 2sm^2\right).
\end{aligned} \tag{6.89}$$

Dans le référentiel du centre de masse, on a toujours :

$$p_1^* = (E^*, \vec{p}), \quad p_2^* = (E^*, -\vec{p}), \quad p_3^* = (E^*, \vec{p}\,'), \quad p_4^* = (E^*, -\vec{p}\,'), \tag{6.90}$$

avec $E^* = |\vec{p}|$ et $E^{*2} = m^2 + |\vec{p}\,'|^2$. Les variables de Mandelstam sont alors :

$$s = 2p_1 \cdot p_2 = 2(E^{*2} + |\vec{p}|^2) = 4E^{*2}, \tag{6.91}$$

$$\begin{aligned} t - m^2 &= -2p_1 \cdot p_3 = -2(E^{*2} - |\vec{p}||\vec{p}\,'|\cos\theta^*) \\ &= -2E^{*2}\left(1 - \sqrt{\frac{E^{*2} - m^2}{E^{*2}}}\cos\theta^*\right) \\ &= -\frac{s}{2}\left(1 - \sqrt{1 - \frac{4m^2}{s}}\cos\theta^*\right), \end{aligned} \tag{6.92}$$

$$u - m^2 = -s - t + m^2 = -\frac{s}{2}\left(1 + \sqrt{1 - \frac{4m^2}{s}}\cos\theta^*\right). \tag{6.93}$$

On obtient alors la section efficace différentielle :

$$\begin{aligned} \frac{d\sigma}{d\cos\theta^*} &= \frac{e^4}{32\pi s}\sqrt{1 - \frac{4m^2}{s}}\left[1 + \left(1 - \frac{4m^2}{s}\right)\cos^2\theta^* + \frac{4m^2}{s}\right] \\ &= \frac{\alpha^2\pi}{2s}\sqrt{1 - \frac{4m^2}{s}}\left[1 + \left(1 - \frac{4m^2}{s}\right)\cos^2\theta^* + \frac{4m^2}{s}\right], \end{aligned} \tag{6.94}$$

et la section efficace totale est :

$$\begin{aligned} \sigma(s) = \int_{-1}^{1} \frac{d\sigma}{d\cos\theta^*} d\cos\theta^* &= \frac{\pi\alpha^2}{2s}\sqrt{1 - \frac{4m^2}{s}}\int_{-1}^{1}\left[1 + \frac{4m^2}{s} + \left(1 - \frac{4m^2}{s}\right)x^2\right]dx \\ &= \frac{4\pi\alpha^2}{3s}\sqrt{1 - \frac{4m^2}{s}}\left(1 + \frac{2m^2}{s}\right), \end{aligned} \tag{6.95}$$

soit $\sigma(s) = \beta(s)\sigma_0(s)$. Le facteur correctif $\beta(s) = \sqrt{1 - \frac{4m^2}{s}}\left(1 + \frac{2m^2}{s}\right)$ tend vers 1 quand $s \gg m^2$.

5 Production du boson de Higgs dans un collisionneur leptonique

Présentation

Objectif Utiliser le propagateur et les règles de fermetures d'un boson vecteur massif.

Processus

$$e^-(p_1, s_1) + e^+(p_2, s_2) \to h(l) + Z(k, \lambda).$$

Diagramme de Feynman

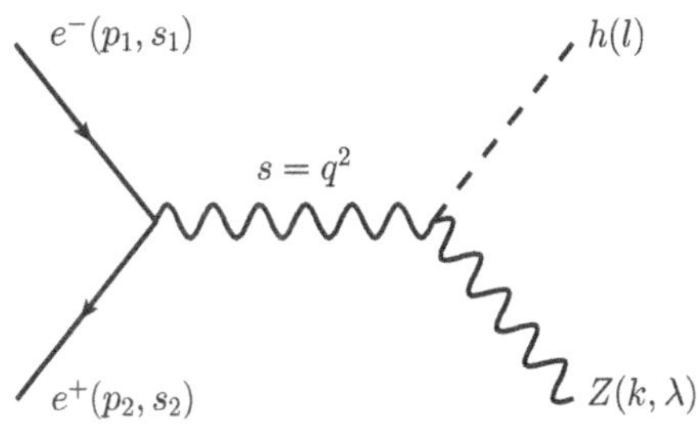

Contexte Dans un collisionneur électron-positron, le boson de Higgs n'est pas produit directement car le couplage à l'électron est proportionnel à la masse du fermion. Le mode dominant de production de boson de Higgs passe par la création d'un boson Z virtuel qui émet un boson de Higgs via le vertex hZZ. Ce processus de rayonnement d'un boson de Higgs est souvent appelé Higgsstrahlung. Ce processus a été utilisé (sans succès) dans les recherches du boson de Higgs au CERN dans les années 1990 sur le collisionneur LEP.

La relation de fermeture pour les vecteurs de polarisation est :

$$\sum_{\lambda=1}^{3} \varepsilon^{\mu}(k, \lambda)\varepsilon^{*\nu}(k, \lambda) = -g^{\mu\nu} + \frac{k^{\mu}k^{\nu}}{m_Z^2}. \tag{6.96}$$

où k désigne la quadri-impulsion du boson Z. On utilise les règles de Feynman suivantes issue de la théorie de l'interaction électrofaible :

- vertex Zee : $-i\frac{g}{4c_W}\gamma^{\mu}(c_V - c_A\gamma^5)$, avec $c_V = 1 - 4s_W^2$ et $c_A = 1$,
- vertex ZZh : $-i\frac{g}{c_W}m_Z$,
- propagateur du Z d'impulsion q : $-i\frac{g^{\mu\nu} - \frac{q^{\mu}q^{\nu}}{m_Z^2}}{q^2 - m_Z^2}$,

où g est la constante de couplage de l'interaction faible et c_W et s_W le cosinus et le sinus de l'angle de Weinberg avec $s_W^2 \approx 0.223$. La constante de Fermi est $G_F = \frac{\sqrt{2}g^2}{8c_W^2 M_Z^2} = 1{,}166 \times 10^{-5}\,\text{GeV}^{-2}$. On pose $q = p_1 + p_2 = k + l$ et $s = (p_1 + p_2)^2 = (k + l)^2$.

L'amplitude de Feynman est :

$$\begin{aligned} i\mathcal{M}_{fi} &= \bar{v}_2 \gamma^\mu i \frac{g}{4c_W}(c_V - c_A\gamma^5)u_1 \frac{-i\left(g_{\mu\nu} - \frac{q_\mu q_\nu}{m_Z^2}\right)}{s - m_Z^2} i \frac{g}{c_W} m_Z \varepsilon_\lambda^\nu \\ &= \frac{ig^2 m_Z \varepsilon_\lambda^\nu}{4c_W^2(s - m_Z^2)}\left(g_{\mu\nu} - \frac{k_\mu k\nu}{m_Z^2}\right)\bar{v}_2\gamma^\mu(c_V - c_A\gamma^5)u_1. \end{aligned} \tag{6.97}$$

Le carré de l'amplitude non polarisée est alors :

$$\begin{aligned} \overline{\left|i\mathcal{M}_{fi}\right|^2} &= \frac{g^4 m_Z^2}{16c_W^4(s - m_Z^2)^2}\frac{1}{4}\sum_{s_1,s_2,\lambda}\left(g_{\mu\nu} - \frac{q_\mu q_\nu}{m_Z^2}\right)\left(g_{\rho\sigma} - \frac{q_\rho q_\sigma}{m_Z^2}\right)\varepsilon_\lambda^\nu \varepsilon_\lambda^\sigma \\ &\quad \bar{v}_2\gamma^\mu(c_V - c_A\gamma^5)u_1\bar{u}_1\gamma^\rho(c_V - c_A\gamma^5)v_2 \\ &= \frac{g^4 m_Z^2}{64c_W^4(s - m_Z^2)^2}\left(-g^{\sigma\nu} + \frac{k^\sigma k^\nu}{m_Z^2}\right)\left(g_{\mu\nu} - \frac{q_\mu q_\nu}{m_Z^2}\right)\left(g_{\rho\sigma} - \frac{q_\rho q_\sigma}{m_Z^2}\right) \times \\ &\quad p_{1\xi}p_{2\zeta}Tr[\gamma^\zeta\gamma^\mu(c_V - c_A\gamma^5)\gamma^\xi\gamma^\rho(c_V - c_A - \gamma^5)] \\ &= \frac{g^4 m_Z^2}{64c_W^4(s - m_Z^2)^2} Z_{\mu\rho}p_{1\xi}p_{2\zeta}T^{\zeta\mu\xi\rho}. \end{aligned} \tag{6.98}$$

Le tenseur $Z_{\mu\rho}$ du au boson Z se simplifie :

$$\begin{aligned} Z_{\mu\rho} &= \left(-g^{\sigma\nu} + \frac{k^\sigma k^\nu}{m_Z^2}\right)\left(g_{\mu\nu} - \frac{q_\mu q_\nu}{m_Z^2}\right)\left(g_{\rho\sigma} - \frac{q_\rho q_\sigma}{m_Z^2}\right) \\ &= -g^{\sigma\nu}g_{\mu\nu}g_{\rho\sigma} + \frac{1}{m_Z^6}k^\sigma k^\nu q_\mu q_\nu q_\rho q_\sigma \\ &\quad + \frac{1}{m_Z^2}\left(g^{\sigma\nu}g_{\mu\nu}q_\rho q_\sigma + g^{\sigma\nu}g_{\rho\sigma}q_\mu q_\nu + g_{\mu\nu}g_{\rho\sigma}k^\sigma k^\nu\right) \\ &\quad - \frac{1}{m_Z^4}\left(g^{\sigma\nu}q_\mu q_\nu q_\rho q_\sigma + g_{\mu\nu}k^\sigma k^\nu q_\rho q_\sigma + g_{\rho\sigma}k^\sigma k^\nu q_\mu q_\nu\right) \end{aligned} \tag{6.99}$$

$$= -g_{\mu\rho} + \frac{1}{m_Z^2}k_\mu k_\rho \frac{k.q}{m_Z^4}\left(k_\mu q_\rho + k_\rho q_\mu\right) + \left(\frac{2}{m_Z^2} - \frac{q^2}{m_Z^4} + \frac{(k.q)^2}{m_Z^6}\right)q_\mu q_\rho.$$

Ce tenseur est symétrique, $Z_{\mu\rho} = Z_{\rho\mu}$ On développe la trace :

$$\begin{aligned} T^{\zeta\mu\xi\rho} &= Tr[\gamma^\zeta\gamma^\mu(c_V - c_A\gamma^5)\gamma^\xi\gamma^\rho(c_V - c_A\gamma^5)] \\ &= c_V^2 Tr[\gamma^\zeta\gamma^\mu\gamma^\xi\gamma^\rho] - c_V c_A Tr[\gamma^\zeta\gamma^\mu\gamma^5\gamma^\xi\gamma^\rho] \\ &\quad - c_V c_A Tr[\gamma^\zeta\gamma^\mu\gamma^\xi\gamma^\rho\gamma^5] + c_A^2 Tr[\gamma^\zeta\gamma^\mu\gamma^5\gamma^\xi\gamma^\rho\gamma^5] \\ &= 4\left(c_V^2 + c_A^2\right)\left(g^{\zeta\mu}g^{\xi\rho} + g^{\zeta\rho}g^{\mu\xi} - g^{\zeta\xi}g^{\mu\rho}\right) \\ &\quad + 8ic_V c_A \epsilon^{\zeta\mu\xi\rho}. \end{aligned} \tag{6.100}$$

Le tenseur de Levi-Civita est contracté sur $Z_{\mu\rho}$ qui est un tenseur symétrique donc ce terme donne zéro. Du plus, comme la masse de l'électron est négligeable, $p_1^2 = p_2^2 = 0$, alors :

$$\begin{aligned} q_\rho p_{1\xi} p_{2\zeta} \left(g^{\zeta\mu} g^{\xi\rho} + g^{\zeta\rho} g^{\mu\xi} - g^{\zeta\xi} g^{\mu\rho} \right) &= p_1^\mu (p_2 \cdot q) + p_2^\mu (p_1 \cdot q) - q^\mu (p_1 \cdot p_2) \\ &= p_1^\mu (p_2 \cdot p_1 + p_2^2) + p_2^\mu (p_1^2 + p_2 \cdot p_1) \\ &\quad - (p_1^\mu + p_2^\mu)(p_1 \cdot p_2) \\ &= (p_1^\mu + p_2^\mu) \left[p_1 \cdot p_2 - p_1 \cdot p_2 \right] \qquad (6.101) \\ &= 0. \qquad (6.102) \end{aligned}$$

De même par symétrie pour la contraction sur q_μ. Ces résultats découlent de la conservation du courant vectoriel. La contraction de Lorentz se simplifie finalement :

$$\begin{aligned} Z_{\mu\rho} p_{1\xi} p_{2\zeta} T^{\zeta\mu\xi\rho} &= C \left(-g_{\mu\rho} + \frac{1}{m_Z^2} k_\mu k_\rho \right) p_{1\xi} p_{2\zeta} \left(g^{\zeta\mu} g^{\xi\rho} + g^{\zeta\rho} g^{\mu\xi} - g^{\zeta\xi} g^{\mu\rho} \right) \\ &= C \left(2 p_1 \cdot p_2 + \frac{2(p_1 \cdot k)(p_2 \cdot k) - k^2 (p_1 \cdot p_2)}{m_Z^2} \right) \\ &= C \left(\frac{2(p_1 \cdot k)(p_2 \cdot k) + p_1 \cdot p_2 m_Z^2}{m_Z^2} \right), \qquad (6.103) \end{aligned}$$

avec $C = 4\left(c_V^2 + c_A^2\right)$. Finalement l'amplitude de Feynman est :

$$\overline{\left| i\mathcal{M}_{fi} \right|^2} = \frac{g^4 \left(c_V^2 + c_A^2 \right)}{16 c_W^2 (s - m_Z^2)^2} \left(2(p_1 \cdot k)(p_2 \cdot k) + p_1 \cdot p_2 m_Z^2 \right). \qquad (6.104)$$

Dans le référentiel du laboratoire, on considère la collision d'un faisceau d'électrons et d'un faisceau de positrons de même énergie $\frac{\sqrt{s}}{2}$ selon l'axe x. Le référentiel laboratoire est le référentiel du centre de masse. L'état final est produit dans le plan xOy. Les quadri-impulsions s'écrivent :

$$p_1 = (\frac{\sqrt{s}}{2}, \frac{\sqrt{s}}{2}, 0, 0), \quad p_2 = (\frac{\sqrt{s}}{2}, -\frac{\sqrt{s}}{2}, 0, 0), \qquad (6.105)$$

$$k = (E_Z, p\cos\theta, p\sin\theta, 0), \quad l = (\sqrt{s} - E_Z, -p\cos\theta, -p\sin\theta, 0). \qquad (6.106)$$

Les produits scalaires donnent :

$$p_1 \cdot p_2 = \frac{s}{2}, \; p_1 \cdot k = \frac{\sqrt{s}}{2} \left(E_Z - P_Z\cos\theta \right), \; p_2 \cdot k = \frac{\sqrt{s}}{2} \left(E_Z + P_Z\cos\theta \right). \qquad (6.107)$$

L'énergie et l'impulsion du boson Z se relient aux autres grandeurs via :

$$s = m_H^2 + m_Z^2 + 2E_Z(\sqrt{s} - E_Z) + 2(E_Z^2 - m_Z^2) \tag{6.108}$$

$$\Rightarrow E_Z = \frac{s - m_H^2 + m_Z^2}{2\sqrt{s}} \tag{6.109}$$

$$\begin{aligned} p &= \sqrt{E_Z^2 - m_Z^2} \\ &= \frac{s^2 + m_H^4 + m_Z^4 - 2sm_H^2 - 2sm_Z^2 - 2m_H^2 m_Z^2}{2\sqrt{s}} \\ &= \frac{\sqrt{\Delta}}{2\sqrt{s}}, \end{aligned} \tag{6.110}$$

avec $\Delta = \Delta(s, m_H^2, m_Z^2)$. Enfin l'amplitude de Feynman devient :

$$\begin{aligned} \overline{|i\mathcal{M}_{fi}|^2} &= \frac{g^4\left(c_V^2 + c_A^2\right)}{16c_W^5(s - m_Z^2)^2}\left(2(p_1.k)(p_2.k) + p_1.p_2 m_Z^2\right) \\ &= \frac{g^4\left(c_V^2 + c_A^2\right)s}{32c_W^5(s - m_Z^2)^2}\left(E_Z^2 - P_Z^2\cos^2\theta + m_Z^2\right) \\ &= \frac{g^4\left(c_V^2 + c_A^2\right)s}{32c_W^4(s - m_Z^2)^2}\left(2m_Z^2 + P_Z^2(1 - \cos^2\theta)\right) \\ &= \frac{g^4\left(c_V^2 + c_A^2\right)s}{32c_W^4(s - m_Z^2)^2}\left(2m_Z^2 + \frac{\Delta}{4s}(1 - \cos^2\theta)\right). \end{aligned} \tag{6.111}$$

La section efficace différentielle est donc :

$$\begin{aligned} \frac{d\sigma}{d\cos\theta} &= \frac{1}{32\pi s}P_Z\frac{2}{\sqrt{s}}\overline{|i\mathcal{M}_{fi}|^2} \\ &= \frac{g^4\left(c_V^2 + c_A^2\right)}{512\pi c_W^4 s(s - m_Z^2)^2}\sqrt{\Delta}\left(2m_Z^2 + \frac{\Delta}{4s}(1 - \cos^2\theta)\right) \\ &= \frac{G_F^2 m_Z^4\left(c_V^2 + c_A^2\right)}{16\pi s(s - m_Z^2)^2}\sqrt{\Delta}\left(2m_Z^2 + \frac{\Delta}{4s}(1 - \cos^2\theta)\right). \end{aligned} \tag{6.112}$$

Il ne reste qu'à intégrer sur l'angle de diffusion pour obtenir la section efficace totale :

$$\begin{aligned} \sigma &= \frac{G_F^2 m_Z^4\left(c_V^2 + c_A^2\right)}{4\pi s(s - m_Z^2)^2}\sqrt{\Delta}\int_{-1}^{1}\left(2m_Z^2 + \frac{\Delta}{4s}(1 - u^2)\right)du \\ &= \frac{G_F^2 m_Z^4\left(c_V^2 + c_A^2\right)}{4\pi s(s - m_Z^2)^2}\sqrt{\Delta}\left(m_Z^2 + \frac{\Delta}{12s}\right). \end{aligned} \tag{6.113}$$

6 Désintégration du boson de Higgs en deux fermions

Présentation

Objectif S'entraîner sur le diagramme le plus simples qu'il soit !

Processus

$$h \to f(p_1, s_1) + \bar{f}(p_2, s_2).$$

Diagramme de Feynman

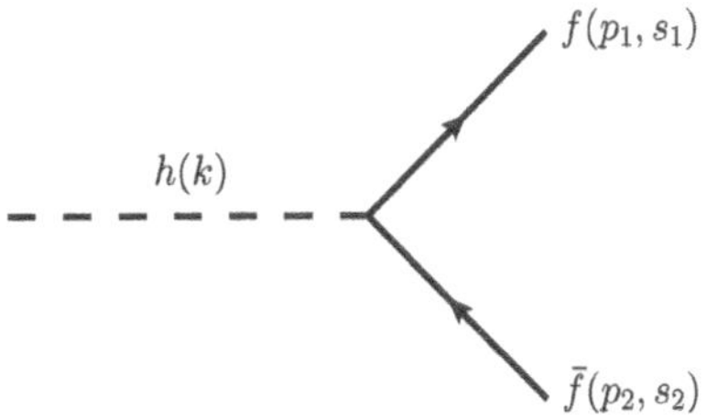

Contexte Le champ de Higgs utilisé pour expliquer la brisure spontanée de la symétrie électrofaible à deux manifestions observables : une valeur dans le vide non nulle qui donne une masse aux fermions et aux bosons $W^{\pm}$ et Z et une particule scalaire le boson de Higgs. Le couplage aux fermions de ce boson est proportionnel à leur masse. Il a été détecté pour la première fois en 2012 au LHC. Sa masse a été mesurée à $m_H = 125{,}3 \pm 0{,}2$ GeV. La mesure des largeurs de désintégration en différents fermions est un test de validité du mécanisme de Higgs.

La règle de Feynman pour un scalaire externe est un simple facteur 1. La règle de vertex pour un couplage à une paire de fermions de spin $\frac{1}{2}$ de masse m_f est $im_f(G_F\sqrt{2})^{\frac{1}{2}}$. L'amplitude de Feynman de processus est :

$$i\mathcal{M}_{fi} = im_f(G_F\sqrt{2})^{\frac{1}{2}}\bar{u}_2 v_1. \tag{6.114}$$

L'amplitude carrée, sans polarisation est :

$$\begin{aligned}\overline{|\mathcal{M}_{fi}|^2} &= m_f^2 G_F\sqrt{2}\sum_{s_1,s_2}\bar{u}_1 v_2 \bar{v}_2 u_1 \\ &= m_f^2 G_F\sqrt{2}Tr\left[(p_1^{\mu}\gamma_{\mu} + m_f)(p_2^{\nu}\gamma_{\nu} - m_f)\right].\end{aligned} \tag{6.115}$$

La trace donne quatre termes, dont deux sont nuls. Il reste :

$$p_1^{\mu}p_2^{\nu}Tr\left[\gamma_{\mu}\gamma_{\nu}\right] = 4p_1.p_2 \text{ et } Tr\left[-m_f^2\mathbb{1}_4\right] = -4m_f^2. \tag{6.116}$$

D'où :

$$\overline{|\mathcal{M}_{fi}|^2} = 4m_f^2 G_F \sqrt{2}(p_1.p_2 - m_f^2). \tag{6.117}$$

Dans le centre de masse, $E_1 = E_2 = \frac{m_h}{2} = \sqrt{m_f^2 + |\vec{p}|}$ et :

$$p_1.p_2 - m_f^2 = \frac{m_h^2}{4} + \frac{m_h^2}{4} - m_f^2 - m_f^2 = \frac{m_h^2}{2} - 2m_f^2 = \frac{m_h^2}{2}\left(1 - \frac{4m_f^2}{m_h^2}\right), \tag{6.118}$$

avec :

$$\Delta(m_h^2, m_f^2, m_f^2) = m_h^4\left(1 - \frac{4m_f^2}{m_h^2}\right). \tag{6.119}$$

La largeur différentielle et la largeur totale sont :

$$\frac{d\Gamma}{d\cos\theta^*} = \frac{G_F}{8\pi\sqrt{2}} m_f^2 m_h \left(1 - \frac{4m_f^2}{m_h^2}\right)^{\frac{3}{2}}, \tag{6.120}$$

$$\Gamma = \int_{-1}^{1} \frac{d\Gamma}{d\cos\theta^*} d\cos\theta^* = \frac{G_F}{4\pi\sqrt{2}} m_f^2 m_h \left(1 - \frac{4m_f^2}{m_h^2}\right)^{\frac{3}{2}}. \tag{6.121}$$

7 Désintégration du boson de Higgs en deux bosons W

Présentation

Objectif Calculer un diagramme sans ligne fermionique

Processus

$$h(k) \rightarrow W^+(p,\lambda) + W^-(q,\xi).$$

Diagramme de Feynman

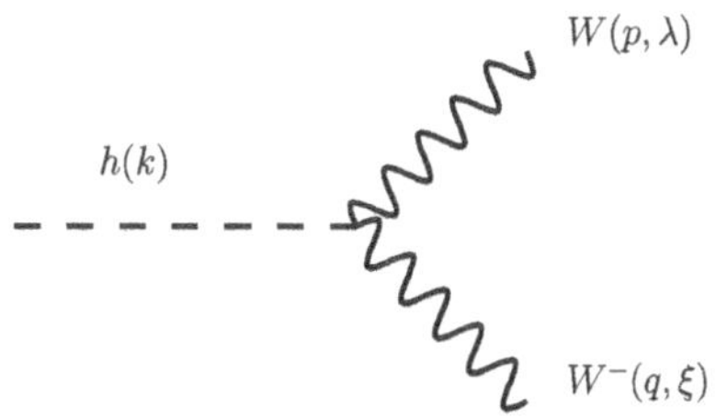

Contexte Avant la découverte du boson de Higgs, sa masse était inconnue et peu contrainte par l'expérience. Aussi, dans l'hypothèse où $m_h > 2m_W$, la désintégration du boson de Higgs en paire de bosons de jauge a été recherchée notamment aux État-Unis au TeVatron, collisionneur $p\bar{p}$ à $\sqrt{s} = 1.96$ TeV, dans les années 2000. L'absence de signal a permis de contraindre fortement la masse du Higgs, concluant qu'elle devait être significativement inférieure à $2m_W$. Ceci a été confirmé lors de la découverte du boson de Higgs et la mesure de sa masse au LHC en 2012 avec $m_h = 125{,}3 \pm 0{,}2$ GeV.

La règle de vertex pour le couplage du Higgs à une paire de bosons W est $igm_W g_{\mu\nu}$. L'amplitude de Feynman du processus est :

$$i\mathcal{M}_{fi} = igm_W g_{\mu\nu}\varepsilon^\mu(p,\lambda)\varepsilon^{\nu *}(q,\xi). \tag{6.122}$$

L'amplitude carrée, sans polarisation est :

$$\begin{aligned}\overline{|\mathcal{M}_{fi}|^2} &= g^2 m_W^2 \sum_{\lambda,\xi} \varepsilon^\mu(p,\lambda)\varepsilon^*_\mu(q,\xi)\varepsilon^{\rho *}(p,\lambda)\varepsilon_\rho(q,\xi) \\ &= \frac{g^2}{m_W^4}\left(-g^{\mu\rho}m_W^2 + p^\mu p^\rho\right)\left(-g_{\mu\rho}m_W^2 + q_\mu p_\rho\right) \\ &= \frac{8G_F}{\sqrt{2}}\left(2m_W^4 + (p\cdot q)^2\right).\end{aligned} \tag{6.123}$$

La cinématique de la désintégration donne :

$$k^2 = (p+q)^2 \Rightarrow m_h^2 = 2m_W^2 + 2p \cdot q \Rightarrow p \cdot q = \frac{m_h^2}{2} - m_W^2, \tag{6.124}$$

soit finalement :

$$\begin{aligned} \overline{|\mathcal{M}_{fi}|^2} &= \frac{2G_F}{\sqrt{2}} \left(m_h^4 - 4m_h^2 m_W^2 + 12 m_W^4 \right) \\ &= \frac{G_F m_h^4}{2\sqrt{2}} \left(4 - 4\alpha_W + 3\alpha_W^2 \right), \end{aligned} \tag{6.125}$$

avec $\alpha_W = \frac{4m_W^2}{m_h^2}$. Le calcul de l'espace de phase fait intervenir :

$$\Delta = \Delta(m_h^2, m_W^2, m_W^2) = m_h^4 \left(1 - \frac{4m_W^2}{m_h^2} \right) = m_h^4 (1 - \alpha_W). \tag{6.126}$$

La largeur totale est donc :

$$\begin{aligned} \Gamma_{WW} = 2\frac{d\Gamma}{d\cos\theta^*} &= \frac{1}{16\pi m_h^2} \sqrt{\Delta} \frac{G_F m_h^4}{2\sqrt{2}} \left(3\alpha_W^2 + 4 - 4\alpha_W \right) \\ &= \frac{G_F m_h^3}{32\pi\sqrt{2}} \sqrt{1 - \alpha_W} \left(4 - 4\alpha_W + 3\alpha_W^2 \right). \end{aligned} \tag{6.127}$$

Si on ne considère que le fermion le plus lourd accessible dans $h \to f\bar{f}$, le quark b, le rapport des largeurs est :

$$r = \frac{\Gamma_{WW}}{\Gamma_{f\bar{f}}} = \frac{m_h^2}{24 m_f^2} \frac{\sqrt{1-\alpha_W} \left(4 - 4\alpha_W + 3\alpha_W^2 \right)}{\left(1 - \frac{4m_f^2}{m_h^2} \right)^{\frac{3}{2}}}, \tag{6.128}$$

où on a ajouté un facteur 3 dans la largeur $h \to f\bar{f}$ pour prendre en compte le facteur de couleur pour les quarks b. Pour une masse du Higgs, $m_h = 170$ GeV, l'application numérique donne $r \approx 45$. Si la désintégration en bosons est cinématiquement autorisée elle est très dominante par rapport à celle en fermions. Pour $m_h > 2m_z$, le processus de désintégration en paire de boson Z est aussi possible. Le calcul est identique, à la constante de couplage près, et donne :

$$\Gamma_{ZZ} = \frac{G_F m_h^3}{64\pi\sqrt{2}} \sqrt{1 - \alpha_Z} \left(4 - 4\alpha_Z + 3\alpha_Z^2 \right), \tag{6.129}$$

avec $\alpha_Z = \frac{4m_Z^2}{m_h^2}$.

8 Largeur de désintégration du quark top

Présentation

Objectif Calculer une largeur de désintégration et utiliser les relations de fermeture pour un boson massif.

Processus

$$t(p_1, s_1) \rightarrow W^+(k, \lambda) + b(p_2, s_2).$$

Diagramme de Feynman

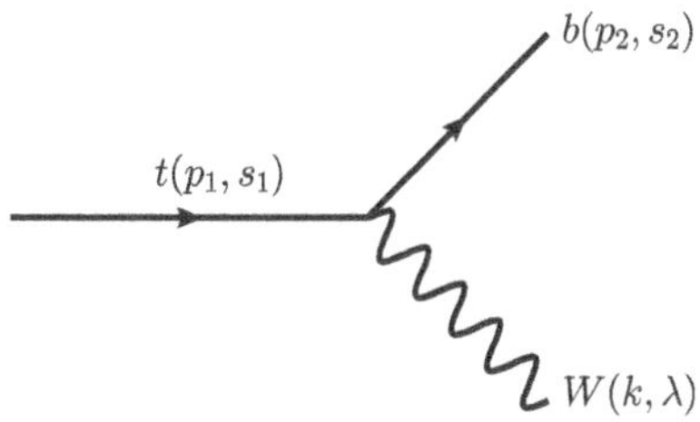

Contexte Le quark *top* est le fermion le plus lourd du modèle standard, avec une masse voisine de celle d'un atome de tungstène, $m_t \approx 173$ GeV. Il se désintègre par interaction faible en un boson W^+ et un quark b. C'est la seule désintégration faible pour laquelle le boson W est réel car $m_t > m_W + m_b$. De ce fait, la durée de vie est très courte, plus courte que le temps caractéristique de l'interaction forte ($\approx 10^{-24}$ s). Ainsi le quark *top* la seule particule colorée qui ne forme pas d'états liés (hadrons) avant de se désintégrer. Nous allons calculer cette durée de vie.

La règle de Feynman du vertex s'écrit : $-i\frac{g}{2\sqrt{2}}V_{tb}(1-\gamma^5)\gamma^\mu$ où g est la constante de couplage de l'interaction faible reliée à la constante de Fermi par $G_F = \frac{\sqrt{2}g^2}{8m_W^2}$. L'élément V_{tb} de matrice CKM est très proche de l'unité. Le quark b a une masse $m_b \approx 4{,}7$ GeV, très inférieure aux masses du quark *top* et du boson W^+. On pourra la négliger dans le calcul et poser $p_2^2 = 0$.

L'amplitude de Feynman du processus est :

$$\begin{aligned} i\mathcal{M}_{fi} &= \bar{u}_2 \frac{-igV_{tb}}{2\sqrt{2}} \gamma^\mu \left(1-\gamma^5\right) u_1 \varepsilon_\mu(\lambda) \\ &= \frac{-ig}{2\sqrt{2}} \varepsilon_\mu(\lambda) \bar{u}_2 \gamma^\mu \left(1-\gamma^5\right) u_1. \qquad (6.130) \end{aligned}$$

Pour la désintégration non polarisée :

$$\begin{aligned}\overline{|\mathcal{M}_{fi}|^2} &= \frac{1}{2}\sum_{s_1,s_2,\lambda}|\mathcal{M}_{fi}|^2\\ &= \frac{g^2|V_{tb}|^2}{16}\sum_{s_1,s_2,\lambda}\varepsilon^{\mu}(k,\lambda)\varepsilon^{\nu*}(k,\lambda)\bar{u}_2\gamma_\mu\left(1-\gamma^5\right)u_1\bar{u}_1\gamma_\nu\left(1-\gamma^5\right)u_2\\ &= \frac{g^2|V_{tb}|^2}{16}\left(-g^{\mu\nu}+\frac{k^\mu k^\nu}{m_W^2}\right)p_1^\rho p_2^\sigma Tr\left[\gamma_\sigma\gamma_\mu\left(1-\gamma^5\right)\gamma_\rho\gamma_\nu\left(1-\gamma^5\right)\right]\\ &= \frac{g^2|V_{tb}|^2}{16}\left(-g^{\mu\nu}+\frac{k^\mu k^\nu}{m_W^2}\right)p_1^\rho p_2^\sigma Tr\left[\gamma_\sigma\gamma_\mu\left(1-\gamma^5\right)^2\gamma_\rho\gamma_\nu\right].\end{aligned} \tag{6.131}$$

Le calcul de la trace donne :

$$\begin{aligned}p_1^\rho p_2^\sigma Tr\left[\gamma_\sigma\gamma_\mu\left(1-\gamma^5\right)\gamma_\rho\gamma_\nu\left(1-\gamma^5\right)\right] &= 2p_1^\rho p_2^\sigma Tr\left[\gamma_\sigma\gamma_\mu\left(1-\gamma^5\right)\gamma_\rho\gamma_\nu\right]\\ &= 8\left(p_{1\mu}p_{2\nu}+p_{1\nu}p_{2\mu}-p_1\cdot p_2 g_{\mu\nu}\right.\\ &\quad\left.+ip_1^\rho p_2^\sigma\varepsilon_{\sigma\mu\rho\nu}\right).\end{aligned} \tag{6.132}$$

Cette trace est contractée sur $g^{\mu\nu}$ et $k^\mu k^\nu$ qui sont des tenseurs symétriques. Le terme proportionnel au tenseur de Levi-Civita donne donc zéro et peut être ignoré. Il reste :

$$\begin{aligned}\overline{|\mathcal{M}_{fi}|^2} &= \frac{g^2|V_{tb}|^2}{2}\left(-g^{\mu\nu}+\frac{k^\mu k^\nu}{m_W^2}\right)\left(p_{1\mu}p_{2\nu}+p_{1\nu}p_{2\mu}-p_1\cdot p_2 g_{\mu\nu}\right)\\ &= \frac{g^2|V_{tb}|^2}{2}\left(-g^{\mu\nu}+\frac{k^\mu k^\nu}{m_W^2}\right)\left(2p_1\cdot p_2+\frac{2(p_1\cdot k)(p_2\cdot k)-m_Z^2 p_1\cdot p_2)}{m_Z^2}\right)\\ &= \frac{g^2|V_{tb}|^2}{2}\left(p_1.p_2+\frac{2(p_1.k)(p_2.k))}{m_Z^2}\right).\end{aligned} \tag{6.133}$$

Enfin on peut exprimer les produits scalaires en fonction de masses des particules :

$$p_1^2=(k+p_2)^2=m_t^2 \Rightarrow p_2\cdot k=\frac{1}{2}(m_t^2-m_W^2), \tag{6.134}$$

$$p_2^2=(p_1-k)^2=0 \Rightarrow p_1\cdot k=\frac{1}{2}(m_t^2+m_W^2), \tag{6.135}$$

$$k^2=(p_1-p_2)^2=m_W^2 \Rightarrow p_1\cdot p_2=\frac{1}{2}(m_t^2-m_W^2), \tag{6.136}$$

d'où :

$$\overline{|\mathcal{M}_{fi}|^2}=\frac{g^2|V_{tb}|^2}{4}(m_t^2-m_W^2)\left(2+\frac{m_t^2}{m_W^2}\right). \tag{6.137}$$

Pour le calcul de la largeur, on a besoin de

$$\Delta(m_t^2,m_W^2,0)=m_t^4+m_W^4-2m_t^2m_W^2=(m_t^2-m_W^2)^2. \tag{6.138}$$

Finalement on obtient la largeur différentielle et la largeur totale :

$$\Gamma = 4\pi \frac{d\Gamma}{d\Omega^*} = \frac{g^2|V_{tb}|^2}{64\pi m_t^3}\left(m_t^2 - m_W^2\right)^2\left(2 + \frac{m_t^2}{m_W^2}\right)$$
$$= \frac{G_F|V_{tb}|^2}{8\pi\sqrt{2}}\frac{m_W^2}{m_t^3}\left(m_t^2 - m_W^2\right)^2\left(2 + \frac{m_t^2}{m_W^2}\right)$$
$$= \frac{G_F|V_{tb}|^2 m_t^3}{8\pi\sqrt{2}}\left(1 - 3\frac{m_W^4}{m_t^4} + 2\frac{m_W^6}{m_t^6}\right), \quad (6.139)$$

et la durée de vie, dans le système international est :

$$\tau_t^{SI} = \frac{\hbar}{\Gamma} = \frac{8\sqrt{2}\pi\hbar}{G_F|V_{tb}|^2 m_t^3}\frac{1}{1 - 3\frac{m_W^4}{m_t^4} + 2\frac{m_W^6}{m_t^6}}. \quad (6.140)$$

L'application numérique donne $\tau_t^{SI} \approx 9{,}9 \times 10^{-25}$ s.

9 Désintégration du muon

Présentation

Objectif Manipuler l'espace de phase à trois corps et discuter l'approximation basse énergie du propagateur d'un boson massif.

Processus

$$\mu^-(p_1, s_1) \to e^-(k_1, r_1) + \bar{\nu}_e(k_2, r_2) + \nu_\mu(p_2, s_2).$$

Diagramme de Feynman

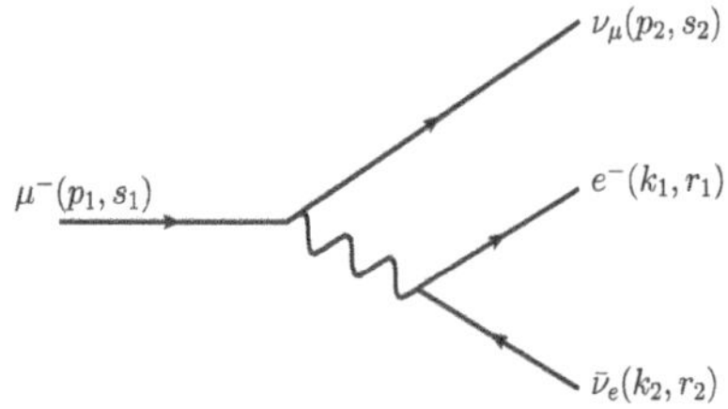

Contexte Le muon est instable et se désintègre par interaction faible (désintégration β) en un électron, un neutrino muonique et un antineutrino électronique. Les neutrinos sont des fermions de spin $\frac{1}{2}$, de charge électrique et de masse nulle. Sa durée de vie est mesurée très précisément, $\tau_\mu = 2{,}1969811 \pm 0{,}0000022\ \mu$s. Cette mesure est utilisée pour déterminer la valeur de la constante de Fermi G_F.

On a $\sqrt{s} = m_\mu \gg m_e$, on peut négliger la masse de l'électron. De plus $\sqrt{s} = m_\mu \ll m_W$, donc $s - m_W^2 \approx -m_W^2$, ce qui permet de simplifier le propagateur du W : $D_W^{\mu\nu} = i\frac{g^{\mu\nu} - \frac{q^\mu q^\nu}{m_W^2}}{s - m_W^2} \approx i\frac{g^{\mu\nu}}{m_W^2}$. L'amplitude de Feynman du processus est :

$$\begin{aligned} i\mathcal{M}_{fi} &= i^3 \bar{u}_{p_2,s_2} \frac{g}{2\sqrt{2}} \gamma^\mu \left(\mathbb{1}_4 - \gamma^5\right) u_{p_1,s_1} \frac{g_{\mu\nu}}{m_W^2} \bar{u}_{k_1,r_1} \frac{g}{2\sqrt{2}} \gamma^\nu \left(\mathbb{1}_4 - \gamma^5\right) v_{k_2,r_2} \\ &= \frac{-ig^2}{8m_W^2} g_{\mu\nu} \bar{u}_{p_2,s_2} \gamma^\mu \left(\mathbb{1}_4 - \gamma^5\right) u_{p_1,s_1} \bar{u}_{k_1,r_1} \gamma^\nu \left(\mathbb{1}_4 - \gamma^5\right) v_{k_2,r_2} \\ &= \frac{-iG_F}{\sqrt{2}} \bar{u}_{p_2,s_2} \gamma^\mu \left(\mathbb{1}_4 - \gamma^5\right) u_{p_1,s_1} \bar{u}_{k_1,r_1} \gamma_\mu \left(\mathbb{1}_4 - \gamma^5\right) v_{k_2,r_2}. \end{aligned} \tag{6.141}$$

Pour la désintégration non polarisée :

$$
\begin{aligned}
\overline{|\mathcal{M}_{fi}|^2} &= \frac{1}{2}\sum_{s_1,s_2,r_1,r_2} |\mathcal{M}_{fi}|^2 \\
&= \frac{g^4}{2m_W^4} g_{\mu\nu} g_{\rho\sigma} \bar{u}_{p_2,s_2}\gamma^\mu \left(\mathbb{1}_4 - \gamma^5\right) u_{p_1,s_1}\bar{u}_{k_1,r_1}\gamma^\nu \left(\mathbb{1}_4 - \gamma^5\right) v_{k_2,r_2} \\
&\quad \bar{v}_{k_2,r_2}\left(\mathbb{1}_4 + \gamma^5\right)\gamma^\sigma u_{k_1,r_1}\bar{u}_{p_1,s_1}\left(\mathbb{1}_4 + \gamma^5\right)\gamma^\rho u_{p_2,s_2} \\
&= \frac{g^4}{2m_W^4} g_{\mu\nu} g_{\rho\sigma} Tr\left[k_{1\alpha}\gamma^\alpha\gamma^\nu \left(\mathbb{1}_4 - \gamma^5\right) k_{2\beta}\gamma^\beta \left(\mathbb{1}_4 + \gamma^5\right)\gamma^\sigma\right] \\
&\quad \bar{u}_{p_2,s_2}\gamma^\mu \left(\mathbb{1}_4 - \gamma^5\right) u_{p_1,s_1}\bar{u}_{p_1,s_1}\left(\mathbb{1}_4 + \gamma^5\right)\gamma^\rho u_{p_2,s_2} \\
&= \frac{g^4}{2m_W^4} g_{\mu\nu} g_{\rho\sigma} Tr\left[k_{1\alpha}\gamma^\alpha\gamma^\nu \left(\mathbb{1}_4 - \gamma^5\right) k_{2\beta}\gamma^\beta \left(\mathbb{1}_4 + \gamma^5\right)\gamma^\sigma\right] \\
&\quad Tr\left[p_{2\alpha}\gamma^\alpha\gamma^\mu \left(\mathbb{1}_4 - \gamma^5\right)\left(p_{1\beta}\gamma^\beta + m_\mu\right)\left(\mathbb{1}_4 + \gamma^5\right)\gamma^\rho\right] \\
&= \frac{g^4}{2m_W^4} Tr\left[k_{1\alpha}\gamma^\alpha\gamma^\mu \left(\mathbb{1}_4 - \gamma^5\right) k_{2\beta}\gamma^\beta \left(\mathbb{1}_4 + \gamma^5\right)\gamma^\sigma\right] \\
&\quad Tr\left[p_2^\alpha\gamma_\alpha\gamma_\mu \left(\mathbb{1}_4 - \gamma^5\right)\left(p_{1\beta}\gamma^\beta + m_\mu\right)\left(\mathbb{1}_4 + \gamma^5\right)\gamma_\sigma\right] \\
&= G_F^2 T_1^{\mu\sigma} T_{2\mu\sigma},
\end{aligned}
\tag{6.142}
$$

avec :

$$
T_1^{\mu\nu} = \frac{1}{2} Tr\left[p_{2\rho}\gamma^\rho\gamma^\mu \left(\mathbb{1}_4 - \gamma^5\right)\left(p_{1\sigma}\gamma^\sigma + m_\mu\right)\left(\mathbb{1}_4 + \gamma^5\right)\gamma^\nu\right]. \tag{6.143}
$$

En développant le terme en $p_{1\sigma}\gamma^\sigma + m_\mu$, on constate que le terme en m_μ ne contient que des produits d'un nombre impair de matrices γ avec ou sans γ^5. Tous ces termes sont nuls. On peut alors simplifier :

$$
\begin{aligned}
T_1^{\mu\nu} &= \frac{1}{2} Tr\left[p_2^\rho\gamma_\rho\gamma^\mu \left(\mathbb{1}_4 - \gamma^5\right) p_{1\sigma}\gamma^\sigma \left(\mathbb{1}_4 + \gamma^5\right)\gamma^\nu\right] \\
&= \frac{1}{2} p_{1\rho} p_{2\sigma} Tr\left[\gamma^\rho\gamma^\mu \left(\mathbb{1}_4 - \gamma^5\right)\gamma^\sigma \left(\mathbb{1}_4 + \gamma^5\right)\gamma^\nu\right] \\
&= \frac{1}{2} p_{1\rho} p_{2\sigma} Tr\left[\gamma^\rho\gamma^\mu \left(\mathbb{1}_4 - \gamma^5\right)^2 \gamma^\sigma\gamma^\nu\right] \\
&= p_{1\rho} p_{2\sigma} Tr\left[\gamma^\rho\gamma^\mu\gamma^\sigma\gamma^\nu\right] - p_{1\rho} p_{2\sigma} Tr\left[\gamma^\rho\gamma^\mu\gamma^5\gamma^\sigma\gamma^\nu\right] \\
&= S_1^{\mu\nu} - A_1^{\mu\nu},
\end{aligned}
\tag{6.144}
$$

et

$$
\begin{aligned}
T_2^{\mu\nu} &= \frac{1}{2} Tr\left[k_{1\rho}\gamma^\rho\gamma^\mu \left(\mathbb{1}_4 - \gamma^5\right) k_{2\sigma}\gamma^\sigma \left(\mathbb{1}_4 + \gamma^5\right)\gamma^\nu\right] \\
&= \frac{1}{2} k_{1\rho} k_{2\sigma} Tr\left[\gamma^\rho\gamma^\mu \left(\mathbb{1}_4 - \gamma^5\right)\gamma^\sigma \left(\mathbb{1}_4 + \gamma^5\right)\gamma^\nu\right]
\end{aligned}
$$

$$
\begin{aligned}
&= \frac{1}{2} k_{1\rho} k_{2\sigma} Tr\left[\gamma^\rho \gamma^\mu \left(\mathbb{1}_4 - \gamma^5\right)^2 \gamma^\sigma \gamma^\nu\right] \\
&= k_{1\rho} k_{2\sigma} Tr\left[\gamma^\rho \gamma^\mu \gamma^\sigma \gamma^\nu\right] - k_{1\rho} k_{2\sigma} Tr\left[\gamma^\rho \gamma^\mu \gamma^5 \gamma^\sigma \gamma^\nu\right] \\
&= S_2^{\mu\nu} - A_2^{\mu\nu}. \qquad (6.145)
\end{aligned}
$$

Les deux tenseurs $S_{1,2}^{\mu\nu}$ contiennent la même trace. On a alors :

$$
\begin{aligned}
S_1^{\mu\nu} &= p_{1\rho} p_{2\sigma} Tr\left[\gamma^\rho \gamma^\mu \gamma^\sigma \gamma^\nu\right] \\
&= 4 p_{1\rho} p_{2\sigma} \left(g^{\rho\mu} g^{\sigma\nu} - g^{\rho\sigma} g^{\mu\nu} + g^{\rho\nu} g^{\sigma\mu}\right) \\
&= 4\left(p_1^\mu p_2^\nu + p_1^\nu p_2^\mu - (p_1.p_2) g^{\mu\nu}\right), \qquad (6.146)
\end{aligned}
$$

et

$$
S_2^{\mu\nu} = 4\left(k_1^\mu k_2^\nu + k_1^\nu k_2^\mu - (k_1.k_2) g^{\mu\nu}\right). \qquad (6.147)
$$

De même pour $A_{1,2}^{\mu\nu}$:

$$
\begin{aligned}
A_1^{\mu\nu} &= p_{1\rho} p_{2\sigma} Tr\left[\gamma^\rho \gamma^\mu \gamma^5 \gamma^\sigma \gamma^\nu\right] \\
&= p_{1\rho} p_{2\sigma} Tr\left[\gamma^\rho \gamma^\mu \gamma^\sigma \gamma^\nu \gamma^5\right] \\
&= -4 i p_{1\rho} p_{2\sigma} \varepsilon^{\rho\mu\sigma\nu}, \qquad (6.148)
\end{aligned}
$$

et

$$
A_2^{\mu\nu} = -4 i k_{1\rho} k_{2\sigma} \varepsilon^{\rho\mu\sigma\nu}. \qquad (6.149)
$$

Les tenseurs $S_{1,2}^{\mu\nu}$ sont symétriques car le tenseur métrique est symétrique. À l'inverse, $A_{1,2}^{\mu\nu}$ est antisymétrique par antisymétrie du tenseur de Levi-Civita. La contraction d'un tenseur symétrique sur un tenseur antisymétrique est nulle car :

$$
A^{\mu\nu} S^{\mu\nu} = \underbrace{-A^{\nu\mu} S^{\nu\mu}}_{\text{(anti)symétrie}} = \underbrace{A^{\nu\mu} S^{\nu\mu}}_{\text{indices muets}}. \qquad (6.150)
$$

Finalement :

$$
\begin{aligned}
T_1^{\mu\sigma} T_{2\mu\sigma} &= S_1^{\mu\nu} S_{2\mu\nu} + A_1^{\mu\nu} A_{2\mu\nu} - \underbrace{A_1^{\mu\nu} S_{2\mu\nu}}_{=0} - \underbrace{S_1^{\mu\nu} A_{2\mu\nu}}_{=0} \\
&= S_1^{\mu\nu} S_{2\mu\nu} + A_1^{\mu\nu} A_{2\mu\nu}, \qquad (6.151)
\end{aligned}
$$

avec :

$$
\begin{aligned}
S_1^{\mu\nu} S_{2\mu\nu} &= 16\left(p_1^\mu p_2^\nu + p_1^\nu p_2^\mu - (p_1.p_2) g^{\mu\nu}\right)\left(p_{1\mu} p_{2\nu} + p_{1\nu} p_{2\mu} - (p_1 \cdot p_2) g_{\mu\nu}\right) \\
&= 32\left((k_1 \cdot p_1)(k_2 \cdot p_2) + (k_2 \cdot p_1)(k_1 \cdot p_2)\right), \qquad (6.152)
\end{aligned}
$$

et

$$
\begin{aligned}
A_1^{\mu\nu} A_{2\mu\nu} &= -14 p_{1\rho} p_{2\sigma} k_1^\alpha k_2^\beta \varepsilon^{\rho\mu\sigma\nu} \varepsilon_{\alpha\mu\beta\nu} \\
&= -32 p_{1\rho} p_{2\sigma} k_1^\alpha k_2^\beta \left(\delta_\beta^\rho \delta_\alpha^\sigma - \delta_\alpha^\rho \delta_\beta^\sigma\right) \\
&= -32\left(k_{1\sigma} k_{2\rho} p_1^\rho p_2^\sigma - k_{1\rho} k_{2\sigma} p_1^\rho p_2^\sigma\right) \\
&= 32\left((k_2 \cdot p_1)(k_1 \cdot p_2) - (k_1 \cdot p_1)(k_2 \cdot p_2)\right). \qquad (6.153)
\end{aligned}
$$

Soit :

$$\overline{|\mathcal{M}_{fi}|^2} = G_F^2 T_1^{\mu\sigma} T_{2\mu\sigma} = 64 G_F^2 (p_1 \cdot k_2)(p_2 \cdot k_1), \tag{6.154}$$

en introduisant la constante de Fermi $G_F = \frac{\sqrt{2}g^2}{8m_W^2}$.

Dans le centre de masse $p_1 = (m_\mu, \vec{0})$, soit :

$$p_1.k_2 = m_\mu E_2, \tag{6.155}$$

et

$$\begin{aligned}(p_2 + k_1)^2 &= p_2^2 + k_1^2 + 2p_2.k_1 = 2p_2.k_1 \\ &= (p_1 - k_2)^2 = m_\mu^2 - 2p_1 \cdot k_2 = m_\mu^2 - 2m_\mu E_2,\end{aligned} \tag{6.156}$$

soit $p_2 \cdot k_1 = \frac{m_\mu}{2}(m_\mu - 2E_2)$. Ainsi,

$$\overline{|\mathcal{M}_{fi}|^2} = 64 G_F^2 (p_1 \cdot k_2)(p_2 \cdot k_1) = 32 G_F^2 m_\mu^2 (m_\mu E_2 - 2E_2^2). \tag{6.157}$$

La largeur différentielle dans le centre de masse est :

$$d\Gamma = \frac{1}{2m_\mu} \overline{|\mathcal{M}_{fi}|^2} d\Phi_3 = \frac{G_F^2 m_\mu}{2\pi^3}(m_\mu E_2 - 2E_2^2) dE_1 dE_2, \tag{6.158}$$

et

$$\begin{aligned}\Gamma &= \int d\Gamma \\ &= \frac{G_F^2 m_\mu}{2\pi^3} \int_0^{m_\mu/2} \left(\int_{m_\mu/2 - E_1}^{m_\mu/2} m_\mu E_2 - 2E_2^2 dE_2 \right) dE_1 \qquad (6.159) \\ &= \frac{G_F^2 m_\mu}{2\pi^3} \int_0^{m_\mu/2} dE_1 \left[\frac{1}{2} m_\mu E_2^2 - \frac{2}{3} E_2^3 \right]_{m_\mu/2 - E_1}^{m_\mu/2} \\ &= \frac{G_F^2 m_\mu}{2\pi^3} \int_0^{m_\mu/2} \frac{1}{2} m_\mu E_1^2 - \frac{2}{3} E_1^3 dE_1 \\ &= \frac{G_F^2 m_\mu}{2\pi^3} \left[\frac{1}{6} m_\mu E_1^3 - \frac{1}{6} E_1^4 \right]_0^{m_\mu/2} \\ &= \frac{G_F^2 m_\mu}{2\pi^3} \frac{m_\mu^4}{96} \\ &= \frac{G_F^2 m_\mu^5}{192\pi^3}, \qquad (6.160)\end{aligned}$$

ou

$$\tau = \frac{1}{\Gamma} = \frac{192\pi^3}{G_F^2 m_\mu^5}. \tag{6.161}$$

En unités naturelles, τ est homogène à l'inverse d'une énergie. Pour obtenir un temps, il suffit de multiplier par $\hbar$:

$$\tau_{SI} = \frac{192\pi^3\hbar}{G_F^2 m_\mu^5}, \qquad (6.162)$$

et

$$G_F = \sqrt{\frac{192\pi^3\hbar}{\tau_{SI} m_\mu^5}}. \qquad (6.163)$$

L'application numérique donne $G_F = 1{,}163 \times 10^{-5}$ GeV, cependant au vu de la précision des données expérimentales, il faut inclure des ordres supérieurs du développement perturbatif dans le calcul. La valeur calculée ici varie de moins de 0.3% Dans ce processus l'énergie caractéristique $\sqrt{s} = m_\mu$ est sensiblement plus faible que la masse du propagateur M_W. Dans ce cas, le propagateur devient constant, de la forme $\frac{g^2}{2M_W^2}$ et l'interaction effective est une interaction entre quatre fermions de la forme $j_1^\mu j_{2\mu} = \left(\bar{u}_2^\mu \gamma^\mu \left(\mathbb{1}_4 - \gamma^5\right) u_1^\mu\right)\left(\bar{u}_1^e \gamma^\nu \left(\mathbb{1}_4 - \gamma^5\right) v_2^e\right)$. C'est la modélisation utilisée dans la théorie de Fermi de la désintégration β. Cette approche se rencontrent également pour modéliser de la physique au-delà du modèle standard. Si cette physique apparaît à une échelle d'énergie Λ très supérieures aux énergies en jeu dans les processus étudiée expérimentalement, on peut inclure dans la théorie des couplages effectifs entre les particules du modèle standard seules, précédé de coefficients $C_1 = \frac{g^2}{\Lambda}$, $C_2 = \frac{g^2}{\Lambda^2}$, $C_3 = \frac{g^2}{\Lambda^3}$...On parle alors de théorie effective. Ce formalisme permet de calculer des observables en fonctions des coefficients de Wilson C_i, que l'on peut alors contraindre expérimentalement, indépendamment du modèle sous-jacent.

10 Largeur de désintégration des bosons électrofaibles

Présentation

Objectif Manipuler, de manière générique, les vertex de l'interaction électrofaible.

Processus

$$W^+(k,\lambda) \to \ell^+(s_1,p_1) + \nu_\ell(s_2,p_2),\ W^- \to \ell^- + \bar{\nu}_\ell,\ Z \to \ell^+ + \ell^-,\ Z \to \nu_\ell + \bar{\nu}_\ell.$$

Diagrammes de Feynman

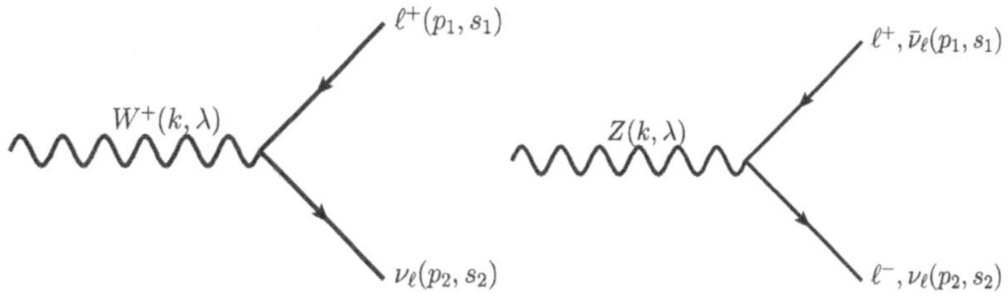

Contexte Les bosons de jauge W et Z ont été produits (et le sont toujours) dans les collisionneurs de particules e^+e^- (LEP au CERN), $p\bar{p}$ (SPS au CERN, Tevatron au Fermilab) ou pp (LHC au CERN). Ils sont extrêmement instables et se désintègrent en paire de fermions. La mesure de la largeur totale du boson Z au LEP dans les années 1990 a permis de prédire qu'il n'existait que trois neutrinos légers. Les deux désintégrations sont similaires et on peut traiter les différents processus en un seul calcul.

On se place dans le référentiel du centre de masse. Les masses des leptons sont négligeables par rapport à celles des bosons de jauge, soit $m_l = m_\nu = 0$ pour $l = e, \mu, \tau$. Le vertex générique est de la forme $G\gamma^m u(c_V - c_A\gamma^5)$. On note M la masse du boson de jauge. On a donc :

$$i\mathcal{M}_{fi} = G\bar{u}_1\gamma^\mu(c_V - c_A\gamma^5)v_2\varepsilon^\lambda_\mu$$

Pour l'amplitude carrée moyenne, il faut se rappeler qu'un boson massif possède trois états de polarisation :

$$\begin{aligned}\overline{|\mathcal{M}_{fi}|^2} &= \frac{1}{3}G^2 \sum_{r,s_1,s_2} \bar{u}_1\gamma^\mu(c_V - c_A\gamma^5)v_2\varepsilon_m u^\lambda \varepsilon_n u^\lambda \bar{v}_2\gamma^\nu(c_V - c_A\gamma^5)u_1 \\ &= -\frac{G^2}{3}g_{\mu\nu}p_1^\rho p_2^\sigma Tr\left[\gamma^\rho\gamma^\mu\gamma^\sigma\gamma^\nu\left(c_V - C_A\gamma^5\right)^2\right] \\ &= -\frac{G^2}{3}g_{\mu\nu}p_1^\rho p_2^\sigma\left(\left(c_V^2 + c_A^2\right)Tr\left[\gamma^\rho\gamma^\mu\gamma^\sigma\gamma^\nu\right]\right. \\ &\quad \left. -2c_Vc_A Tr\left[\gamma^\rho\gamma^\mu\gamma^\sigma\gamma^\nu\gamma^5\right]\right). \end{aligned} \tag{6.164}$$

Les deux traces se calculent sans difficulté :

$$g_{\mu\nu}p_1^\rho p_2^\sigma Tr\left[\gamma^\rho\gamma^\mu\gamma^\sigma\gamma^\nu\right] = -2p_1^\rho p_2^\sigma Tr\left[\gamma^\rho\gamma^\sigma\right] = -8p_1\cdot p_2, \tag{6.165}$$

et

$$g_{\mu\nu}Tr\left[\gamma^\rho\gamma^\mu\gamma^\sigma\gamma^\nu\gamma^5\right] = g_{\mu\nu}\varepsilon^{\rho\mu\sigma\nu} = 0. \tag{6.166}$$

Ce dernier terme s'annule du fait de la contraction d'un tenseur antisymétrique avec un tenseur symétrique. Finalement, en incluant $M^2 = (p_1 + p_2)^2 = 2p_1\cdot p_2$:

$$\overline{|\mathcal{M}_{fi}|^2} = \frac{4}{3}G^2M^2\left(c_V^2 + c_A^2\right). \tag{6.167}$$

On en déduit la largeur totale :

$$\Gamma = \int d\Gamma = \frac{G^2M^2\left(c_V^2 + c_A^2\right)}{32\pi^2}\frac{1}{2M}\frac{4}{3}\int d\Omega = \frac{G^2\left(c_V^2 + c_A^2\right)M}{12\pi}. \tag{6.168}$$

Pour le boson Z :

$$G^2 = \frac{g^2}{4\cos^2\theta_W} = \frac{2}{\sqrt{2}}G_F m_Z^2. \tag{6.169}$$

soit :

$$\Gamma_{Z\to\nu\nu} = \frac{G_F}{12\sqrt{2}\pi}m_Z^3, \quad \Gamma_{Z\to\ell^+\ell^-} = \frac{G_F}{6\sqrt{2}\pi}m_Z^3\left(1 - 4\sin^2\theta_W\right). \tag{6.170}$$

Pour le boson W :

$$G^2 = \frac{g^2}{8} = \frac{1}{\sqrt{2}}G_F m_W^2, \tag{6.171}$$

soit :

$$\Gamma_{W^+\to\ell^+\nu_\ell} = \Gamma_{W^-\to\ell^-\bar{\nu}_\ell} = \frac{G_F}{6\sqrt{2}\pi}m_W^3. \tag{6.172}$$

Pour les quarks, le résultat est identique à un facteur de couleur 3 près en adaptant les facteurs c_V et c_A. Dans le cas du W il faut également inclure l'élément de matrice CKM pour prendre en compte les mélanges entre familles de quarks.

11 Production associée d'un boson de Higgs chargé et d'un quark top

Présentation

Objectif Illustrer l'utilisation des diagrammes de Feynman au-delà du modèle standard de la physique de particules.
Calculer explicitement un terme d'interférence.

Processus

$$g(k, \lambda, c) + b(p, s, a) \rightarrow H^+(k') + t(p', r, b).$$

Diagrammes de Feynman Il y a deux diagrammes, en voie s et u, donnés sur la figure suivante.

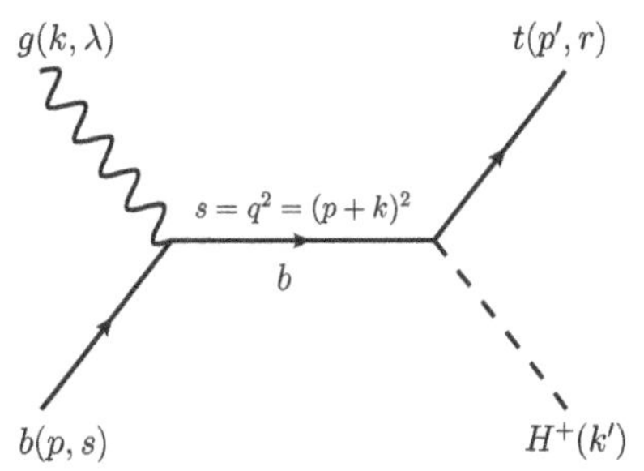

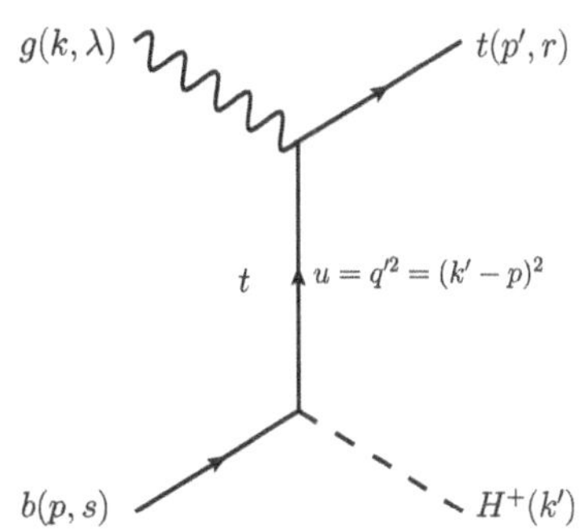

Contexte Le formalisme des diagrammes de Feynman peut également s'appliquer lors d'extension du modèle standard. Si les nouvelles particules sont de spin 0, $\frac{1}{2}$ ou 1, il suffit de déterminer les règles de Feynman des vertex de cette nouvelle théorie. Le modèle à deux doublets de Higgs est une extension possible, qui apparaît notamment dans les modèles supersymétriques. Dans ce modèle on ajoute non plus un mais deux doublets de champs scalaires. Après disparition des trois bosons de Goldstone , il reste cinq bosons de Higgs, dont un couple de bosons chargés $H^\pm$. Le couplage du Higgs chargé aux fermions est analogue au vertex de Yukawa du Higgs du modèle standard mais avec de la violation de parité comme pour les bosons $W^\pm$. Il s'écrit :

$$V_{ff'H^+} = -i\frac{g}{m_W\sqrt{2}}(c_S + c_P\gamma^5), \qquad (6.173)$$

où les couplages scalaire c_S et pseudoscalaire c_P font intervenir les masses des fermions f et f' et sont dépendants du modèle. On va calculer maintenant la section efficace de production de cette particule hypothétique en association avec un quark *top*. C'est une signature expérimentale facilement identifiable dans les données du LHC, sous réserve que la section efficace de production soit suffisamment large. À l'inverse, l'absence d'observation d'un tel signal permet de contraindre les couplages c_S et c_P et donc les paramètres de l'extension du modèle standard proposée.

La masse du quark b peut être négligée dans la cinématique. On pose :

$$q = p + k = p' + k' \text{ et } q' = p' - k = k' - p, \tag{6.174}$$

de telle sorte que :

$$\begin{aligned} s &= (p+k)^2 = (p'+k')^2 = q^2 \\ &= 2k \cdot p = m_t^2 + m_H^2 + 2k' \cdot p', \end{aligned} \tag{6.175}$$

$$\begin{aligned} u &= (p'-k)^2 = (k'-p)^2 = q'^2 \\ &= m_t^2 - 2k \cdot p'2 = m_H^2 - 2k \cdot' p, \end{aligned} \tag{6.176}$$

$$\begin{aligned} t &= (p'-k)^2 = (k'-k)^2 \\ &= m_t^2 + m_H^2 - s - u = m_t^2 - 2p \cdot p' = m_H^2 - 2k \cdot k'. \end{aligned} \tag{6.177}$$

Les amplitudes de Feynman en voie s et u sont :

$$\begin{aligned} i\mathcal{M}_{fi}^s &= \bar{u}_t \left(-i \frac{g}{m_W 2\sqrt{2}} \right) (c_S + c_P \gamma^5) \frac{i q_\mu \gamma^\mu}{s} (-i g_s) \frac{[\lambda^c]_{ba}}{2} \gamma_\nu \varepsilon_\nu^\lambda u_b \\ &= \frac{-i g g_s}{s m_W 2\sqrt{2}} \frac{[\lambda^c]_{ba}}{2} \varepsilon_\nu^\lambda q_\mu \bar{u}_t (c_S + c_P \gamma^5) \gamma^m u \gamma_\nu u_b, \end{aligned} \tag{6.178}$$

et

$$i\mathcal{M}_{fi}^u = \frac{-i g g_s}{(u - m_t^2) m_W 2\sqrt{2}} \frac{[\lambda^c]_{ba}}{2} \varepsilon_\nu^\lambda \bar{u}_t \gamma_\nu (q'_\mu \gamma^\mu + m_t)(c_S + c_P \gamma^5) u_b. \tag{6.179}$$

Le calcul des amplitudes carrées moyennes en voie s et u est laissé au lecteur. On obtient :

$$\overline{\left| i\mathcal{M}_{fi}^s \right|^2} = \frac{1}{6} \frac{g^2 g_s^2}{8 m_W^2} (c_S^2 + c_P^2) \frac{m_t^2 - u}{s}, \tag{6.180}$$

$$\overline{\left| i\mathcal{M}_{fi}^u \right|^2} = \frac{1}{6} \frac{g^2 g_s^2}{8 m_W^2} (c_S^2 + c_P^2) \frac{s(m_t^2 - u) + 2m_t^2 (m_H^2 - u)}{(m_t^2 - u)^2}. \tag{6.181}$$

Seul le calcul du terme d'interférence est détaillé ici :

$$\begin{aligned} \mathcal{I} &= 2Re\left(\mathcal{M}_{fi}^s \mathcal{M}_{fi}^{u*} \right) \\ &= \frac{2 g^2 g_s^2}{8 s^2 m_W^2} \frac{1}{2} \frac{1}{2} \frac{1}{3} \frac{1}{8} \sum_{abc} \frac{[\lambda^c]_{ba}}{2} \frac{[\lambda^c]_{ab}}{2} \\ &\quad \sum_{\lambda,s,r} \varepsilon_\nu^\lambda \varepsilon_\rho^{\lambda *} q_\mu \bar{u}_t (c_S + c_P \gamma^5) \gamma^\mu \gamma^\nu u_b \bar{u}_b (q'_\sigma \gamma^\sigma + m_t)(c_S + c_P \gamma^5) \gamma^\rho u_t \\ &= \frac{-1}{6} \frac{g^2 g_s^2}{8 m_W^2} \frac{1}{s(t - m_t^2)} g_{\nu\rho} q_\mu p'_\beta \\ &\quad Tr\left[(p_\alpha \gamma^\alpha + m_t)(c_S + c_P \gamma^5) \gamma^\mu \gamma^\nu \gamma^\beta (q'_\sigma \gamma^\sigma + m_t)(c_S + c_P \gamma^5) \gamma^\rho \right]. \end{aligned} \tag{6.182}$$

Dans les calculs d'amplitude carrée, le facteur de couleur est toujours le même :

$$C = \frac{1}{3}\frac{1}{8}\sum_{abc}\frac{[\lambda^c]_{ba}}{2}\frac{[\lambda^c]_{ab}}{2} = \frac{1}{24}\sum_{c}\frac{1}{4}Tr[\lambda^c\lambda^c] = \frac{1}{6}. \tag{6.183}$$

Développons la trace. Sur les seize termes, les huit traces en facteur de m_t ont un nombre impair de matrice de Dirac et sont nulles. Il reste, en utilisant la contraction sur $g_{\nu\rho}$:

$$T_1 = c_S^2 q_\mu p'_\beta p_\alpha q'_\sigma Tr[\gamma^\alpha\gamma^\mu\gamma^\nu\gamma^\beta\gamma^\sigma\gamma_\nu], \tag{6.184}$$
$$T_2 = c_P^2 q_\mu p'_\beta p_\alpha q'_\sigma Tr[\gamma^\alpha\gamma^5\gamma^\mu\gamma^\nu\gamma^\beta\gamma^\sigma\gamma^5\gamma_\nu], \tag{6.185}$$
$$T_3 = c_S c_P q_\mu p'_\beta p_\alpha q'_\sigma Tr[\gamma^\alpha\gamma^5\gamma^\mu\gamma^\nu\gamma^\beta\gamma^\sigma\gamma_\nu], \tag{6.186}$$
$$T_4 = c_S c_P q_\mu p'_\beta p_\alpha q'_\sigma Tr[\gamma^\alpha\gamma^\mu\gamma^\nu\gamma^\beta\gamma^\sigma\gamma^5\gamma_\nu], \tag{6.187}$$
$$T_5 = m_t^2 c_S^2 q_\mu p'_\beta Tr[\gamma^\mu\gamma^\nu\gamma^\beta\gamma_\nu], \tag{6.188}$$
$$T_6 = m_t^2 c_P^2 q_\mu p'_\beta Tr[\gamma^5\gamma^\mu\gamma^\nu\gamma^\beta\gamma^5\gamma_\nu], \tag{6.189}$$
$$T_7 = m_t^2 c_S c_P q_\mu p'_\beta Tr[\gamma^5\gamma^\mu\gamma^\nu\gamma^\beta\gamma_\nu], \tag{6.190}$$
$$T_8 = m_t^2 c_S c_P q_\mu p'_\beta Tr[\gamma^\mu\gamma^\nu\gamma^\beta\gamma^5\gamma_\nu]. \tag{6.191}$$

Enfin, on utilise l'anticommutation des γ^5 avec les autres matrices de Dirac pour faire apparaître $\left(\gamma^5\right)^2 = \mathbb{1}_4$ et on applique les diverses règles de traces pour aboutir à :

$$T_1 = 4g^{\beta\sigma} c_S^2 q_\mu p'_\beta p_\alpha q'_\sigma Tr[\gamma^\alpha\gamma^\mu] = 16 c_S^2 (p'\cdot q')(p\cdot q), \tag{6.192}$$
$$T_2 = 4g^{\beta\sigma} c_P^2 q_\mu p'_\beta p_\alpha q'_\sigma Tr[\gamma^\alpha\gamma^\mu] = 16 c_P^2 (p'\cdot q')(p\cdot q), \tag{6.193}$$
$$T_3 = 4g^{\beta\sigma} c_S c_P q_\mu p'_\beta p_\alpha q'_\sigma Tr[\gamma^\alpha\gamma^5\gamma^\mu] = 0, \tag{6.194}$$
$$T_4 = 4g^{\beta\sigma} c_S c_P q_\mu p'_\beta p_\alpha q'_\sigma Tr[\gamma^\alpha\gamma^5\gamma^\mu] = 0, \tag{6.195}$$
$$T_5 = -2m_t^2 c_S^2 q_\mu p'_\beta Tr[\gamma^\mu\gamma^\beta] = -8m_t^2 c_S^2 q\cdot p', \tag{6.196}$$
$$T_6 = +2m_t^2 c_P^2 q_\mu p'_\beta Tr[\gamma^\mu\gamma^\beta] = 8m_t^2 c_P^2 q\cdot p', \tag{6.197}$$
$$T_7 = -2m_t^2 c_S c_P q_\mu p'_\beta Tr[\gamma^5\gamma^\mu\gamma^\beta] = 0, \tag{6.198}$$
$$T_8 = -2m_t^2 c_S c_P q_\mu p'_\beta Tr\gamma^5[\gamma^\mu\gamma^\beta] = 0. \tag{6.199}$$

Les produits scalaires s'expriment en fonction de s et u :

$$(p'\cdot q')(p\cdot q) = \frac{s(u+m_t^2)}{4}, \qquad q\cdot p' = \frac{s+m_t^2-m_H^2}{4}. \tag{6.200}$$

Soit finalement :

$$\overline{\mathcal{I}} = \frac{-1}{3}\frac{g^2 g_s^2}{8m_W^2}\frac{2(c_S^2+c_P^2)s(u+m_t^2)+(c_P^2-c_S^2)m_t^2(s+m_t^2-m_H^2)}{s(t-m_t^2)}. \tag{6.201}$$

La fin du calcul pour aboutir à la section efficace $\frac{d\sigma}{dt}$ est analogue à d'autres processus déjà étudiés, en particulier $e^+e^- \to Zh$ qui présente la même cinématique avec deux particules de masses nulles ou négligeables dans l'état initial et deux particules massives dans l'état final.

Annexes

Annexe A

Groupes de Lie

Plan

1 Groupes et représentations
2 Groupes unitaires

1 Groupes et représentations

En physique, une symétrie d'un système traduit l'invariance des équations du mouvement (et du lagrangien) sous un ensemble de transformation. Mathématiquement de telles transformations forment une structure de groupe, c'est-à-dire un ensemble muni d'une loi de composition interne associative, inversible et comportant un élément neutre, noté 1. Un groupe de Lie est un groupe sur lequel on peut définir une notion de continuité et de dérivabilité. Les éléments d'un tel groupe peuvent se paramétrer par un nombre fini de réels α et pour un élément $g(\alpha)$ une variation infinitésimale des paramètres se traduit par une variation infinitésimale de l'élément du groupe. On peut toujours choisir $\vec{\alpha} = 0$ comme paramètre de l'élément neutre. Le nombre minimal de paramètres continus nécessaires à la caractérisation du groupe défini la dimension du groupe. Un exemple concret de groupe de Lie est l'ensemble des rotations du plan, muni de la composition d'application. Ce groupe, nommé $SO(2)$, possède un unique paramètre, l'angle de rotation. L'angle nul correspond à l'identité qui est l'élément neutre du groupe.

Une représentation unitaire du groupe est la réalisation de cette structure avec des opérateurs s'appliquant sur un espace vectoriel normé et qui conservent le produit scalaire. Un même groupe peut avoir des représentations sur des espaces de dimensions différentes. Comme il existe une notion de dérivabilité, on peut écrire un développement limité d'un élément du groupe pour une variation infinitésimale :

$$g(\vec{0} + d\vec{\alpha}) = 1 + \alpha^a \frac{\partial g}{\partial \alpha^a} = 1 + i\alpha^a T_a, \tag{A.1}$$

où on définit les générateurs du groupe $T_a = -i\frac{\partial g}{\partial \alpha^a}$. Le nombre de générateurs est égal à la dimension du groupe. Quand on peut passer continûment de l'identité à un élément quelconque du groupe, ce qui sera le cas des groupes utilisés par la suite, on peut écrire :

$$g(\vec{\alpha}) = \lim_{n\to+\infty} g\left(\frac{\vec{\alpha}}{n}\right)^n = \lim_{n\to+\infty}\left(1 + \frac{\alpha^a}{n}T_a\right)^n = e^{i\alpha^a T_a}. \tag{A.2}$$

Un élément du groupe peut s'obtenir par exponentiation des générateurs. En général deux éléments d'un groupe ne commutent pas. En utilisant la formule de Campbell-Hausdorf sur le produit de deux exponentielles :

$$e^A e^B = e^{A+B+[A,B]+\dots}, \tag{A.3}$$

qui fait intervenir une série de commutateurs, on montre que le commutateur de deux générateurs est une combinaison linéaire des générateurs :

$$[T_a, T_b] = if_{ab}{}^{c} T_c, \tag{A.4}$$

où les $f_{ab}{}^{c}$ sont des nombres réels appelés constantes de structure du groupe. Les générateurs ne sont pas des éléments du groupes. Ils engendrent un espace vectoriel qui muni du commutateur forme une structure d'algèbre, dite algèbre de Lie du groupe. Par extension la relation A.4 est également appelée algèbre de Lie du groupe. On remarquera que les positions des indices en haut ou en bas ne sont là que pour conserver les conventions de sommation implicite mais qu'il n'y a aucune notion de coordonnées covariantes ou contravariantes. Ainsi on notera selon les besoins $f_{ab}{}^{c}, f_{abc}, f^{a}_{\ bc} \dots$ pour désigner le même objet et de même pour les générateurs T^a ou T_a.

Dans le cas d'un groupe de matrices, les matrices définissant le groupe forment la représentation dite fondamentale du groupe. La matrice nulle génère une représentation qui ne contient que l'identité dite représentation triviale. On peut construire une autre représentation à partir des constantes de structures du groupe, dite représentation adjointe. Ses générateurs sont données par $[X_a]_{ij} = -if^{a}_{ij}$. C'est une représentation sur un espace vectoriel de même dimension que le groupe. On utilise l'identité de Jacobi pour vérifier que les matrice X_a satisfont l'algèbre de Lie du groupe, et donc engendre une représentation du groupe. L'identité de Jacobi est une propriété du commutateur :

$$[A, [B, C]] + [B, [C, A]] + [C, [A, B]] = 0. \tag{A.5}$$

Appliquée aux générateurs du groupe, elle donne une relation sur les constantes de structures :

$$\forall a, b, c \ :[T_a, [T_b, T_c]] + [T_b, [T_c, T_a]] + [T_c, [T_a, T_b]] = 0 \tag{A.6}$$

$$\Rightarrow \forall a, b, c, ef_{ade}f_{bcd} + f_{bde}f_{cad} + f_{cde}f_{abd} = 0, \tag{A.7}$$

soit finalement en faisant apparaître les matrices X_a :

$$\forall a, b, c, e \ : -[X_a]_{de}[X_b]_{cd} + [X_b]_{de}[X_a]_{cd} - if_{abd}[X_d]_{ce} = 0 \tag{A.8}$$

$$\Rightarrow [X_a, X_b] = if_{ab}{}^{d}[X_d]. \tag{A.9}$$

Dans le cas où les éléments du groupe commutent entre eux (on parle alors de groupe abélien), les constantes de structures sont nulles.

2 Groupes unitaires

Le groupe unitaire d'ordre n, $U(n)$ est un groupe de matrices complexes $n \times n$ inversibles telle que :

$$M \in U(n) \Leftrightarrow M^{\dagger} = M^{-1} \tag{A.10}$$

De telles matrices sont dites unitaires car elles conservent le produit scalaire. Une matrice $n \times n$ complexe est caractérisé par $2n^2$ nombres réels. La condition $M^{\dagger} = M^{-}1$ ou encore $MM^{\dagger} = 1_n$, introduit n^2 contraintes soit au final une dimension du groupe $\dim U(n) = n^2$. C'est le nombre de réels nécessaires à la paramétrisation du groupe, soit le nombre de générateurs. Le groupe spécial unitaire $SU(n)$ est un sous groupe de $U(n)$ où les matrices vérifient en plus $\det M = 1$. Cette contrainte supplémentaire réduit la dimension du groupe à $n^2 - 1$. Les représentations d'un groupe unitaire sont naturellement unitaires. Parmi les générateurs, seul un certain nombre peuvent être diagonaux simultanément. Les états propres de ces générateurs constituent une base de l'espace sur lequel s'applique la représentation. Dans cette base, les valeurs propres associés à chaque vecteur de base définissent les charges associées à cet état.

Les groupes unitaires apparaissant comme groupes de jauge dans le modèle standard sont :

- $U(1)$ est un groupe de matrice 1×1, c'est-à-dire simplement l'ensemble des nombres $e^{i\varphi}$ pour $\varphi \in [0, 2\pi]$. Il existe une infinité de représentation de dimension 1 de ce groupe. En effet l'ensemble des $e^{iQ\varphi}$ pour Q fixé forme une représentation du groupe. En conséquence chaque singlet qui se transforme sous $U(1)$ peut avoir une valeur propre du générateur différente c'est-à-dire une charge différente. Ceci résulte de la nature abélienne du groupe (tous les éléments commutent entre eux).
- $SU(2)$ est un groupe de matrice 2×2. L'algèbre de Lie est donnée par :

$$[T_a, T_b] = \varepsilon_{ab}^{\ \ c} T_c, \tag{A.11}$$

  où les constantes de structures sont données par le tenseur de Levi-Civita. Les matrices de Pauli satisfaisant l'égalité $[\sigma_i, \sigma_j] = 2\varepsilon_{ij}^{\ \ k}\sigma_k$, on peut choisir $T_a = \frac{1}{2}\sigma_a$ comme générateurs de la représentation fondamentale. Dans ce cas T^3 est diagonale.
- $SU(3)$ est l'ensemble des matrices complexes 3×3, M vérifiant $M^{\dagger}M = 1$ et $\det M = 1$. Les huit générateurs satisfont l'algèbre de Lie suivante :

$$[T_a, T_b] = if_{ab}^{c} T_c, \tag{A.12}$$

avec :

$$\begin{cases} f_{abc} \text{ est antisymétrique} \\ f_{123} = 1 \\ f_{147} = f_{246} = f_{257} = f_{345} = f_{165} = f_{376} = \frac{1}{2} \\ f_{458} = f_{678} = \frac{\sqrt{3}}{2} \\ f_{abc} = 0 \text{ pour toutes les combinaisons restantes.} \end{cases} \quad \text{(A.13)}$$

Les générateurs de la représentation fondamentale sont les huit matrices $T_a = \frac{\lambda_a}{2}$ où les λ_a sont les matrices de Gell-Mann :

$$\lambda_1 = \begin{pmatrix} 0 & 1 & 0 \\ 1 & 0 & 0 \\ 0 & 0 & 0 \end{pmatrix}, \quad \lambda_2 = \begin{pmatrix} 0 & -i & 0 \\ i & 0 & 0 \\ 0 & 0 & 0 \end{pmatrix}, \quad \lambda_3 = \begin{pmatrix} 1 & 0 & 0 \\ 0 & -1 & 0 \\ 0 & 0 & 0 \end{pmatrix},$$

$$\lambda_4 = \begin{pmatrix} 0 & 0 & 1 \\ 0 & 0 & 0 \\ 1 & 0 & 0 \end{pmatrix}, \quad \lambda_5 = \begin{pmatrix} 0 & 0 & -i \\ 0 & 0 & 0 \\ i & 0 & 0 \end{pmatrix}, \quad \lambda_6 = \begin{pmatrix} 0 & 0 & 0 \\ 0 & 0 & 1 \\ 0 & 1 & 0 \end{pmatrix},$$

$$\lambda_7 = \begin{pmatrix} 0 & 0 & 0 \\ 0 & 0 & -i \\ 0 & i & 0 \end{pmatrix}, \quad \lambda_8 = \frac{1}{\sqrt{3}} \begin{pmatrix} 1 & 0 & 0 \\ 0 & 1 & 0 \\ 0 & 0 & -2 \end{pmatrix}. \quad \text{(A.14)}$$

On constate que les trois premiers générateurs ont la même structure que ceux de $SU(2)$. De fait $SU(2)$ est un sous-groupe de $SU(3)$ Il n'y a que deux générateurs diagonalisables simultanément, soit avec ces définitions : T_3 et T_8. Les générateurs et constantes de structures de $SU(3)$ interviennent dans les calculs de diagramme de Feynman en QCD. Les relations suivantes, qui se démontrent sans difficultés à partir des définitions précédentes, seront utiles pour ces calculs :

- $Tr[\lambda^a] = 0$,
- $Tr[\lambda^a \lambda^b] = 2\delta^{ab}$,
- $Tr[\lambda^a \lambda^b \lambda_a \lambda^c] = -\frac{4\delta^{bc}}{3}$,
- $Tr[\lambda^a \lambda_a \lambda^b \lambda^c] = \frac{32\delta^{bc}}{3}$,
- $f^{acd} f^{b}{}_{cd} = 3\delta_{ab}$,
- $f^{ade} f^{b}{}_{ef} f^{cf}{}_{d} = \frac{3}{2} f^{abc}$,
- $if^a\ bcTr[\lambda^d \lambda^b \lambda^c] = -6\delta^{ad}$.

Annexe B

Formulaire pour le calcul de section efficace

Plan

1 Méthode générale du calcul d'observable
2 Relations de fermetures
3 Calcul du carré de l'amplitude de Feynman
4 Largeur et section efficace

1 Méthode générale du calcul d'observable

Pour calculer une section efficace ou une largeur de désintégration, il faut :

- Déterminer, jusqu'à un ordre n fixé du développement perturbatif l'ensemble des diagrammes topologiquement distincts reliant l'état initial et l'état final. Par topologiquement distinct on entend deux diagrammes qui ne peuvent se transformer l'un dans l'autre par déformation continue dans le plan. Un diagramme d'ordre n possède n vertex.
- Traduire chaque diagramme en amplitude de Feynman à partir d'une liste de règles qui sont indépendantes du processus global (voir annexe C). Chaque règle de Feynman est un facteur multiplicatif. Les diagrammes se lisent en remontant les lignes fermioniques dans le temps (sens inverse des flèches). Les seuls facteurs qui ne commutent pas sont les termes spinoriels et les matrice de Dirac. Chaque ligne fermionique résulte en un terme de courant J_μ où l'indice de Lorentz μ doit se contracter soit sur un vecteur externe (vecteur de polarisation ε^μ), soit sur un propagateur ($D_F^{\mu\nu}$ ou $D_W^{\mu\nu}$) reliant deux courants fermioniques.
- Sommer l'amplitude de chaque diagramme pour obtenir l'amplitude de Feynman totale, puis le carré de l'amplitude (en général sans polarisations) et enfin la largeur ou la section efficace.

2 Relations de fermetures

- Spineurs u :

$$\sum_{s=1,2} u_{ps}\bar{u}_{ps} = p_\mu \gamma^\mu + m$$

- Spineurs v :

$$\sum_{s=1,2} v_{ps}\bar{v}_{ps} = p_\mu \gamma^\mu - m$$

- Vecteurs de polarisation (masse nulle) :

$$\sum_{\lambda=1,2} \varepsilon^\mu_{k,\lambda}\varepsilon^\nu_{k,\lambda} = -g^{\mu\nu} + \text{autres termes}$$

- Vecteurs de polarisation (masse M) :

$$\sum_{\lambda=1,2,3} \varepsilon^\mu_{k,\lambda}\varepsilon^\nu_{k,\lambda} = -g^{\mu\nu} + \frac{k^\mu k^\nu}{M^2} + \text{autres termes}$$

3 Calcul du carré de l'amplitude de Feynman

- $|\mathcal{M}_{fi}|^2 = \mathcal{M}_{fi}\mathcal{M}^*_{fi} = \mathcal{M}_{fi}\bar{\mathcal{M}}_{fi}$
- L'amplitude non polarisée, $\overline{|\mathcal{M}_{fi}|^2}$ s'obtient en :
  - calculant la **moyenne** sur les hélicités des particules de l'état **initial** ;
  - calculant la **somme** sur les hélicités des particules de l'état **final**.
- Règle de trace pour une matrice K s'appliquant sur des spineurs de Dirac (typiquement un produit de matrices de Dirac et/ou de structures $u\bar{u}$ ou $v\bar{v}$) :

$$\sum_s \bar{u}_{ps}Ku_{ps} = Tr[(p_\mu\gamma_\mu + m)K] \text{ et } \sum_s \bar{v}_{ps}Kv_{ps} = Tr[(p_\mu\gamma_\mu - m)K].$$

- S'il y a des quarks ou des gluons dans le processus, on moyenne sur les couleurs des particules initiales et on somme sur celles des particules finales pour calculer le facteur de couleur.

4 Largeur et section efficace

- Espace de phase invariant de Lorentz :

$$d\Phi_N = (2\pi)^4\delta^4(P_f - P_i)\prod_{f=1}^{N} \frac{d^3p_f}{2E_f(2\pi)^3}$$

- Largeur de désintégration (dans le cdm) :

$$d\Gamma_{cdm} = \frac{1}{2M}|\mathcal{M}_{fi}|^2 d\Phi_N$$

- Largeur de désintégration à deux corps :

$$\frac{d\Gamma}{d\Omega^*} = \frac{1}{32\pi^2 M^2}|\vec{p}_1^{\,*}||\mathcal{M}_{fi}|^2 = \frac{1}{64\pi^2 M^3}\sqrt{\Delta(M^2, m_1^2, m_2^2)}|\mathcal{M}_{fi}|^2$$

- Section efficace :

$$d\sigma = \frac{1}{F}|\mathcal{M}_{fi}|^2 d\Phi_N \text{ avec } F = 4\sqrt{(p_1.p_2)^2 - (m_1 m_2)^2}$$

- Section efficace à deux corps (dans le cdm) :

$$\frac{d\sigma}{d\Omega^*} = \frac{1}{64\pi^2 s}\frac{p_f^*}{p_i^*}|\mathcal{M}_{fi}|^2$$

- Section efficace à deux corps, non polarisée, invariante de Lorentz :

$$\frac{d\sigma}{dt} = \frac{1}{16\pi}\frac{1}{\Delta(s, m_1^2, m_2^2)}|\mathcal{M}_{fi}|^2$$

C Règles de Feynman du modèle standard

Plan

1. Règles pour les lignes externes
2. Règles pour les propagateurs
3. Règles pour les vertex

Les règles de Feynman sont données ici en jauge unitaire pour les bosons vecteurs. Présentées ainsi elles sont suffisantes pour les calculs de diagrammes à l'arbre (sans boules), loin des résonances des propagateurs, ainsi que pour certains diagrammes à boucles.

1 Règles pour les lignes externes

• fermion initial	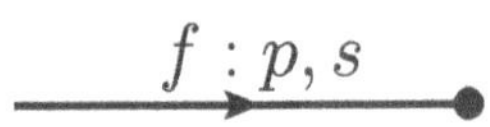	$u_{p,s}$
• fermion final	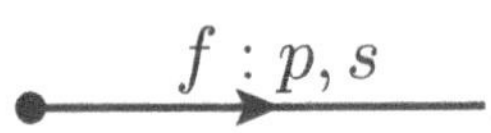	$\bar{u}_{p,s}$
antifermion initial	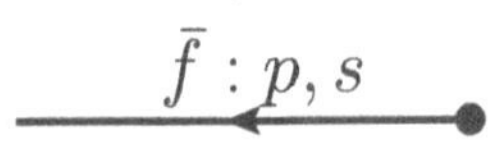	$\bar{v}_{p,s}$
tifermion final	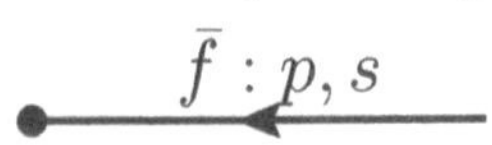	$v_{p,s}$
ire initial	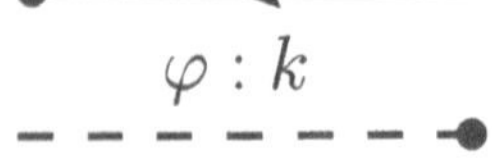	1
final	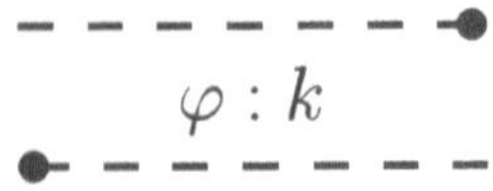	1
• ve trant	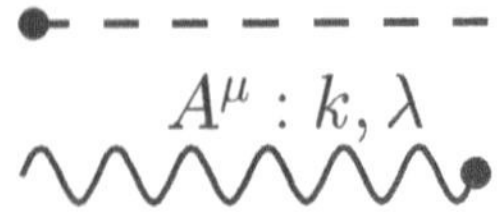	$\varepsilon^\mu(\lambda)$
(gluons u ment)	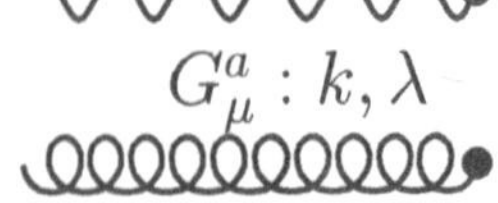	
• vecteur sor	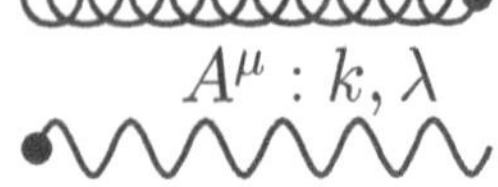	$\varepsilon^{\mu *}(\lambda)$
(gluons uniqueme	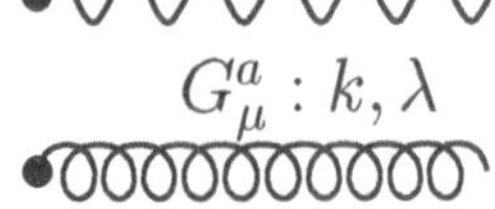	

2 Règles pour les propagateurs

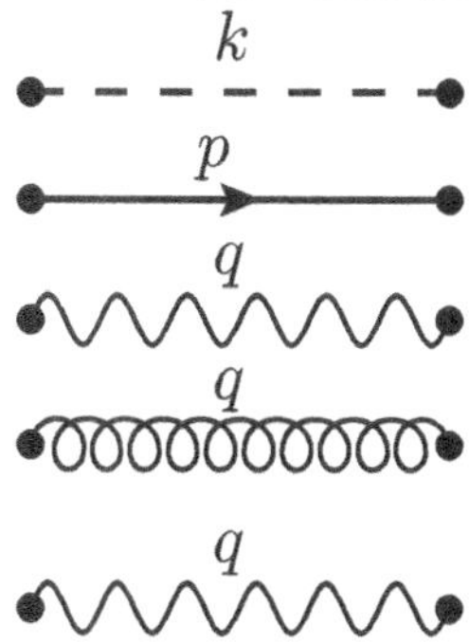

- scalaire $\dfrac{i}{k^2 - m^2 + i\varepsilon}$
- spineur $\dfrac{i(p^\mu \gamma_\mu + m)}{p^2 - m^2 + i\varepsilon}$
- vecteur (masse nulle) $\dfrac{-ig^{\mu\nu}}{q^2 + i\varepsilon}$

(gluons uniquement)

- vecteur (masse M) $\dfrac{-i\left(g^{\mu\nu} + \frac{q^\mu q^\nu}{M^2}\right)}{q^2 - M^2 + i\varepsilon}$

3 Règles pour les vertex

3.1 Vertex entre bosons et fermion

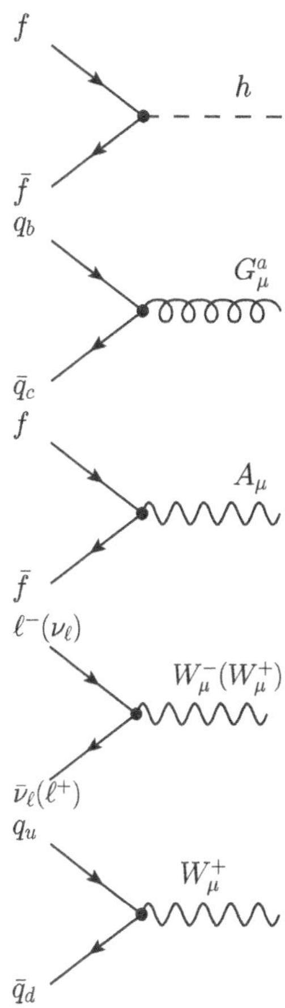

- $hf\bar{f}$ (Yukawa) $-im_f \frac{g}{2m_W}$
- $gq\bar{q}$ (QCD) $-i\frac{g_s}{2}\gamma_\mu[\lambda^a]_{cb}$
- $\gamma f\bar{f}$ (QED) $-ieQ\gamma_\mu$
- $W^\pm \ell \nu_\ell$ $-i\frac{g}{\sqrt{2}}\gamma_\mu(1-\gamma^5)$
- $W^+ q_u \bar{q}_d$ $-i\frac{g}{\sqrt{2}}V_{q_u q_d}\gamma_\mu(1-\gamma^5)$

• $W^- q_d \bar{q}_u$

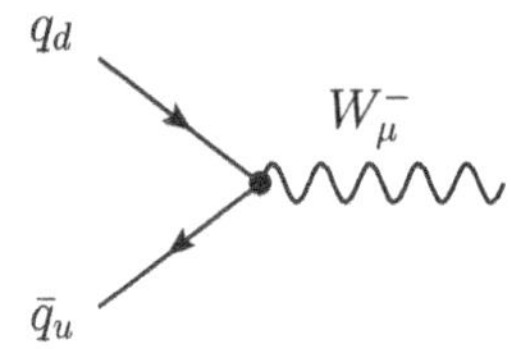

$-i\frac{g}{\sqrt{2}} V^*_{q_u q_d} \gamma_\mu (1 - \gamma^5)$

• $Zf\bar{f}$

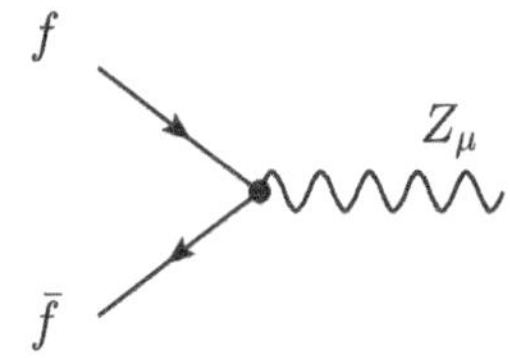

$-i\frac{g}{4c_W} \gamma_\mu (c_V - c_A \gamma^4)$

	c_V	c_A
ν_e, ν_μ, ν_τ	$\frac{1}{2}$	$\frac{1}{2}$
e, μ, τ	$\frac{1}{2}(1 + 4s_W)$	$-\frac{1}{2}$
u, c, t	$\frac{1}{2}(1 - \frac{8}{3}s_W)$	$\frac{1}{2}$
d, s, b	$\frac{1}{2}(1 + \frac{4}{3}s_W)$	$-\frac{1}{2}$

3.2 Vertex à trois bosons

• hhh

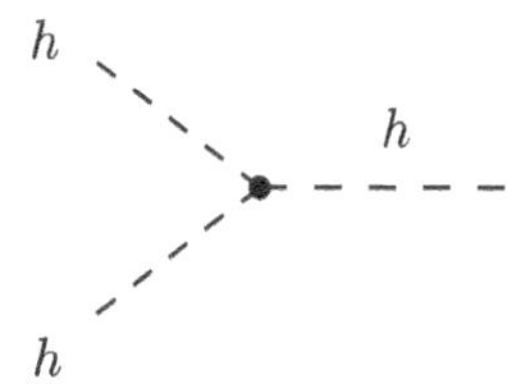

$-i\frac{3gm_h^2}{2m_W}$

• W^+W^-h

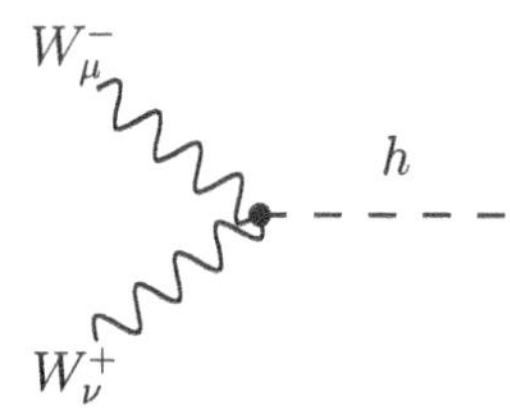

$igm_W g_{\mu\nu}$

• ZZh

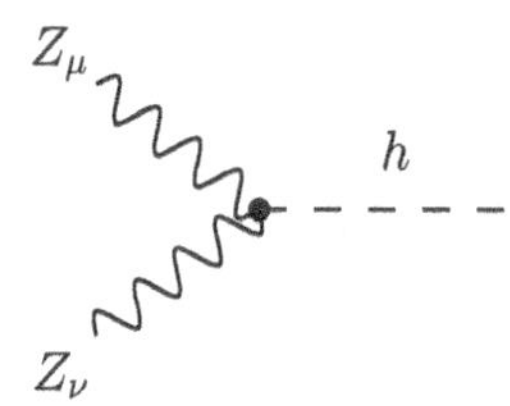

$i\frac{gm_Z}{c_W} g_{\mu\nu}$

• $W^+W^-\gamma$

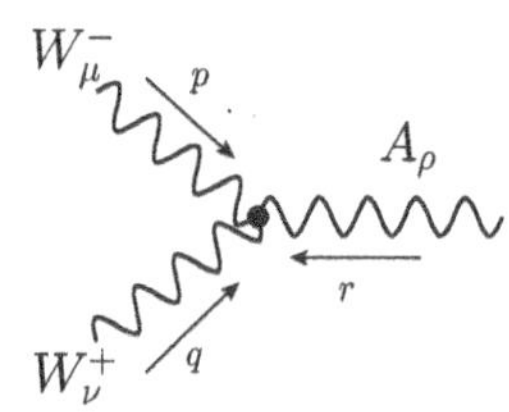

$$-ie \quad \big(g_{\mu\nu}(p-q)_\rho + g_{\nu\rho}(q-r)_\mu + g_{\mu\rho}(r-p)_\nu\big)$$

- W^+W^-Z

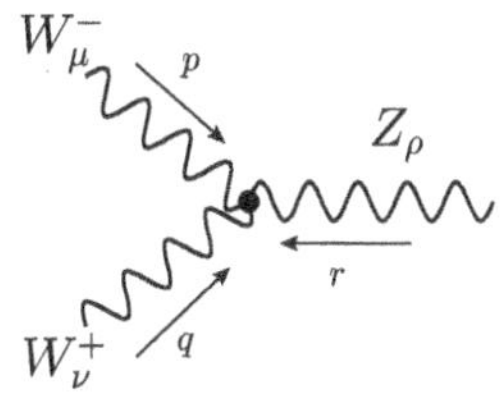

$$-igc_W \quad \big(g_{\mu\nu}(p-q)_\rho + g_{\nu\rho}(q-r)_\mu + g_{\mu\rho}(r-p)_\nu\big)$$

- 3 gluons

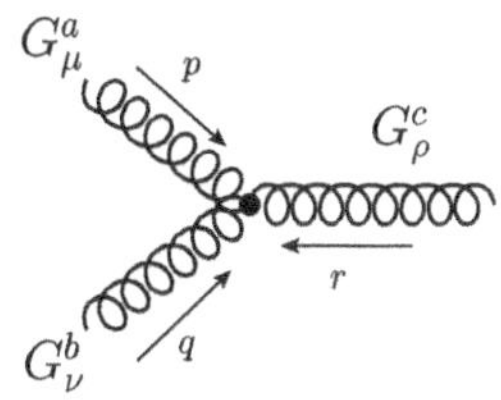

$$-g_s f_{abc} \quad \big(g_{\mu\nu}(p-q)_\rho + g_{\nu\rho}(q-r)_\mu + g_{\mu\rho}(r-p)_\nu\big)$$

3.3 Vertex à quatre bosons

- $hhhh$

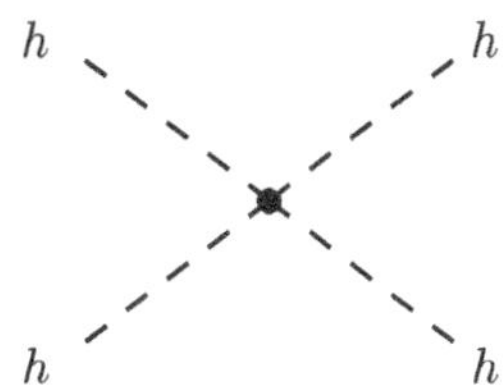

$$-i\frac{3g^2m_h^2}{4m_W^2}$$

- W^+W^-hh

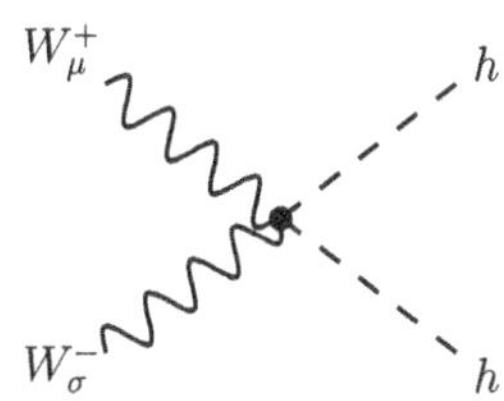

$$i\frac{g^2}{2}g_{\mu\sigma}$$

- $ZZhh$

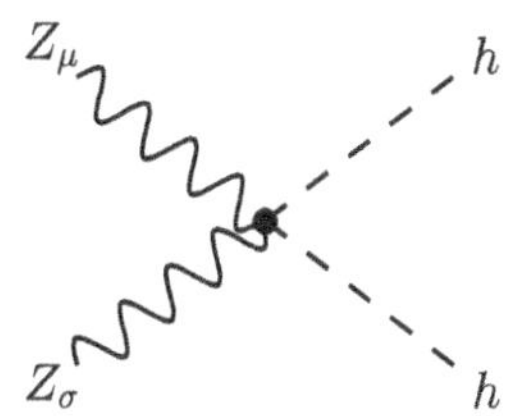

$$i\frac{g^2}{2c_W^2}g_{\mu\sigma}$$

- $W^+W^+W^-W^-$

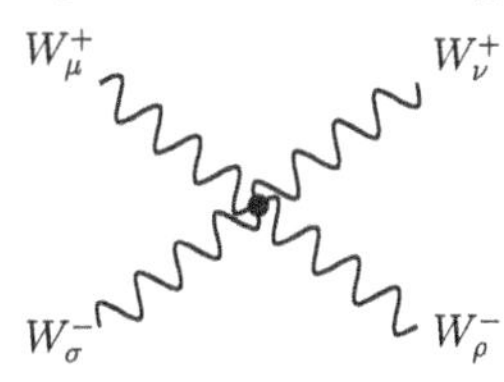

$$ig^2(2g_{\mu\sigma}g_{\nu\rho} - g_{\mu\nu}g_{\rho\sigma} - g_{\mu\rho}g_{\nu\sigma})$$

- W^+W^-ZZ

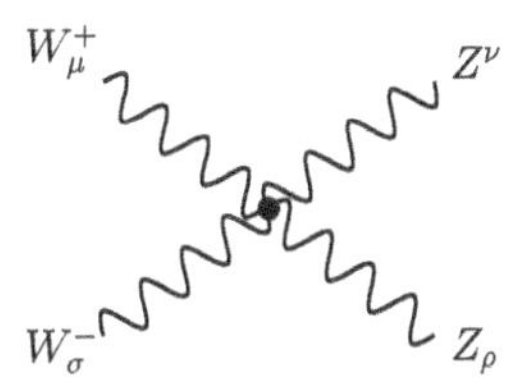

$$-ig^2c_W^2(2g_{\mu\sigma}g_{\nu\rho} - g_{\mu\nu}g_{\rho\sigma} - g_{\mu\rho}g_{\nu\sigma})$$

- $W^+W^-Z\gamma$

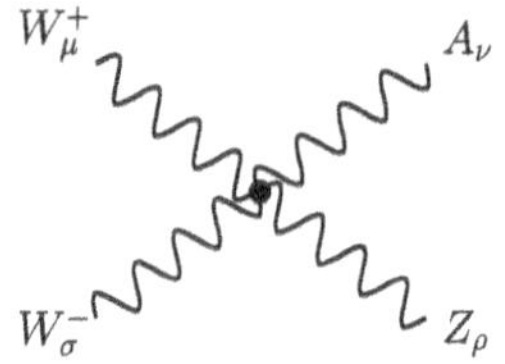

$$-iqgc_W(2g_{\mu\sigma}g_{\nu\rho} - g_{\mu\nu}g_{\rho\sigma} - g_{\mu\rho}g_{\nu\sigma})$$

- $W^+W^-\gamma\gamma$

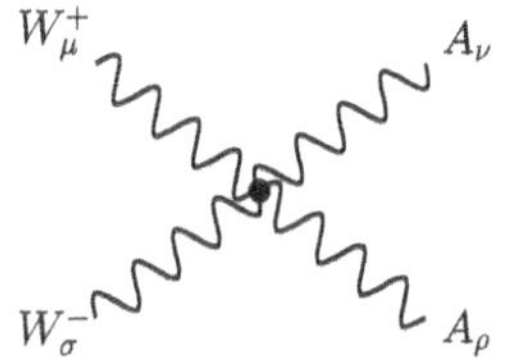

$$-iq^2(2g_{\mu\sigma}g_{\nu\rho} - g_{\mu\nu}g_{\rho\sigma} - g_{\mu\rho}g_{\nu\sigma})$$

- 4 gluons

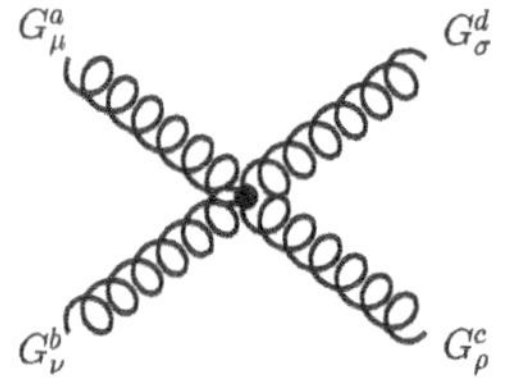

$$\begin{aligned}&-ig_s^2\left[f^{abe}f^{ecd}(g_{\mu\rho}g_{\nu\sigma} - g_{\mu\sigma}g_{\nu\rho})\right.\\ &+f^{ace}f^{bde}(g_{\mu\nu}g_{\rho\sigma} - g_{\mu\sigma}g_{\nu\rho})\\ &\left.+f^{bce}f^{ade}(g_{\mu\nu}g_{\rho\sigma} - g_{\mu\rho}g_{\nu\sigma})\right]\end{aligned}$$

Annexe D — Matrices de Dirac

Plan

1 Propriétés de base
2 Matrice γ^5
3 Contractions de matrices
4 Traces de matrices

Par construction les matrices de Dirac satisfont l'algèbre de Dirac :

$$\{\gamma^\mu, \gamma^\nu\} = 2g^{\mu\nu},$$

et la matrice γ^5 est :

$$\gamma^5 = i\gamma^0\gamma^1\gamma^2\gamma^3.$$

1 Propriétés de base

- $(\gamma^0)^2 = \mathbb{1}_4$, et $(\gamma^i)^2 = -\mathbb{1}_4$

$$(\gamma^\mu)^2 = \frac{1}{2}\{\gamma^\mu, \gamma^\mu\} = g^{\mu\nu}$$

- $\gamma^{0+} = \gamma^0$, et $\gamma^{i+} = -\gamma^i$
- $\overline{\gamma^\mu} = \gamma^\mu$

$$\overline{\gamma^0} = \gamma^0\gamma^0\gamma^0 = \gamma^0$$

$$\overline{\gamma^i} = \gamma^0\gamma^{i+}\gamma^0 = -\gamma^0\gamma^0\gamma^{i+} = -\gamma^{i+} = \gamma^i$$

- $\overline{AB} = \overline{B}\,\overline{A}$

$$\overline{AB} = \gamma^0(AB)^+\gamma^0 = \gamma^0B^+A^+\gamma^0 = \gamma^0B^+\gamma^0\gamma^0A^+\gamma^0 = \overline{B}\,\overline{A}$$

2 Matrice γ^5

- $\left(\gamma^5\right)^2 = \mathbb{1}_4$

$$\left(\gamma^5\right)^2 = -\gamma^0\gamma^1\gamma^2\gamma^3\gamma^0\gamma^1\gamma^2\gamma^3 = \underbrace{-\gamma^0\gamma^0\gamma^1\gamma^1\gamma^2\gamma^2\gamma^3\gamma^3}_{\text{6 anticommutations}} = \mathbb{1}_4$$

- $\overline{\gamma^5} = -\gamma^5$

$$\overline{\gamma^5} = -i\overline{\gamma^3}\,\overline{\gamma^2}\,\overline{\gamma^1}\,\overline{\gamma^0} = -i\gamma^3\gamma^2\gamma^1\gamma^0 = \underbrace{-i\gamma^0\gamma^1\gamma^2\gamma^3}_{\text{6 anticommutations}} = -\gamma^5$$

- $\left\{\gamma^\mu, \gamma^5\right\} = 0$

$$\gamma^\mu\gamma^5 = i\gamma^\mu\gamma^0\gamma^1\gamma^2\gamma^3$$

Pour faire passer $\gamma^m u$ de l'autre coté, il y a trois anticommutations et une commutation (pour l'indice égal à μ), soit :

$$\gamma^\mu\gamma^5 = -\gamma^5\gamma^\mu$$

- $\left(\mathbb{1}_4 \pm \gamma^5\right)^2 = 2\left(\mathbb{1}_4 \pm \gamma^5\right)$

$$\left(\mathbb{1}_4 \pm \gamma^5\right)^2 = \mathbb{1}_4 + \left(\gamma^5\right)^2 \pm 2\gamma^5 = 2\left(\mathbb{1}_4 \pm \gamma^5\right)$$

- $\left(\mathbb{1}_4 + \gamma^5\right)\left(\mathbb{1}_4 - \gamma^5\right) = 0$

$$\left(\mathbb{1}_4 + \gamma^2\right)\left(\mathbb{1}_4 - \gamma^5\right) = \mathbb{1}_4 - \left(\gamma^5\right)^2 = 0$$

3 Contractions de matrices

- $\gamma^\mu\gamma_\mu = 4\mathbb{1}_4$

$$\gamma^\mu\gamma_\mu = g_{\mu\nu}\gamma^\mu\gamma^\nu = \frac{1}{2}g_{\mu\nu}\left(\gamma^\mu\gamma^\nu + \gamma^\nu\gamma^\mu\right) = g_{\mu\nu}g^{\mu\nu}\mathbb{1}_4 = 4\mathbb{1}_4$$

- $\gamma^\mu\gamma^\nu\gamma_\mu = -2\gamma^\nu$

$$\begin{aligned}\gamma^\mu\gamma^\nu\gamma_\mu &= \left(2g^{\mu\nu} - \gamma^\nu\gamma^\mu\right)\gamma_\mu \\ &= 2\gamma^\nu - \gamma^\nu(4\mathbb{1}_4) \\ &= -2\gamma^\nu\end{aligned}$$

- $\gamma^\mu\gamma^\nu\gamma^\rho\gamma_\mu = 4g^{\nu\rho}\mathbb{1}_4$

$$\begin{aligned}\gamma^\mu\gamma^\nu\gamma^\rho\gamma_\mu &= \left(2g^{\mu\nu} - \gamma^\nu\gamma^\mu\right)\gamma^\rho\gamma_\mu \\ &= 2\gamma^\rho\gamma^\nu - \gamma^\nu\left(\gamma^\mu\gamma^\rho\gamma_\mu\right) \\ &= 2\gamma^\rho\gamma^\nu + 2\gamma^\nu\gamma^\rho \\ &= 2\left\{\gamma^\nu, \gamma^\rho\right\} \\ &= 4g^{\nu\rho}\mathbb{1}_4\end{aligned}$$

- $\boldsymbol{\gamma^\mu \gamma^\nu \gamma^\rho \gamma^\sigma \gamma_\mu = -2\gamma^\sigma \gamma^\rho \gamma^\nu}$

$$\begin{aligned}\gamma^\mu \gamma^\nu \gamma^\rho \gamma^\sigma \gamma_\mu &= (2g^{\mu\nu} - \gamma^\nu \gamma^\mu)\, \gamma^\rho \gamma^\sigma \gamma_\mu \\ &= 2\gamma^\rho \gamma^\sigma \gamma^\nu - \gamma^\nu \left(\gamma^\mu \gamma^\rho \gamma^\sigma \gamma_\mu\right) \\ &= 2\,(\gamma^\rho \gamma^\sigma - 2g^{\rho\sigma})\, \gamma^\nu \\ &= -2\gamma^\sigma \gamma^\rho \gamma^\nu\end{aligned}$$

4 Traces de matrices

- $\boldsymbol{Tr\,[\gamma^\mu \gamma^\nu] = 4g^{\mu\nu}}$

$$Tr\left[\gamma^\mu \gamma^\nu\right] = Tr\left[\gamma^\nu \gamma^\mu\right] = \frac{1}{2} Tr\left[\gamma^\mu \gamma^\nu + \gamma^\nu \gamma^\mu\right] = g^{\mu\nu} Tr\left[\mathbb{1}_4\right] = 4g^{\mu\nu}$$

- $\boldsymbol{Tr\,[\gamma^\mu \gamma^\nu \gamma^\rho \gamma^\sigma] = 4\,(g^{\mu\nu} g^{\rho\sigma} - g^{\mu\rho} g^{\nu\sigma} + g^{\mu\sigma} g^{\nu\rho})}$

$$\begin{aligned}Tr\left[\gamma^\mu \gamma^\nu \gamma^\rho \gamma^\sigma\right] &= Tr\left[(2g^{\mu\nu} - \gamma^\nu \gamma^\mu)\, \gamma^\rho \gamma^\sigma\right] \\ &= 2g^{\mu\nu} Tr\left[\gamma^\rho \gamma^\sigma\right] - Tr\left[\gamma^\nu \gamma^\mu \gamma^\rho \gamma^\sigma\right] \\ &= 8g^{\mu\nu} g^{\rho\sigma} - Tr\left[\gamma^\nu\,(2g^{\mu\rho} - \gamma^\rho \gamma^\mu)\, \gamma^\sigma\right] \\ &= 8g^{\mu\nu} g^{\rho\sigma} - 8g^{\mu\rho} g^{\nu\sigma} + Tr\left[\gamma^\nu \gamma^\rho\,(2g^{\mu\sigma} - \gamma^\sigma \gamma^\mu)\right] \\ &= 8g^{\mu\nu} g^{\rho\sigma} - 8g^{\mu\rho} g^{\nu\sigma} + 8g^{\mu\rho} g^{\nu\sigma} - Tr\left[\gamma^\nu \gamma^\rho \gamma^\sigma \gamma^\mu\right] \\ &= 8g^{\mu\nu} g^{\rho\sigma} - 8g^{\mu\rho} g^{\nu\sigma} + 8g^{\mu\sigma} g^{\nu\rho} - \underbrace{Tr\left[\gamma^\mu \gamma^\nu \gamma^\rho \gamma^\sigma\right]}_{\text{cyclicité}}\end{aligned}$$

soit :

$$2Tr\left[\gamma^\mu \gamma^\nu \gamma^\rho \gamma^\sigma\right] = 8g^{\mu\nu} g^{\rho\sigma} - 8g^{\mu\rho} g^{\nu\sigma} + 8g^{\mu\sigma} g^{\nu\rho}$$

- ***Tr*** **[produit d'une nombre impair de matrices $\boldsymbol{\gamma}$] = 0**
Cas 1 matrice : on choisit $\alpha \neq \mu$

$$Tr\left[\gamma^\mu\right] = \pm Tr\left[\gamma^\alpha \gamma^\alpha \gamma^\mu\right] = \underbrace{\pm Tr\left[\gamma^\alpha \gamma^\mu \gamma^\alpha\right]}_{\text{cyclicité}} = \underbrace{\mp Tr\left[\gamma^\alpha \gamma^\mu \gamma^\alpha\right]}_{\text{anticommutation}} = 0$$

Le signe $\pm$ provient du carré de γ^α, qui vaut $+1$ pour $\alpha = 0$, -1 sinon. Pour trois matrices, le raisonnement est le même en prenant le quatrième indice pour α. On a alors trois anticommutations qui conduisent au même résultat.
Pour un nombre plus élevé n de matrices γ, il y a toujours au moins deux indices identiques. Par anticommutation, on peut regrouper ces matrices et utiliser $\gamma^\mu \gamma^\mu = \pm \mathbb{1}_4$ pour se ramener à une trace d'un produit de $n-2$ matrices. La démonstration suit par récurrence.

- $\boldsymbol{Tr\left[\gamma^5\right] = 0}$

$$Tr\left[\gamma^5\right] = Tr\left[\gamma^0 \gamma^0 \gamma^5\right] = \underbrace{Tr\left[\gamma^0 \gamma^5 \gamma^0\right]}_{\text{cyclicité}} = \underbrace{-Tr\left[\gamma^0 \gamma^5 \gamma^0\right]}_{\text{anticommutation}} = 0$$

- $\boldsymbol{Tr\left[\gamma^\mu\gamma^\nu\gamma^5\right]=0}$

  On choisit $\alpha \neq \mu, \nu$,

$$\begin{aligned} Tr\left[\gamma^\mu\gamma^\nu\gamma^5\right] &= \pm Tr\left[\gamma^\alpha\gamma^\alpha\gamma^\mu\gamma^\nu\gamma^5\right] \\ &= \underbrace{Tr\left[\gamma^\alpha\gamma^\mu\gamma^\nu\gamma^5\gamma^\alpha\right]}_{\text{cyclicité}} \\ &= \underbrace{-Tr\left[\gamma^\alpha\gamma^\mu\gamma^\nu\gamma^5\gamma^\alpha\right]}_{\text{3 anticommutations}} = 0 \end{aligned}$$

- $\boldsymbol{Tr\left[\gamma^\mu\gamma^\nu\gamma^\rho\gamma^\sigma\gamma^5\right]=-4i\varepsilon^{\mu\nu\rho\sigma}}$

  Si deux indices sont égaux, par anticommutation successive on regroupe ces matrices. En utilisant $\gamma^{\mu 2} = \pm\mathbb{1}_4$ on se ramène à une trace de la forme $Tr\left[\gamma^{\mu'}\gamma^{\nu'}\gamma^5\right] = 0$. Dans le cas où les quatre indices sont différents, l'objet est antisymétrique sous la permutation de deux indices voisins en vertu des propriétés d'anticommutation des matrices de Dirac. La trace est donc proportionnelle au tenseur de Levi-Civita. En prenant un cas particulier, on détermine le coefficient de proportionnalité :

$$Tr\left[\gamma^3\gamma^2\gamma^1\gamma^0\gamma^5\right] = iTr\left[\gamma^3\gamma^2\gamma^1\gamma^0\gamma^0\gamma^1\gamma^2\gamma^3\right] = -iTr\left[\mathbb{1}_4\right] = -4i\varepsilon^{3210}$$

- Tr **[produit d'une nombre impair de matrices $\boldsymbol{\gamma}$ x $\boldsymbol{\gamma^5}$] = 0**

  La matrice γ^5 est le produit de quatre matrices γ. Le produit d'un nombre impair de matrices γ et γ^5 est donc aussi le produit d'un nombre impair de matrices γ qui est nul.

Bibliographie sélective

Pour se remettre à niveau en mécanique quantique, mécanique analytique, théorie classique des champs, on pourra consulter (parmi bien d'autres) :

COHEN-TANNOUDJI C., DIU B. ET LALOË F. *Mécanique quantique, I et II*, Hermann (1973)

RAX, J.-M. *Mécanique analytique : adiabaticité, résonances, chaos*, Dunod (2020)

GREINER W. *Quantum Mechanics : An Introduction*, Springer (2001)

GREINER W. *Quantum Mechanics : Special Chapters*, Springer (1998)

MESSIAH A. *Mécanique quantique, tomes I et II*, Dunod (1999)

LANDAU L. ET LIFCHITZ E. *Physique théorique : mécanique*, Ellipses (1994)

LANDAU L. ET LIFCHITZ E. *Physique théorique : théorie des champs*, Ellipses (1994)

Pour aller plus loin, en mécanique quantique relativiste :

BJORKEN J.D. ET DRELL S.D. *Relativistic Quantum Fields*, McGraw-Hill (1965)

GREINER W. *Relativistic Quantum Mechanics : Wave Equations*, Springer (2000)

GREINER W. ET REINHARDT J. *Quantum Electrodynamics*, Springer (2003)

Une justification plus correcte des éléments développés dans cet ouvrage se trouve dans la théorie quantique des champs. Pour étudier ce sujet, on pourra, par exemple, consulter :

DERENDINGER J.-P. *Théorie quantique des champs*, Presses polytechniques et universitaires romandes (2001)

CHANG S.J. *Introduction to Quantum Field Theory*, World Scientifc (1990)

GREINER W. ET REINHARDT J. *Field Quantization*, Springer (1996)

PESKIN M.E. ET SCHROEDER D.V. *An Introduction to Quantum Field Theory*, Westview Press Inc. (1995)

Index

A

amplitude de Feynman, 60, 63, 67, 86
angle de Weinberg, 98
anticommutateur, 21
antiparticules, 19

B

boson, 100
  de Higgs, 100
  $W^{\pm}$, 90
  W et Z, 11, 35, 100
  Z, 90

C

charge, 20, 30, 70, 94, 97
cinématique, 9, 79
constante
  de couplage, 94, 95, 97, 101
  de Fermi, 101

D

développement perturbatif, 45
diagramme
  de Dalitz, 84
  de Feynman, 68

E

équation
  de continuité, 17, 18, 22
  de Dirac, 21
  de Klein-Gordon, 18, 32
  de Lippmann-Schwinger, 45
  de Proca, 32
  de Schrödinger, 17
  de Maxwell, 30, 59

F

flux de Møller, 78
fonction de Källén, 80

G

générateurs, 91
gluon, 35, 90, 94
groupe, 4, 90

H

hélicité, 25

I

interaction
  faible, 28, 90, 96, 103
  forte, 90, 95
invariant de Lorentz, 4

J

jauge, 31, 69, 92, 100

L

lagrangien, 11, 18, 29, 31, 36, 91
largeur, 40, 75
leptons, 89
luminosité, 76

M

matrice
  CKM, 103
  de diffusion, 40, 57
  de Dirac, 22
moment magnétique, 66

N

neutrino, 96, 104

P

parité, 27, 96
particule virtuelle, 68
photon, 32, 68
polarisation, 32, 85
principe
  de Huygens, 40
  de relativité, 1, 4
propagateur, 47
  de Feynman-Stückelberg, 52
  de Schrödinger, 47
  du champ scalaire, 55
  du photon, 69

Q

quadri-courant, 17, 22
quadrivecteur
  énergie-impulsion, 8
  position, 5
quarks, 11, 89, 103

R

règle de Feynman, 68, 95, 102
représentation
  de Weyl, 27, 96
  standard, 22

S

section efficace, 40, 76
seuil, 10
spineur
  de Dirac, 21
  u_k et v_k, 24
  de Weyl, 27

T

théorie effective, 138
trace, 21, 87

U

unités naturelles, XI

V

variables de Mandelstam, 80

Y

Yukawa, 101

84649 - (I) - OSB 90° - LUM - BTT

Achevé d'imprimer en avril 2023, par
LaNouvelle Imprimerie Laballery
58500 Clamecy (Nièvre)
N° d'impression : 304204
Dépôt légal : mai 2023

Imprimé en France